AutoCAD 2024 中文版实用教程

胡仁喜　李　会　编著

机械工业出版社
CHINA MACHINE PRESS

本书重点介绍了 AutoCAD 2024 中文版的新功能及其基本操作方法和技巧。其最大的特点是，在进行知识点讲解的同时，不仅列举了大量的实例，还增加了上机操作，使读者能够在实践中掌握 AutoCAD 2024 的操作方法和技巧。

全书分为 14 章，分别介绍了 AutoCAD 2024 入门、图层与图纸、简单二维绘制命令与编辑命令、文字与表格、复杂二维绘图命令与编辑命令、尺寸标注、辅助绘图工具、基本三维实体与复杂三维实体绘制、实体造型编辑、机械设计工程实例、建筑设计工程实例等内容。

本书内容翔实，图文并茂，语言简洁，思路清晰，实例丰富，可以作为 Auto-CAD 初学者的入门与提高教材，也可作为工程技术人员的参考工具书。

图书在版编目（CIP）数据

AutoCAD 2024 中文版实用教程 / 胡仁喜，李会编著 .—北京：机械工业出版社，2024.1

ISBN 978-7-111-73962-3

Ⅰ . ① A… Ⅱ . ① 胡… ② 李… Ⅲ . ① AutoCAD 软件 – 教材 Ⅳ . ① TP391.72

中国国家版本馆 CIP 数据核字（2023）第 185999 号

机械工业出版社（北京市百万庄大街 22 号 邮政编码 100037）

策划编辑：王 珑 责任编辑：王 珑
责任校对：郑 婕 张 薇 责任印制：任维东
北京中兴印刷有限公司印刷
2024 年 1 月第 1 版第 1 次印刷
184mm × 260mm · 24.75 印张 · 582 千字
标准书号：ISBN 978-7-111-73962-3
定价：89.00 元

电话服务 网络服务
客服电话：010-88361066 机 工 官 网：www.cmpbook.com
010-88379833 机 工 官 博：weibo.com/cmp1952
010-68326294 金 书 网：www.golden-book.com
封底无防伪标均为盗版 机工教育服务网：www.cmpedu.com

前　言

　　AutoCAD 是美国 Autodesk 公司推出的，集二维绘图、三维设计、渲染、通用数据库管理和互联网通信功能于一体的计算机辅助设计软件。AutoCAD 自 1982 年推出以来，经多次版本更新和功能完善，不仅在机械、电子和建筑等工程设计领域得到了广泛的应用，而且在绘制地理、气象、航海等特殊图形方面，甚至在制造乐谱、灯光、幻灯和广告等方面也得到了应用，目前已成为应用较为广泛的图形软件之一。

　　本书重点介绍了 AutoCAD 2024 中文版的新功能及其基本操作方法和技巧。全书分为 14 章，分别介绍了 AutoCAD 2024 入门、图层与图纸、简单二维绘图与编辑命令、文字与表格、复杂二维绘图与编辑命令、尺寸标注、辅助绘图工具、基本三维实体与复杂三维实体绘制、实体造型编辑、机械设计工程实例、建筑设计工程实例等内容。

　　本书具有以下鲜明特色。

1. 内容全面，选材得当

　　本书定位于 AutoCAD 2024 在工程设计应用领域功能全貌的教材与自学指导书，内容全面具体，适合各种不同需求的读者。同时，为了在有限的篇幅内囊括重要的知识点，编者对 AutoCAD 2024 的知识点进行了精心筛选和处理，具体体现在两个方面：一是忽略次要生僻的知识点，即对一般读者在设计过程中不会用到的某些功能不做阐述，这样既节省了篇幅，又可提高读者的学习效率；二是通过实例操作驱动知识点讲解，不专门对知识点进行枯燥的理论介绍，内容既生动实用，又简洁明了。

2. 实例丰富，循序渐进

　　本书力求避免空洞的介绍和叙述，以循序渐进的方式，逐个对知识点采用工程设计实例进行讲解，以使读者能够在实际操作过程中牢固地掌握相应功能。本书中实例的种类非常丰富，有知识点讲解的小实例，有几个知识点或全章知识点应用的综合实例，有练习提高的上机实例，更有完整实用的工程案例。各种实例各有侧重，相得益彰，可帮助读者理解并掌握相关的知识。

3. 工程案例助力提升

　　AutoCAD 是一个侧重应用的工程软件，其精髓是工程应用。为了体现这一点，本书采用的处理方法是：在读者基本掌握各个知识点后，通过球阀设计工程图和别墅设计施工图这两个典型工程案例，使读者体验 AutoCAD 在机械设计工程和建筑设计工程实践中的具体应用方法，提升读者的工程设计能力。

4. 例解和图解配合使用

　　本书一个突出的特点是应用了"例解"和"图解"。所谓"例解"是指摒弃传统的铺陈基础知识的方式，采用实例引导加点拨的方式来进行知识讲解；"图解"是指利用图形来对知识进行讲解，图文紧密结合。这两种方式配合使用，不仅使书中内容生动具体，而且大大增强了可读性。

5. 随书网盘资源丰富

随书配送的网盘资源中包含了全书所有实例源文件和综合实例演练过程的视频文件，读者可以登录网盘（https : //pan.baidu.com/s/170vh3llAS0JT8mh7NTzeAw，提取码 swsw），也可以扫描下方二维码进行下载。网盘资源中还包含了专为授课老师教学准备的 PPT 文件，有需要的老师可以联系作者索取。通过编者精心设计的多媒体画面，读者可以形象直观、轻松愉悦地学习和掌握本书内容。

本书的编者是在高校多年从事计算机图形教学研究的一线人员，具有丰富的教学实践经验与教材编写经验，能够准确地把握读者心理与实际需求。值此 AutoCAD 2024 面市之际，编者根据读者学习 AutoCAD 的需要编写了此书，希望本书能够为广大读者学习 Auto-CAD 起到很好的引导作用，提供一个快捷有效的途径。

本书由河北交通职业技术学院的胡仁喜、李会编写，其中李会编写了第 1 ~ 9 章，胡仁喜编写了第 10 ~ 14 章。

本书在内容编排上注意由浅入深，从易到难，各章节既相对独立又前后关联。全书解说翔实，图文并茂，语言简洁，思路清晰，可以作为 AutoCAD 初学者的入门与提高教材，也可作为工程技术人员的参考工具书。

由于编者水平有限，书中不当之处在所难免，欢迎广大读者登录网站 www.sjzswsw.com 或联系 714491436@qq.com 予以指正，编者将不胜感激。读者也可以加入本书服务群（QQ：470652278）参与交流讨论。

编　者

目　录

第1章 AutoCAD 2024 入门

知识导引

本章介绍了 AutoCAD 2024 绘图的基本知识，包括如何设置图形的系统参数，以及创建新的图形文件、打开已有文件的方法等。

内容要点

- ➤ 操作界面
- ➤ 配置绘图环境
- ➤ 文件管理
- ➤ 绘图辅助工具
- ➤ 基本输入操作
- ➤ 设置绘图环境

1.1 操 作 界 面

AutoCAD 操作界面是 AutoCAD 显示、编辑图形的区域，一个完整的 AutoCAD 操作界面如图 1-1 所示，包括标题栏、菜单栏、功能区、"开始"选项卡、"Drawing1"（图形文件）选项卡、绘图区、十字光标、导航栏、坐标系图标、命令行窗口、状态栏、布局标签和快速访问工具栏等。

1. 标题栏

在 AutoCAD 2024 中文版操作界面的最上端是标题栏。在标题栏中显示了系统当前正在运行的应用程序（AutoCAD 2024）和用户正在使用的图形文件。在第一次启动 AutoCAD 2024 时，在标题栏中将显示 AutoCAD 2024 在启动时创建并打开的图形文件的名称"Drawing1.dwg"，如图 1-1 所示。

2. 菜单栏

在 AutoCAD 标题栏的下方是菜单栏。同其他 Windows 程序一样，AutoCAD 的菜单也是下拉形式的，并在菜单中包含子菜单。AutoCAD 的菜单栏中包含"文件""编辑""视图""插入""格式""工具""绘图""标注""修改""参数""窗口""帮助"和"Express"13 个菜单，这些菜单几乎包含了 AutoCAD 的所有绘图命令，后面的章节将对这些菜单功能做详细的讲解。一般来讲，AutoCAD 下拉菜单中的命令有以下 3 种。

（1）带有子菜单的菜单命令 这种类型的菜单命令后面带有小三角形。例如，选择菜单栏中的"绘图"命令，指向其下拉菜单中的"圆"命令，系统就会进一步显示出"圆"

子菜单中所包含的命令，如图 1-2 所示。

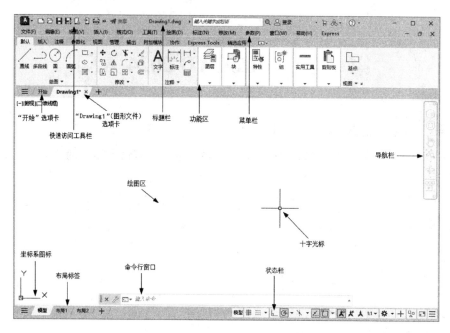

图 1-1   AutoCAD 2024 中文版操作界面

（2）打开对话框的菜单命令   这种类型的命令后面带有省略号。例如，选择菜单栏中的"格式"→"表格样式"命令，如图 1-3 所示，系统就会打开"表格样式"对话框，如图 1-4 所示。

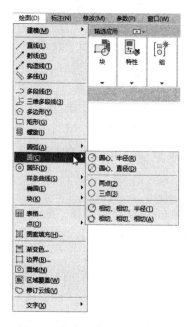

图 1-2   带有子菜单的菜单命令

图 1-3   打开对话框的菜单命令

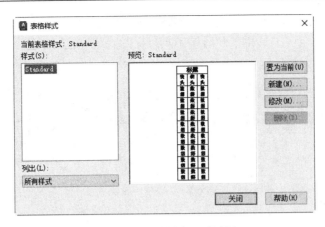

图 1-4　"表格样式"对话框

（3）直接执行操作的菜单命令　这种类型的命令后面既不带小三角形，也不带省略号，选择该命令将直接进行相应的操作。例如，选择菜单栏中的"视图"→"重画"命令，系统将刷新显示所有视口。

3. 工具栏

工具栏是一组按钮工具的集合，把鼠标移动到某个按钮上，稍停片刻即在该按钮的一侧显示相应的功能提示，同时在状态栏中显示相应的说明和命令名。此时，单击某一按钮就可以启动相应的命令。

（1）设置工具栏　打开菜单栏中的"工具"→"工具栏"→"AutoCAD"下拉菜单，显示出所有的工具栏名称，如图 1-5 所示。单击某一个未在界面显示的工具栏名，系统将自动在界面打开该工具栏。反之，关闭工具栏。

图 1-5　调出工具栏

（2）工具栏的"固定""浮动"与"打开"　工具栏可以在绘图区"浮动"显示（见

图 1-6），此时显示该工具栏标题，并可关闭该工具栏。如果拖动"浮动"工具栏到绘图区边界，使它变为"固定"工具栏，此时该工具栏标题隐藏。也可以把"固定"工具栏拖出，使它成为"浮动"工具栏。

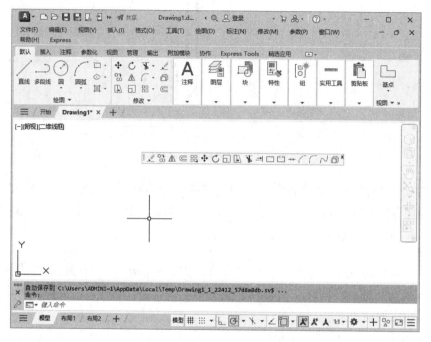

图 1-6 "浮动"工具栏

有些工具栏按钮的右下角带有一个小三角，单击会打开相应的工具栏，如图 1-7 所示。将鼠标移动到某一按钮上并单击，该按钮就变为当前显示的按钮。单击当前显示的按钮，即可执行相应的命令。

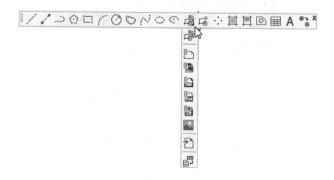

图 1-7 打开工具栏

4. 快速访问工具栏和交互信息工具栏

（1）快速访问工具栏 该工具栏包括"新建""打开""保存""另存为""从 Web 和 Mobile 中打开""保存到 Web 和 Mobile""打印""放弃"和"重做"9 个最常用的工具按钮。用户也可以单击此工具栏后面的小三角下拉按钮，选择并设置需要的常用工具。

（2）交互信息工具栏　该工具栏包括"搜索""Autodesk Account""Autodesk App Store""保持连接"和"单击此处访问帮助"5 个常用的信息交互访问工具按钮。

5. 功能区

在系统默认情况下，功能区包括"默认""插入""注释""参数化""视图""管理""输出""附加模块""协作""Express Tools"和"精选应用"选项卡，如图 1-8 所示；所有的选项卡如图 1-9 所示。每个选项卡都集成了相关的操作工具，用户可以单击功能区选项后面的 按钮控制功能的展开与收起。

图 1-8　系统默认情况下功能区中的选项卡

图 1-9　所有的选项卡

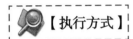【执行方式】

- 命令行：RIBBON（或 RIBBONCLOSE）。
- 菜单：选择菜单栏中的"工具"→"选项板"→"功能区"命令。

6. 绘图区

绘图区是指在标题栏下方的大片空白区域，是用户使用 AutoCAD 绘制图形的区域，用户设计图形的主要工作都是在绘图区中来完成。

在绘图区中，有一个作用类似光标的十字线，其交点坐标反映了光标在当前坐标系中的位置。在 AutoCAD 中，该十字线称为十字光标（见图 1-1），AutoCAD 通过十字光标坐标值显示当前点的位置。十字线的方向与当前用户坐标系的 X、Y 轴方向平行，十字线的长度系统预设为绘图区大小的 5%。

（1）修改绘图区十字光标的大小　用户可以根据绘图的实际需要修改十字光标的大小。修改十字光标大小的方法如下：

选择菜单栏中的"工具"→"选项"命令，打开"选项"对话框。打开如图 1-10 所示的"显示"选项卡，在"十字光标大小"文本框中直接输入数值，或拖动文本框后面的滑块，即可对十字光标的大小进行调整。

此外，还可以通过设置系统变量 CURSORSIZE 的值修改其大小。其命令行提示与操作如下：

命令：CURSORSIZE ↙

输入 CURSORSIZE 的新值 <5>：

在提示下输入新值即可修改十字光标大小，默认值为 5%。

（2）修改绘图区的颜色　在默认情况下，AutoCAD 的绘图区是黑色背景、白色线条，这不符合大多数用户的习惯，因此修改绘图区颜色是大多数用户都要进行的操作。修改绘图区颜色的方法如下：

1）选择菜单栏中的"工具"→"选项"命令，打开"选项"对话框，打开如图 1-10 所示的"显示"选项卡，再单击"窗口元素"选项组中的"颜色"按钮，打开如图 1-11 所示的"图形窗口颜色"对话框。

2）在"颜色"下拉列表中选择需要的窗口颜色，然后单击"应用并关闭"按钮，此时 AutoCAD 的绘图区就变换了背景色。通常按视觉习惯选择白色为窗口颜色。

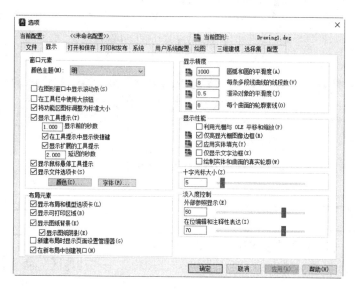

图 1-10　"显示"选项卡

7. 坐标系图标

在绘图区的左下角有一个箭头指向的图标，称为坐标系图标，表示用户绘图时正使用的坐标系样式。坐标系图标的作用是为点的坐标确定一个参照系。根据工作需要，用户可以选择将其关闭，方法是选择菜单栏中的"视图"→"显示"→"UCS 图标"→"开"命令，如图 1-12 所示。

8. 命令行窗口

命令行窗口是输入命令名和显示命令提示的区域。默认情况下的命令行窗口布置在绘图区下方，由若干文本行构成。对命令行窗口，有以下几点需要说明：

1）移动拆分条，可以扩大和缩小命令行窗口。

2）可以拖动命令行窗口，布置在绘图区的其他位置。默认情况下在绘图区的下方。

3）对当前命令行窗口中输入的内容，可以按 F2 键用文本编辑的方法在文本窗口中进行编辑，如图 1-13 所示。AutoCAD 文本窗口和命令行窗口相似，可以显示当前 AutoCAD 进程中命令的输入和执行过程。在执行 AutoCAD 某些命令时会自动切换到文本窗口，列出有关信息。

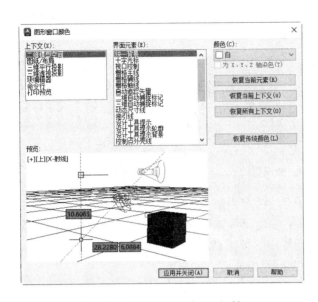

图 1-11　"图形窗口颜色"对话框

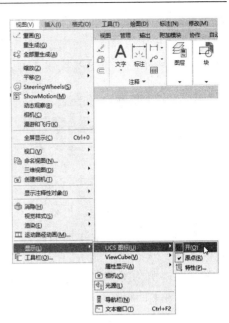

图 1-12　选择"开"命令

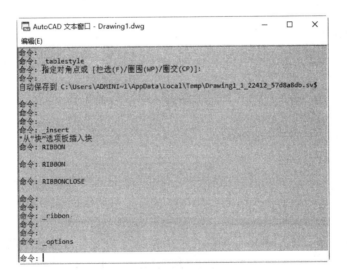

图 1-13　文本窗口

4）AutoCAD 通过命令行窗口反馈各种信息，也包括出错信息。因此，用户要时刻关注在命令行窗口中出现的信息。

9. 状态栏

状态栏在操作界面的底部，依次有"坐标""模型空间""栅格""捕捉模式""推断约束""动态输入""正交模式""极轴追踪""等轴测草图""对象捕捉追踪""二维对象捕捉""线宽""透明度""选择循环""三维对象捕捉""动态 UCS""选择过滤""小控件""注释可见性""自动缩放""注释比例""切换工作空间""注释监视器""单位""快捷特性""锁定用户界面""隔离对象""图形性能""全屏显示"和"自定义"30 个功能按钮，如图 1-14 所示。单击这些按钮，可以实现这些功能的开和关。

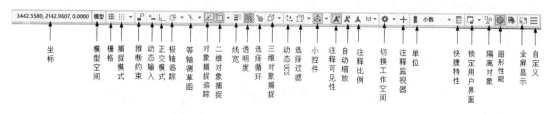

图 1-14　状态栏

默认情况下不会显示所有按钮，可以通过状态栏最右侧的"自定义"按钮，选择要显示的按钮。状态栏中显示的按钮可能会发生变化，具体取决于当前的工作空间以及当前显示的是"模型"还是"布局"。下面对状态栏中的按钮做简单介绍。

（1）坐标 3442.5580, 2142.9607, 0.0000 　显示绘图区光标放置点的坐标。

（2）模型空间 模型　在"模型"空间与"布局"空间之间进行转换。

（3）栅格 井　栅格是覆盖整个用户坐标系（UCS）XY 平面的直线或点组成的矩形图案。使用栅格类似于在图形下放置一张坐标纸，利用栅格可以对齐对象并直观显示对象之间的距离。

（4）捕捉模式 :::　对象捕捉对于在对象上指定精确位置非常重要。不论何时提示输入点，都可以使用对象捕捉。系统默认情况下，当鼠标移到对象的对象捕捉位置时，系统将显示标记和工具提示。

（5）推断约束 　自动在正在创建或编辑的对象与对象捕捉的关联对象或点之间应用约束。

（6）动态输入 　在光标附近显示一个提示框（称为"工具提示"），工具提示中显示相应的命令提示和光标的当前坐标值。

（7）正交模式 　当创建或移动对象时，可以使用正交模式将光标限制在相对于用户坐标系（UCS）的水平或垂直方向上。将光标限制在水平或垂直方向上移动，便于精确地创建和修改对象。

（8）极轴追踪 　使用极轴追踪，光标将按指定角度进行移动。创建或修改对象时，可以使用"极轴追踪"来显示由指定的极轴角度所定义的临时对齐路径。

（9）等轴测草图 　通过设定"等轴测捕捉 / 栅格"，可以很容易地沿三个等轴测平面之一对齐对象。尽管等轴测图形看似三维图形，但它实际上是由二维图形表示的，因此不能期望在等轴测图形中提取三维距离和面积、从不同视点显示对象或自动消除隐藏线。

（10）对象捕捉追踪 　使用"对象捕捉追踪"，可以沿着基于对象捕捉点的对齐路径进行追踪。已获取的点将显示一个小加号（＋），一次最多可以获取 7 个追踪点。获取点之后，在绘图路径上移动光标，将显示相对于获取点的水平、垂直或极轴对齐路径。例如，可以基于对象端点、中点或者对象的交点，沿着某个路径选择一点。

（11）二维对象捕捉 　使用对象捕捉设置（也称为"对象捕捉"），可以在对象上的

精确位置指定捕捉点。选择多个选项后，将应用选定的捕捉模式，以返回距离靶框中心最近的点。按 Tab 键则在这些选项之间循环。

（12）线宽 分别显示对象所在图层中设置的不同宽度，而不是统一线宽。

（13）透明度 使用该命令，可调整绘图对象显示的明暗程度。

（14）选择循环 当一个对象与其他对象彼此接近或重叠时，准确地选择某一个对象是很困难的，此时使用"选择循环"命令，单击，打开"选择集"列表框（其中列出了单击位置周围的图形），即可在列表中选择所需的对象。

（15）三维对象捕捉 三维图形中的对象捕捉与在二维图形中的方式类似，不同之处在于在三维图形中可以投影对象捕捉。

（16）动态 UCS 在创建对象时，可使 UCS 的 XY 平面自动与实体模型上的平面临时对齐。

（17）选择过滤 根据对象特性或对象类型对选择集进行过滤。单击该按钮后，系统只选择满足指定条件的对象，其他对象将被排除在选择集之外。

（18）小控件 帮助用户沿三维坐标轴或平面移动、旋转或缩放一组对象。

（19）注释可见性 当图标亮显时表示显示所有比例的注释性对象，当图标变暗时表示仅显示当前比例的注释性对象。

（20）自动缩放 注释比例更改时，会自动将比例添加到注释对象中。

（21）注释比例 单击注释比例右下角的小三角按钮，打开注释比例列表，如图 1-15 所示。可以根据需要选择适当的注释比例。

（22）切换工作空间 进行工作空间转换。

（23）注释监视器 打开仅用于所有事件或模型文档事件的注释监视器。

（24）单位 指定线性尺寸和角度单位的格式和小数位数。

（25）快捷特性 控制快捷特性面板的使用与禁用。

（26）锁定用户界面 按下该按钮，可锁定工具栏、面板和可固定窗口的位置和大小。

（27）隔离对象 当选择隔离对象时，系统在当前视图中显示选定对象，其他所有对象都被暂时隐藏；当选择隐藏对象时，在当前视图中暂时隐藏选定对象，其他所有对象都可见。

（28）图形性能 设定图形卡的驱动程序以及设置硬件加速的选项。

✓ 1:1
1:2
1:4
1:5
1:8
1:10
1:16
1:20
1:30
1:40
1:50
1:100
2:1
4:1
8:1
10:1
100:1
自定义…
外部参照比例
百分比

图 1-15　注释比例列表

（29）全屏显示 该选项可以清除操作界面中的标题栏、功能区和选项板等界面元素，使 AutoCAD 的绘图窗口全屏显示，如图 1-16 所示。

（30）自定义 状态栏可以提供重要信息，而无须中断工作流。使用 MODEMAC-RO 系统变量可将应用程序所能识别的大多数数据显示在状态栏中。使用该系统变量的计算、判断和编辑功能可以完全按照用户的要求构造状态栏。

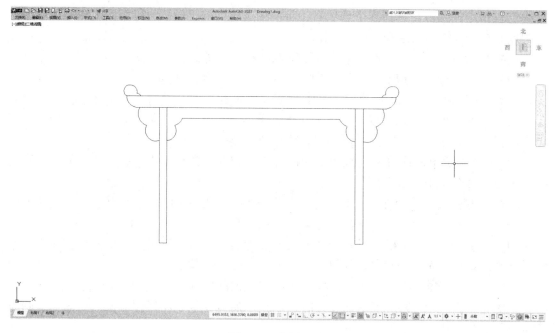

图 1-16　全屏显示

10. 布局标签

AutoCAD 系统默认设定一个"模型"空间和"布局 1""布局 2"两个图纸空间布局标签。在这里有两个概念需要解释一下：

（1）布局　布局是系统为绘图设置的一种环境，包括图样大小、尺寸单位、角度设定和数值精确度等。在系统预设的 3 个标签中，这些环境变量都按默认设置，用户可以根据实际需要改变这些变量的值，也可以根据需要设置符合自己要求的新标签。

（2）模型　AutoCAD 的空间分模型空间和图纸空间两种。模型空间是通常绘图的环境，而在图纸空间中，用户可以创建叫作"浮动视口"的区域，以不同视图显示所绘图形。用户可以在图纸空间中调整浮动视口并决定所包含视图的缩放比例。如果用户选择图纸空间，可打印多个视图，也可以打印任意布局的视图。AutoCAD 系统默认打开模型空间，用户可以通过单击操作界面下方的布局标签，选择需要的布局。

11. 滚动条

在 AutoCAD 的绘图区下方和右侧还提供了用来浏览图形的水平和竖直方向的滚动条。拖动滚动条中的滚动块，可以在绘图区按水平或竖直两个方向浏览图形。

1.2　配置绘图系统

每台计算机所使用的显示器、输入设备和输出设备的类型不同，用户喜好的风格及计算机的目录设置也不同。一般来讲，使用 AutoCAD 2024 的默认配置就可以绘图，但为了使用用户的定点设备或打印机，以及提高绘图的效率，推荐用户在开始作图前先进行必要的配置。

 【执行方式】

- 命令行：PREFERENCES。
- 菜单栏：选择菜单栏中的"工具"→"选项"命令。
- 快捷菜单：在绘图区右击，系统打开快捷菜单，选择"选项"命令，如图 1-17 所示。

 【操作步骤】

执行上述命令后，系统打开"选项"对话框。用户可以在该对话框中设置有关选项，对绘图系统进行配置。下面就其中主要的两个选项卡进行说明，其他配置选项将在后面用到时再做具体说明。

（1）系统配置　"选项"对话框中的第 5 个选项卡为"系统"选项卡，如图 1-18 所示。该选项卡可用来设置 AutoCAD 系统的有关特性，在其中的"常规选项"选项组中可确定是否选择系统配置的有关基本选项。

图 1-17　快捷菜单

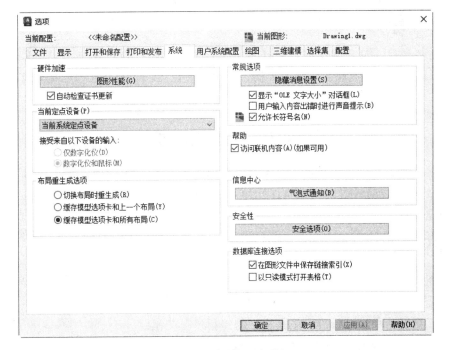

图 1-18　"系统"选项卡

（2）显示配置　"选项"对话框中的第 2 个选项卡为"显示"选项卡，如图 1-19 所示。该选项卡可用于控制 AutoCAD 系统的外观，设定滚动条显示与否、界面菜单显示与否、绘图区颜色、光标大小、AutoCAD 的版面布局设置、各实体的显示精度等。

图 1-19 "显示"选项卡

 技巧荟萃

请务必记住，设置实体显示精度时，显示质量越高，即精度越高，计算机计算的时间越长。建议不要将精度设置的太高，显示质量设定在一个合理的程度即可。

1.3 文件管理

本节将介绍有关文件管理的一些基本操作方法，包括新建文件、打开文件、保存文件和另存为等，这些都是进行 AutoCAD 2024 操作最基础的知识。

1. 新建文件

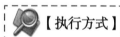 【执行方式】

- 命令行：NEW。
- 菜单栏：选择菜单栏中的"文件"→"新建"命令。
- 工具栏：单击"标准"工具栏中的"新建"按钮 □。
- 选项卡：单击"开始"选项卡中的"新建"按钮。

执行上述操作后，系统打开如图 1-20 所示的"选择样板"对话框。

另外还有一种快速创建图形的方法，该方法是创建新图形的最快捷方法。

命令行：QNEW ✓

执行上述命令后，系统立即从所选的图形样板中创建新图形，而不显示任何对话框或提示。

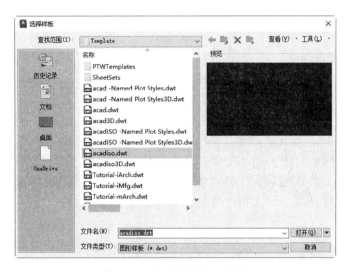

图 1-20　"选择样板"对话框

在运行快速创建图形功能之前必须进行如下设置：

1）在命令行输入"FILEDIA"，按 Enter 键，设置系统变量为 1；在命令行输入"STARTUP"，设置系统变量为 0。

2）选择菜单栏中的"工具"→"选项"命令，在弹出的"选项"对话框中选择默认图形样板文件。具体方法是：在"文件"选项卡中单击"样板设置"前面的"+"，在展开的选项列表中选择"快速新建的默认样板文件名"选项，如图 1-21 所示。单击"浏览"按钮，打开"选择文件"对话框，然后选择需要的样板文件即可。

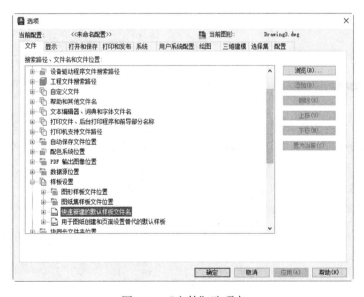

图 1-21　"文件"选项卡

2. 打开文件

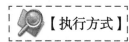【执行方式】

- 命令行：OPEN。
- 菜单栏：选择菜单栏中的"文件"→"打开"命令。
- 工具栏：单击"标准"工具栏中的"打开"按钮 ▷。
- 选项卡：单击"开始"选项卡中的"打开"按钮。

执行上述操作后，打开"选择文件"对话框，如图 1-22 所示。在"文件类型"下拉列表中用户可选 .dwg 文件、.dwt 文件、.dxf 文件和 .dws 文件。其中，.dws 文件是包含标准图层、标注样式、线型和文字样式的样板文件；.dxf 文件是用文本形式存储的图形文件，能够被其他程序读取，许多第三方应用软件都支持 .dxf 格式。

图 1-22 "选择文件"对话框

 技巧荟萃

有时在打开 .dwg 文件时，系统会打开一个信息提示对话框，提示用户图形文件不能打开。在这种情况下可先退出打开操作，然后选择菜单栏中的"文件"→"图形实用工具"→"修复"命令，或在命令行中输入"RECOVER"，接着在"选择文件"对话框中输入要恢复的文件，确认后系统即可开始执行恢复文件操作。

3. 保存文件

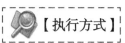【执行方式】

- 命令名：QSAVE（或 SAVE）。

- 菜单栏：选择菜单栏中的"文件"→"保存"命令。
- 工具栏：单击"标准"工具栏中的"保存"按钮█。

执行上述操作后，若文件已命名，则系统自动保存文件，若文件未命名（即为默认名 drawing1.dwg），则系统打开如图 1-23 所示的"图形另存为"对话框，用户可以在"文件名"文本框输入新的文件名，在"保存于"下拉列表中指定保存文件的路径，在"文件类型"下拉列表中指定保存文件的类型，重新命名保存。

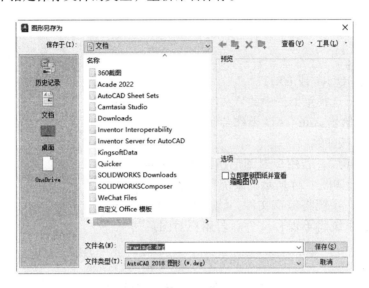

图 1-23　"图形另存为"对话框

为了防止因意外操作或计算机系统故障导致正在绘制的图形文件丢失，可以对当前图形文件设置自动保存，操作方法如下：

1）在命令行输入"SAVEFILEPATH"，按 Enter 键，设置所有自动保存文件的位置，如"D：\HU\"。

2）在命令行输入"SAVEFILE"，按 Enter 键，设置自动保存文件名。该系统变量储存的文件名文件是只读文件，用户可以从中查询自动保存的文件名。

3）在命令行输入"SAVETIME"，按 Enter 键，指定在使用自动保存时多长时间保存一次图形，单位是"分"。

4. 另存为

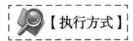【执行方式】

- 命令行：SAVEAS。
- 菜单栏：选择菜单栏中的"文件"→"另存为"命令。
- 工具栏：单击快速访问工具栏中的"另存为"按钮█。

执行上述操作后，打开如图 1-23 所示的"图形另存为"对话框，系统将用新的文件名保存，并为当前图形更名。

技巧荟萃

在"选择样板"对话框的"文件类型"下拉列表中有 4 种格式的图形样板，扩展名分别是 .dwt、.dwg、.dws 和 .dxf。

5. 退出

【执行方式】

- 命令行：QUIT 或 EXIT。
- 菜单栏：选择菜单栏中的"文件"→"退出"命令。
- 按钮：单击 AutoCAD 操作界面右上角的"关闭"按钮 ✕。

执行上述操作后，若用户对图形所做的修改尚未保存，则会打开如图 1-24 所示的系统警告对话框。单击"是"按钮，系统将保存文件，然后退出；单击"否"按钮，系统将不保存文件。若用户对图形所做的修改已经保存，则直接退出。

图 1-24　系统警告对话框

1.4　绘图辅助工具

要快速顺利地完成图形绘制工作，有时要借助一些辅助工具，如用于准确确定绘制位置的精确定位工具和调整图形显示范围与方式的显示工具等。下面简要介绍这两种非常重要的辅助绘图工具。

1.4.1　精确定位工具

在绘制图形时，可以使用直角坐标和极坐标精确定位点，但是有些点（如端点、中心点等）的坐标用户是不知道的，要想精确地指定这些点，会有很大难度，有时甚至是不可能的。为此，AutoCAD 提供了辅助定位工具，使用这类工具，用户可以很容易地在屏幕中捕捉到这些点，进行精确地绘图。

1. 栅格

AutoCAD 的栅格由有规则的点的矩阵组成，延伸到指定为图形界限的整个区域。使用栅格与在坐标纸上绘图十分相似，利用栅格可以对齐对象并直观显示对象之间的距离。如果放大或缩小图形，则可能需要调整栅格间距，使其更适合新的比例。虽然栅格在屏幕上是可见的，但它并不是图形对象，因此它不会被打印成图形中的一部分，也不会影响在何处绘图。

可以单击状态栏上的"栅格"按钮或按 F7 键打开或关闭栅格。启用栅格并设置栅格在 X 轴方向和 Y 轴方向上的间距的方法如下：

【执行方式】

- 命令行：DSETTINGS 或 DS，SE 或 DDRMODES。
- 菜单栏：选择菜单栏中的"工具"→"绘图设置"命令。
- 快捷菜单：右击"栅格"按钮→网格设置。
- 状态栏：单击状态栏中的"栅格"按钮 ▦（仅限于打开与关闭）。

【操作步骤】

执行上述命令后，系统打开"草图设置"对话框，如图 1-25 所示。

图 1-25　"草图设置"对话框

如果需要显示栅格，则选择"启用栅格"复选框，然后在"栅格 X 轴间距"文本框中输入栅格点之间的水平距离（单位为毫米）。如果使用相同的间距设置垂直和水平分布的栅格点，则按 Tab 键。否则，在"栅格 Y 轴间距"文本框中输入栅格点之间的垂直距离。

用户可改变栅格与图形界限的相对位置。默认情况下，栅格以图形界限的左下角为起点，沿着与坐标轴平行的方向填充整个由图形界限所确定的区域。选择"捕捉类型"选项组中的"PolarSnap"项可确定栅格与相应坐标轴之间的夹角，"极轴间距"选项组中的"极轴距离"项可确定栅格与图形界限的相对位移。

 提示与点拨

如果栅格的间距设置得太小，当进行"打开栅格"操作时，AutoCAD 将在文本窗口中显示"栅格太密，无法显示"的信息，而不在屏幕上显示栅格点。使用"缩放"命令时，将图形缩放很小，也会出现同样提示，不显示栅格。

捕捉可以使用户直接使用光标快速地定位目标点。捕捉模式有以下几种形式：栅格捕捉、对象捕捉、极轴捕捉和自动捕捉。

另外，可以使用 GRID 命令通过命令行方式设置栅格，功能与"草图设置"对话框类似。

2. 捕捉

捕捉是指 AutoCAD 可以生成一个隐含分布于屏幕上的栅格，这种栅格能够捕捉光标，使得光标只能落到其中的一个栅格点上。捕捉可分为"矩形捕捉"和"等轴测捕捉"两种类型。默认设置为"矩形捕捉"，即捕捉点的阵列类似于栅格，如图 1-26 所示。用户可以指定捕捉模式在 X 轴方向和 Y 轴方向上的间距，也可改变捕捉模式与图形界限的相对位置。矩形捕捉与栅格的不同之处在于：捕捉间距的值必须为正实数，另外捕捉模式不受图形界限的约束。"等轴测捕捉"表示捕捉模式为等轴测模式，此模式是绘制正等轴测图时的工作环境，如图 1-27 所示。在"等轴测捕捉"模式下，栅格和光标十字线成绘制等轴测图时的特定角度。

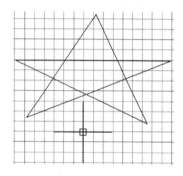

图 1-26　矩形捕捉

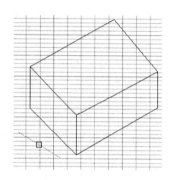

图 1-27　等轴测捕捉

在绘制图 1-26 和图 1-27 中的图形时，输入参数点时光标只能落在栅格点上。两种捕捉模式可以切换，方法是：打开"草图设置"对话框中的"捕捉和栅格"选项卡，在"捕捉类型"选项组中选择"矩形捕捉"模式或"等轴测捕捉"模式。

3. 极轴捕捉

极轴捕捉是指在创建或修改对象时，按事先给定的角度增量和距离增量来追踪特征点，即捕捉相对于初始点且满足指定极轴距离和极轴角的目标点。

极轴追踪设置主要是设置追踪的距离增量和角度增量，以及与之相关联的捕捉模式。这些设置可以通过"草图设置"对话框中的"捕捉和栅格"选项卡与"极轴追踪"选项卡来实现，如图 1-28 和图 1-29 所示。

（1）设置极轴距离　在"草图设置"对话框的"捕捉和栅格"选项卡中可以设置极轴距离（单位为毫米）。绘图时，光标将按指定的极轴距离增量进行移动。

（2）设置极轴角度　在"草图设置"对话框的"极轴追踪"选项卡中可以设置极轴角增量角度。设置时，可以在"增量角"的下拉列表中选择 90、45、30、22.5、18、15、10 和 5 极轴角增量，也可以直接输入其他任意角度。光标移动时，如果接近极轴角，将显示对齐路径和工具栏提示。图 1-30 所示分别为设置极轴角增量为 30、60 和 90 时显示的对齐路径。

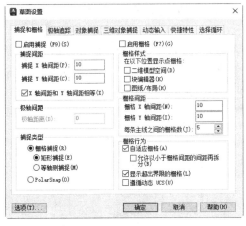

图 1-28 "捕捉和栅格"选项卡

图 1-29 "极轴追踪"选项卡

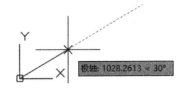

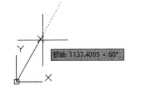

图 1-30 设置极轴角度

"附加角"用于设置极轴追踪时是否采用附加角度追踪。选中"附加角"复选框,单击"新建"按钮或者"删除"按钮可增加或删除附加角度值。

（3）对象捕捉追踪设置 用于设置对象捕捉追踪的模式。如果选择"仅正交追踪"选项,则当采用追踪功能时,系统仅在水平和垂直方向上显示追踪数据；如果选择"用所有极轴角设置追踪"选项,则当采用追踪功能时,系统不仅可以在水平和垂直方向上显示追踪数据,还可以在设置的极轴追踪角度与附加角度所确定的一系列方向上显示追踪数据。

（4）极轴角测量 用于设置极轴角的角度测量采用的参考基准。选中"绝对"则是相对水平方向逆时针测量,选中"相对上一段"则是以上一段对象为基准进行测量。

4. 对象捕捉

AutoCAD 给所有的图形对象都定义了特征点。对象捕捉功能可以在绘图过程中,通过捕捉这些特征点,迅速准确地将新的图形对象定位在现有对象的确切位置上,如圆的圆心、线段中点或两个对象的交点等。在 AutoCAD 2024 中,可以通过单击状态栏中的"二维对象捕捉"按钮,或是在"草图设置"对话框的"对象捕捉"选项卡中选择"启用对象捕捉"选项,来完成启用对象捕捉功能。在绘图过程中,对象捕捉功能的调用可以通过以下方式完成：

使用"对象捕捉"工具栏（见图 1-31）：在绘图过程中,当系统提示需要指定点的位置时,可以单击"对象捕捉"工具栏中相应的特征点按钮,再把光标移动到要捕捉的对象上的特征点附近,AutoCAD 即可自动提示并捕捉到这些特征点。例如,如果需要用直线连接一系列圆的圆心,可以将"圆心"设置为对象捕捉的特征点。如果有两个以上的捕捉点落在选择区域,AutoCAD 将捕捉离光标中心最近的符合条件的点。如果在指定位置有多个点符合对象捕捉条件，可在指定点之前，按 Tab 键遍历所有可能的点，检查哪一个对象捕捉有效。

使用对象捕捉快捷菜单:在需要指定点的位置时，还可以按住 Ctrl 键或 Shift 键，右击，打开如图 1-32 所示的对象捕捉快捷菜单，从该菜单上选择某一种特征点对象捕捉的命令，再把光标移动到要捕捉对象上的特征点附近，即可捕捉到这些特征点。

图 1-31 "对象捕捉"工具栏   图 1-32 对象捕捉快捷菜单

使用命令行：当需要指定点的位置时，在命令行中输入相应特征点的关键词，把光标移动到要捕捉对象上的特征点附近，即可捕捉到这些特征点。对象捕捉模式及关键词见表 1-1。

表 1-1 对象捕捉模式及关键词

模式	关键词	模式	关键词	模式	关键词
临时追踪点	TT	捕捉自	FROM	端点	END
中点	MID	交点	INT	外观交点	APP
延长线	EXT	圆心	CEN	象限点	QUA
切点	TAN	垂足	PER	平行线	PAR
节点	NOD	最近点	NEA	无捕捉	NON

 提示与点拨

1）对象捕捉不可单独使用，必须配合别的绘图命令一起使用。仅当 AutoCAD 提示输入点时，对象捕捉才生效。如果试图在命令提示下使用对象捕捉，AutoCAD 将显示错误信息。

2）对象捕捉只可用于屏幕上可见的对象，包括锁定图层、布局视口边界和多段线上的对象，不能捕捉不可见的对象，如未显示的对象、关闭或冻结图层上的对象或虚线的空白部分。

5. 自动对象捕捉

在绘制图形的过程中，使用对象捕捉的频率非常高，如果每次在捕捉时都要先选择捕捉模式，将使工作效率大大降低。出于此种考虑，AutoCAD 2024 提供了自动对象捕捉模式。启用自动对象捕捉功能后，当光标距指定的捕捉点较近时，系统会自动精确地捕捉这些特征点，并显示出相应的标记以及该捕捉的提示。要调用自动对象捕捉模式，可以通过在"草图设置"对话框中的"对象捕捉"选项卡选中"启用对象捕捉追踪"复选框，在"对象捕捉模式"选项组中选择需要的选项来实现，如图 1-33 所示。

图 1-33 "对象捕捉"选项卡

提示与点拨

用户可以设置自己经常要用的捕捉方式。一旦设置了运行捕捉方式后，在每次运行时，所设定的目标捕捉方式都会被激活，当同时使用多种方式时，系统将捕捉距光标最近、同时又是满足多种目标捕捉方式之一的点。当光标距要获取的点非常近时，按 Shift 键将暂时不获取对象。

6. 正交绘图

正交绘图模式即在绘图的过程中，光标只能沿 X 轴或 Y 轴移动，因此所有绘制的线段和构造线都将平行于 X 轴或 Y 轴。正交绘图模式对于绘制水平线和垂直线非常有用，特别是当绘制构造线时经常使用。另外，当捕捉模式为等轴测模式时，它还能使直线平行于 3 个坐标轴中的一个。

设置正交绘图可以直接单击状态栏中的"正交模式"按钮或按 F8 键，此时会在文本窗口中显示开 / 关提示信息。也可以在命令行中输入"ORTHO"命令，开启正交绘图。

提示与点拨

正交模式将光标的移动限制在平行于水平或垂直坐标轴的方向上。因为不能同时打开正交模式和极轴追踪，因此正交模式打开时，AutoCAD 会关闭极轴追踪。如果打开极轴追踪，AutoCAD 将关闭正交模式。

1.4.2 图形显示工具

如果一个图形较为复杂，在观察整幅图形时，往往无法对其局部细节进行查看和操作，而当在屏幕上显示一个细部时又看不到其他部分。为解决这类问题，AutoCAD 提供了缩放、平移、视图、鸟瞰视图和视口命令等一系列图形显示控制命令，可以用来放大、缩小或移动屏幕上的图形，或者同时从不同的角度、不同的部位来显示图形。AutoCAD 还提供了重画和重新生成命令来刷新屏幕及重新生成图形。

1. 图形缩放

图形缩放命令的作用类似于照相机的镜头，可以放大或缩小屏幕所显示的范围，但其只改变视图的比例，对象的实际尺寸并不发生变化。当放大图形一部分的显示尺寸时，可以更清楚地查看这个区域的细节；相反，如果缩小图形的显示尺寸，则可以查看更大的区域，如整体浏览。

图形缩放功能在绘制大幅面机械图，尤其是装配图时非常有用，是使用频率最高的命令之一。这个命令可以透明地使用，也就是说，该命令可以在其他命令执行时运行。在完成透明命令的运行后，AutoCAD 会自动地返回到在用户调用透明命令前正在运行的命令。

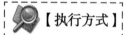
【执行方式】

- 命令行：ZOOM。
- 菜单栏：选择菜单栏中的"视图"→"缩放"命令。
- 工具栏：单击"标准"工具栏中的"实时缩放"按钮±ᵩ，如图 1-34 所示。
- 快捷菜单：绘图窗口中右击→缩放。

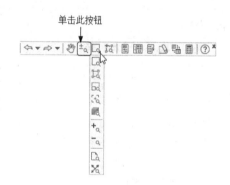
单击此按钮

图 1-34　"标准"工具栏

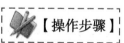
【操作步骤】

执行上述命令后，命令行提示与操作如下：

[全部 (A)/ 中心点 (C)/ 动态 (D)/ 范围 (E)/ 上一个 (P)/ 比例 (S)/ 窗口 (W)/ 对象 (O)] < 实时 >:

【选项说明】

（1）实时　这是"缩放"命令的默认操作，即在输入"ZOOM"命令后，直接按Enter 键，将自动执行实时缩放操作。实时缩放就是可以通过上、下移动鼠标进行放大和

缩小。在使用实时缩放时，系统会显示一个"+"号或"-"号。当缩放比例接近极限时，AutoCAD 将不再与光标一起显示"+"号或"-"号。需要从实时缩放操作中退出时，可按 Enter 键、Esc 键或是从菜单中选择"Exit"。

（2）全部（A） 执行"ZOOM"命令后，在提示文字后键入"A"，即可执行"全部（A）"缩放操作。不论图形有多大，该操作都将显示图形的边界或范围，即使对象不在边界以内，它们也将被显示。因此，使用"全部（A）"选项，可查看当前视口中的整个图形。

（3）中心点（C） 该选项可以通过确定一个中心点，定义一个新的显示窗口。操作过程中需要指定中心点以及输入比例或高度。默认新的中心点就是视图的中心点，默认的输入高度就是当前视图的高度，直接按 Enter 键后，图形将不会被放大。输入比例数值越大，图形放大倍数也越大。也可以在数值后面紧跟一个"X"，如 3X，表示在放大时不是按照绝对值变化，而是按相对于当前视图的相对值缩放。

（4）动态（D） 通过操作一个表示视口的视图框，确定所需显示的区域。选择该选项，在绘图窗口中将出现一个小的视图框，按住鼠标左键左、右移动可以改变该视图框的大小，定形后释放左键，再按下鼠标左键移动视图框，确定图形中的放大位置，系统将清除当前视口并显示一个特定的视图选择屏幕。这个特定屏幕由当前视图及有效视图的信息所构成。

（5）范围（E） 可以使图形缩放至整个显示范围。图形的范围由图形所在的区域构成，剩余的空白区域将被忽略。应用这个选项，图形中所有的对象都可以尽可能地被放大。

（6）上一个（P） 在绘制一幅复杂的图形时，有时需要放大图形的一部分以进行细节的编辑，在编辑完成后再返回前一个视图。此时可以使用"上一个（P）"选项来实现。当前视口由"缩放"命令的各种选项或移动视图、视图恢复、平行投影或透视命令引起的任何变化，系统都将做保存。每一个视口最多可以保存 10 个视图。连续使用"上一个（P）"选项可以恢复前 10 个视图。

（7）比例（S） 该选项有三种使用方法：一是在提示信息下，直接输入比例系数，AutoCAD 将按照此比例因子放大或缩小图形的尺寸；二是在比例系数后面加一个"X"，作为相对于当前视图计算的比例因子；三是用于图纸空间，如可以在图纸空间阵列布排或打印出模型的不同视图。为了使每一个视图都与图纸空间单位成比例，可以使用"比例（S）"选项。每一个视图可以有单独的比例。

（8）窗口（W） 该选项是最常使用的选项。它可通过确定一个矩形窗口的两个对角点来指定所需缩放的区域。对角点可以由鼠标指定，也可以输入坐标来确定。指定窗口的中心点将成为新的显示屏幕的中心点。窗口中的区域将被放大或者缩小。调用"ZOOM"命令时，可以在没有选择任何选项的情况下，利用鼠标在绘图窗口中直接指定缩放窗口的两个对角点。

（9）对象（O） 以选定的对象为全部显示范围进行显示。

 提示与点拨

这里所提到的诸如放大、缩小或移动等操作仅仅是对图形在屏幕上的显示进行控制，图形本身并没有任何改变。

2.图形平移

当图形幅面大于当前视口时，如果需要在当前视口之外观察或绘制一个特定区域，可以使用图形平移命令来实现。平移命令能将在当前视口以外的图形的一部分移动到当前视口内查看或编辑，且不改变图形的缩放比例。

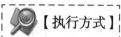
【执行方式】

- 命令行：PAN。
- 菜单栏：选择菜单栏中的"视图"→"平移"命令。
- 工具栏：单击"标准"工具栏中的"实时平移"按钮🖐。
- 快捷菜单：在绘图窗口中右击→平移。

【操作步骤】

激活平移命令之后，光标形状将变成一只小手，可以在绘图窗口中任意移动，以示当前正处于平移模式。单击并按住鼠标左键将光标锁定在当前位置，即使用小手抓住图形，可拖动图形到所需的位置。释放鼠标左键将停止平移图形。可以反复按下鼠标左键，拖动，释放，将图形平移到其他位置。

平移命令预先定义了一些菜单选项与按钮，它们可用于在特定方向上平移图形。在激活平移命令后，这些选项可以从菜单"视图"→"平移"→"*"中调用。

（1）实时　即通过鼠标的拖动来实现图形在任意方向上的平移。该选项是平移命令中最常用的选项，也是默认选项，前面提到的平移操作都是实时平移。

（2）点　这个选项要求确定位移量，即需要确定图形移动的方向和距离。可以通过输入点的坐标或用光标指定点的坐标来确定位移。

（3）左　移动图形，使屏幕左部的图形进入显示窗口。

（4）右　移动图形，使屏幕右部的图形进入显示窗口。

（5）上　向底部平移图形后，使屏幕顶部的图形进入显示窗口。

（6）下　向顶部平移图形后，使屏幕底部的图形进入显示窗口。

1.5　基本输入操作

1.5.1　命令输入方式

AutoCAD 交互绘图必须输入必要的指令和参数。AutoCAD 有多种命令输入方式，下面以画直线为例，介绍命令输入方式。

1）在命令行输入命令名，如命令"LINE"。命令字符可不区分大小写，执行命令时，在命令行提示中经常会出现命令选项。在命令行输入绘制直线命令"LINE"后，命令行提示与操作如下：

命令：LINE ↙

指定第一个点：(在绘图区指定一点或输入一个点的坐标)

指定下一点或 [放弃 (U)]:

命令行中不带括号的提示为默认选项（如上面的"指定下一点或"），因此可以直接输入直线段的起点坐标或在绘图区指定一点。如果要选择其他选项，则应该首先输入该选项的标识字符，如"放弃"选项的标识字符"U"，然后按系统提示输入数据即可。在命令选项的后面有时还带有尖括号，尖括号内的数值为默认数值。

2）在命令行输入命令缩写字，如 L（Line）、C（Circle）、A（Arc）、Z（Zoom）、R（Redraw）、M（Move）、CO（Copy）、PL（Pline）、E（Erase）等。

3）选择"绘图"菜单栏中的命令，在命令行窗口中可以看到相应的命令说明及命令名。

4）单击"绘图"工具栏中的按钮，命令行窗口中也可以看到相应的命令说明及命令名。

5）在命令行打开快捷菜单。如果在前面刚使用过要输入的命令，可以在命令行右击，打开快捷菜单，在"最近使用的命令"子菜单中选择需要的命令，如图 1-35 所示。"最近使用的命令"子菜单中存储最近使用的 6 个命令，如果经常重复使用某 6 个以内的命令，这种方法就比较快速简捷。

图 1-35　快捷菜单

6）在绘图区右击。如果用户要重复使用上次使用的命令，可以直接在绘图区右击，在快捷菜单中选择要重复的命令，如图 1-36 所示。这种方法适用于重复执行某个命令。

如果要输入的命令在前面刚使用过，那么可以在绘图区右击，打开快捷菜单，在"最近的输入"子菜单中选择需要的命令，如图 1-37 所示。"最近的输入"子菜单中存储最近使用的命令，在经常重复使用某个命令时，这种方法比较快捷。

图 1-36　选择重复命令

图 1-37　"最近的输入"子菜单

1.5.2　命令的重复、撤销、重做

（1）命令的重复　单击 Enter 键，可重复调用上一个命令，不管上一个命令是完成了还是被取消了。

（2）命令的撤销　在命令执行的任何时刻都可以取消和终止命令的执行。

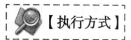
【执行方式】

- 命令行：UNDO。
- 菜单栏：选择菜单栏中的"编辑"→"放弃"命令。
- 快捷键：按 Esc 键。

（3）命令的重做　将已撤销的命令恢复重做，可以恢复撤销的最后一个命令。

【执行方式】

- 命令行：REDO。
- 菜单栏：选择菜单栏中的"编辑"→"重做"命令。
- 快捷键：按 Ctrl+Y 键。

AutoCAD 2024 可以一次执行多重放弃和重做操作。单击"标准"工具栏中的"放弃"按钮 ⟵ ·或"重做"按钮 ⟶ ·后面的小三角，可以选择要放弃或重做的操作。图 1-38 所示为多重放弃的选项。

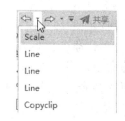

图 1-38　多重放弃的选项

1.5.3　命令执行方式

有的命令有两种执行方式，即通过对话框或通过命令行输入命令。如果指定使用命令行方式，可以在命令名前加短画线来表示，如"-LAYER"表示用命令行方式执行"图层"命令。而如果在命令行输入"LAYER"，系统则会打开"图层特性管理器"选项板。

另外，有些命令同时存在命令行、菜单栏和工具栏 3 种执行方式，这时如果选择菜单栏或工具栏方式，命令行会显示该命令，并在前面加一下画线。例如，通过菜单栏或工具栏方式执行"直线"命令时，命令行会显示"_line"，命令的执行过程和结果与命令行方式相同。

1.5.4　数据输入法

在 AutoCAD 2024 中，点的坐标可以用直角坐标、极坐标、球面坐标和柱面坐标表示，每一种坐标又分别具有两种坐标输入方式：绝对坐标和相对坐标。其中直角坐标和极坐标最为常用，具体输入方法如下：

1）直角坐标法：用点的 X、Y 坐标值表示的坐标。在命令行中输入点的坐标"15，18"，则表示输入了一个 X、Y 的坐标值分别为 15、18 的点，此为绝对坐标输入方式，表示该点的坐标是相对于当前坐标原点的坐标值，如图 1-39a 所示。如果输入"@10，20"，则为相对坐标输入方式，表示该点的坐标是相对于前一点的坐标值，如图 1-39b 所示。

2）极坐标法：用长度和角度表示的坐标，只能用来表示二维点的坐标。在绝对坐标输入方式下，表示为"长度＜角度"，如"25<50"，其中长度为该点到坐标原点的距离，角度为该点到坐标原点的连线与 X 轴正向的夹角，如图 1-39c 所示。在相对坐标输入方式下，表示为"@ 长度＜角度"，如"@25<45"，其中长度为该点到前一点的距离，角度为该点

至前一点的连线与 X 轴正向的夹角，如图 1-39d 所示。

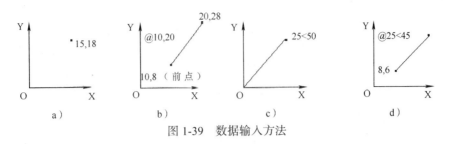

图 1-39　数据输入方法

3）动态数据输入：单击状态栏中的"动态输入"按钮 <u>+</u>_，系统打开动态输入功能，可以在绘图区动态地输入某些参数数据。例如，绘制直线时，在光标附近会动态地显示"指定第一个点"，以及后面的坐标框。当前坐标框中显示的是目前光标所在位置，可以输入数据，两个数据之间以逗号隔开，如图 1-40 所示。指定第一个点后，系统动态显示直线的角度，同时要求输入线段长度值，如图 1-41 所示。其输入效果与"@ 长度 < 角度"方式相同。

图 1-40　动态输入坐标值　　　　　　　图 1-41　动态输入长度值

下面分别介绍点与距离值的输入方法。

（1）点的输入　在绘图过程中，常需要输入点的位置，AutoCAD 提供了以下几种输入点的方式：

1）用键盘直接在命令行输入点的坐标。直角坐标有两种输入方式：x，y（点的绝对坐标值，如"100，50"）和 @ x，y（相对于上一点的坐标值，如"@ 50，-30"）。

极坐标的输入方式为"长度 < 角度"（其中，长度为点到坐标原点的距离，角度为原点至该点连线与 X 轴的正向夹角，如"20<45"）或"@ 长度 < 角度"（相对于上一点的极坐标，如"@ 50<-30"）。

2）用鼠标等定标设备在绘图区单击直接取点。

3）用目标捕捉方式捕捉绘图区已有图形的特殊点（如端点、中点、中心点、插入点、交点、切点、垂足点等）。

4）直接输入距离确定点。先用鼠标拖拽出直线以确定方向，然后用键盘输入距离，即可确定点的位置。这种确定点的方式有利于准确控制对象的长度，如要绘制一条 10mm 长的线段，命令行提示与操作方法如下：

命令 : line ✓

指定第一个点 : (在绘图区指定一点)

指定下一点或 [放弃 (U)]:

在绘图区移动鼠标指明线段的方向（此时不要单击），然后在命令行输入 10，即可在指定方向上准确地绘制长度为 10mm 的线段，如图 1-42 所示。

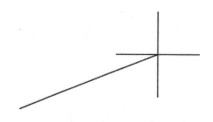

图 1-42　绘制直线

（2）距离值的输入　在使用 AutoCAD 绘图过程中，有时需要提供高度、宽度、半径、长度等表示距离的值。AutoCAD 提供了两种输入距离值的方式：一种是用键盘在命令行中直接输入数值；另一种是在绘图区选择两点，以两点的距离确定数值。

1.6　设置绘图环境

1.6.1　设置图形单位

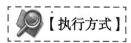【执行方式】

- 命令行：DDUNITS（或 UNITS，快捷命令：UN）。
- 菜单栏：选择菜单栏中的"格式"→"单位"命令。

执行上述操作后，系统打开"图形单位"对话框，如图 1-43 所示。该对话框可用于定义单位和角度格式。

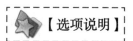【选项说明】

（1）"长度"与"角度"选项组　指定测量的长度与角度当前单位及精度。

（2）"插入时的缩放单位"选项组　控制插入到当前图形中的块和图形的测量单位。如果块或图形创建时使用的单位与该选项指定的单位不同，则在插入这些块或图形时将对其按比例进行缩放，插入比例是原块或图形使用的单位与目标图形使用的单位之比。如果插入块时不按指定单位缩放，则在其下拉列表中选择"无单位"选项。

（3）"输出样例"选项组　显示用当前单位和角度设置的例子。

（4）"光源"选项组　用于设置当前图形中光度控制光源的强度测量单位。为创建和使用光度控制光源，必须从下拉列表中指定非"常规"的单位。如果"插入比例"设置为"无单位"，则将显示警告信息，通知用户渲染输出可能不正确。

（5）"方向"按钮　单击该按钮，系统打开如图 1-44 所示的"方向控制"对话框，可进行方向控制设置。

图 1-43　"图形单位"对话框　　　　　图 1-44　"方向控制"对话框

1.6.2　设置图形界限

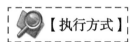

- 命令行：LIMITS。
- 菜单栏：选择菜单栏中的"格式"→"图形界限"命令。

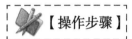

命令行提示与操作如下：

命令：LIMITS ↙

重新设置模型空间界限：

指定左下角点或 [开 (ON)/ 关 (OFF)] <0.0000, 0.0000>:（输入图形界限左下角的坐标，按 Enter 键）

指定右上角点 <12.0000, 9.0000>:（输入图形界限右上角的坐标，按 Enter 键）

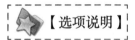

（1）开（ON）　使图形界限有效。系统将在图形界限以外拾取的点视为无效。

（2）关（OFF）　使图形界限无效。用户可以在图形界限以外拾取点或实体。

（3）动态输入角点坐标　直接在绘图区的动态文本框中输入角点坐标，即输入横坐标值后，按逗号（,）键，接着输入纵坐标值，如图 1-45 所示。也可以在光标位置直接单击，确定角点位置。

图 1-45　动态输入角点坐标

提示与点拨

在命令行中输入坐标时，需注意此时的输入法应是英文输入法。如果是中文输入法，如输入"150，20"，则由于逗号"，"的原因，系统会认定该坐标输入无效。这时只需将输入法改为英文输入法即可。

1.7 实例——样板图绘图环境设置

本实例绘制的样板图如图 1-46 所示。

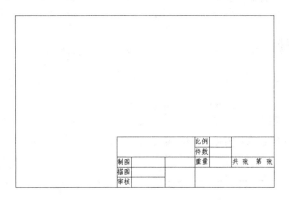

图 1-46 绘制的样板图

1）设置单位。选择菜单栏中的"格式"→"单位"命令，AutoCAD 打开"图形单位"对话框，如图 1-47 所示。设置"长度"的"类型"为"小数"、"精度"为0，设置"角度"的"类型"为"十进制度数"、"精度"为0，系统默认逆时针方向为正，"插入时的缩放单位"设置为"毫米"。

2）设置图形边界。国标对图纸的幅面大小做了严格规定。这里按国标 A3 图纸幅面设置图形边界，A3 图纸的幅面为 420mm×297mm。设置图形边界如下：

图 1-47 "图形单位"对话框

命令：LIMITS ✓

重新设置模型空间界限：

指定左下角点或 [开 (ON)/ 关 (OFF)] <0.0000, 0.0000>: ✓

指定右上角点 <12.0000, 9.0000>: 420, 297 ✓

3）保存样板图文件。此时样板图绘图环境设置已经完成，先将其保存成样板图文件。具体步骤如下：选择菜单栏中的"文件"→"另存为"命令，打开如图 1-48 所示的"图形另存为"对话框。在"文件类型"下拉列表中选择"AutoCAD 图形样板（*.dwt）"选项，输入文件名"NEW A3"，单击"保存"按钮，系统打开如图 1-49 所示的"样板选项"对话

框，采用默认的设置，单击"确定"按钮，保存文件。

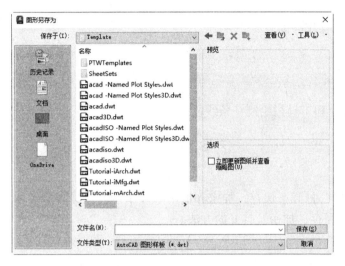

图1-48　"图形另存为"对话框

图1-49　"样板选项"对话框

1.8　上机操作

【实例1】设置绘图环境。

1. 目的要求

任何一个图形文件都有其特定的绘图环境，包括图形边界、绘图单位和角度等。设置绘图环境通常有两种方法：设置向导与单独的命令设置方法。通过学习设置绘图环境，读者可以加深对图形总体环境的认识。

2. 操作提示

1）选择菜单栏中的"文件"→"新建"命令，系统打开"选择样板"对话框，单击"打开"按钮，进入绘图界面。

2）选择菜单栏中的"格式"→"图形界限"命令，设置图形界限的坐标为（0，0）和（297，210）。在命令行中可以重新设置模型空间界限。

3）选择菜单栏中的"格式"→"单位"命令，系统打开"图形单位"对话框，设置"长度类型"为"小数"、"精度"为"0.00"，"角度类型"为"十进制度数"、"精度"为"0"，"用于缩放插入内容的单位"为"毫米"，"用于指定光源强度的单位"为"国际"，角度方向为"顺时针"。

【实例2】熟悉操作界面。

1. 目的要求

操作界面是用户绘制图形的平台。操作界面的各个部分都有其独特的功能，熟悉操作界面有助于用户方便快速地进行绘图。本例要求读者了解操作界面各部分的功能，掌握改变绘图区颜色和光标大小的方法，能够熟练地打开、移动、关闭工具栏。

2. 操作提示

1）启动 AutoCAD 2024，进入操作界面。

2）调整操作界面大小。

3）设置绘图区颜色与光标大小。

4）打开、移动、关闭工具栏。

5）尝试利用命令行、菜单命令和工具栏绘制一条线段。

 【实例 3】管理图形文件。

1. 目的要求

图形文件管理包括文件的新建、打开、保存、加密和退出等。本例要求读者能够熟练掌握 DWG 文件的赋名保存、自动保存、加密及打开的方法。

2. 操作提示

1）启动 AutoCAD 2024，进入操作界面。

2）打开一幅已经保存过的图形。

3）进行自动保存设置。

4）尝试在图形上绘制任意图线。

5）将图形以新的名称保存。

6）退出该图形。

 【实例 4】数据操作。

1. 目的要求

AutoCAD 2024 人机交互最基本的内容就是数据输入。本例要求读者能够熟练地掌握各种数据的输入方法。

2. 操作提示

1）在命令行输入"LINE"命令。

2）输入起点在直角坐标方式下的绝对坐标值。

3）输入下一点在直角坐标方式下的相对坐标值。

4）输入下一点在极坐标方式下的绝对坐标值。

5）输入下一点在极坐标方式下的相对坐标值。

6）单击直接指定下一点的位置。

7）单击状态栏中的"正交模式"按钮┖，用鼠标指定下一点的方向，在命令行输入一个数值。

8）单击状态栏中的"动态输入"按钮┿，拖动鼠标，系统会动态显示角度，拖动到选定角度后，在长度文本框中输入长度值。

9）按 Enter 键，结束绘制线段的操作。

第2章 图层与图纸

知识导引

图层是 AutoCAD 为了方便绘图推出的一种工具，利用图层可以对图形信息进行分类管理。出图则是联系电子图形与纸面图样的过程。本章将集中讲述图层和图纸的相关知识，为后面的具体绘图进行必要的准备。

内容要点

- ➤ 图层的设置
- ➤ 颜色的设置
- ➤ 线型的设置
- ➤ 线宽的设置
- ➤ 视口与空间
- ➤ 出图

2.1 图层的设置

图层的概念类似投影片，画图就是将不同属性的对象分别放置在不同的图层（投影片）上。例如将图形的主要线段、中心线、尺寸标注等分别绘制在不同的图层上（每个图层可设定不同的线型、线条颜色），然后把不同的图层堆叠在一起就成为一张完整的视图。这样可使视图层次分明，方便图形对象的编辑与管理。一个完整的图形就是由它所包含的所有图层上的对象叠加在一起构成的，如图 2-1 所示。

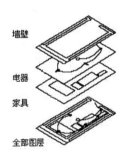

图 2-1 图层叠加

2.1.1 利用对话框设置图层

AutoCAD 2024 提供了详细直观的"图层特性管理器"选项板，用户可以方便地通过对该对话框中的各选项及其二级对话框进行设置，实现创建新图层、设置图层颜色及线型的各种操作。

【执行方式】

- 命令行：LAYER。
- 菜单栏：选择菜单栏中的"格式"→"图层"命令。

- 工具栏：单击"图层"工具栏中的"图层特性管理器"按钮🖳。
- 功能区：单击"默认"选项卡的"图层"面板中的"图层特性"按钮🖳，或单击"视图"选项卡的"选项板"面板中的"图层特性"按钮🖳。

执行上述操作后，系统打开如图2-2所示的"图层特性管理器"对话框。

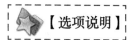【选项说明】

（1）"新建特性过滤器"按钮🗂 单击该按钮，可以打开如图2-3所示的"图层过滤器特性"选项板，从中可以基于一个或多个图层特性创建图层过滤器。

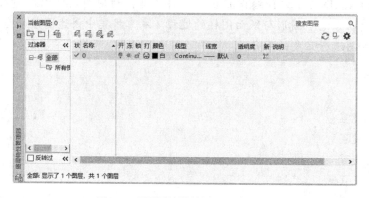

图2-2 "图层特性管理器"选项板

（2）"新建组过滤器"按钮🗀 单击该按钮，打开"图层过滤器特性"对话框，如图2-3所示。可以创建一个图层过滤器，其中包含用户选定并添加到该过滤器的图层。

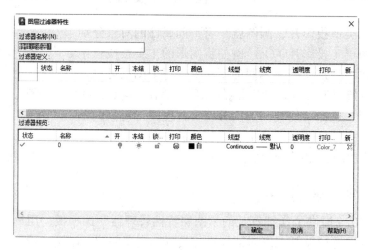

图2-3 "图层过滤器特性"对话框

（3）"图层状态管理器"按钮🖳 单击该按钮，可以打开"图层状态管理器"对话框，如图2-4所示。从中可以将图层的当前特性设置保存到命名图层状态中，还可以再恢复这些设置。

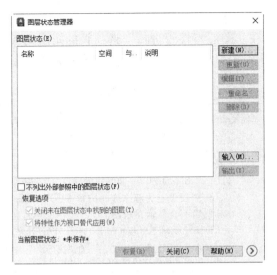

图 2-4　"图层状态管理器"对话框

（4）"新建图层"按钮　单击该按钮，图层列表中显示一个新的图层名称"图层 1"。用户可使用此名称，也可对其进行更改。要想同时创建多个图层，可在选中一个图层名后输入多个名称，各名称之间以逗号分隔。图层的名称可以包含字母、数字、空格和特殊符号，AutoCAD 2024 支持长达 255 个字符的图层名称。新的图层继承了创建新图层时所选中的已有图层的所有特性（颜色、线型、开/关状态等），如果新建图层时没有图层被选中，则新图层采用默认的设置。

（5）"在所有视口中都被冻结的新图层视口"按钮　单击该按钮，将创建新图层，然后在所有现有布局视口中将其冻结。可以在"模型"空间或"布局"空间上访问此按钮。

（6）"删除图层"按钮　在图层列表中选中某一图层，然后单击该按钮，可把该图层删除。

（7）"置为当前"按钮　在图层列表中选中某一图层，然后单击该按钮，可把该图层设置为当前图层，并在"当前图层"列中显示其名称。当前图层的名称存储在系统变量CLAYER 中。另外，双击图层名也可把其设置为当前图层。

（8）"搜索图层"文本框　输入字符时，可按图层名称快速过滤图层列表。关闭"图层特性管理器"选项板时不保存此过滤器。

（9）状态行　显示当前过滤器的名称、列表视图中显示的图层数和图形中的图层数。

（10）"反转过滤器"复选框　勾选该复选框，显示所有不满足选定图层特性过滤器中条件的图层。

（11）图层列表区　显示已有的图层及其特性。要修改某一图层的某一特性，单击它所对应的图标即可。右击空白区域，利用快捷菜单可快速选中所有图层。列表区中各列的含义如下：

1）状态：显示项目的类型，有图层过滤器、正在使用的图层、空图层或当前图层四种。

2）名称：显示满足条件的图层名称。如果要对某图层进行修改，首先要选中该图层的名称。

3）状态转换图标：在"图层特性管理器"选项板的图层列表中有一列图标，单击这些图标，可以打开或关闭该图标所代表的功能。各图标功能说明见表 2-1。

表 2-1　图标功能说明

图示	名称	功能说明
💡 / 💡	打开／关闭	将图层设定为打开或关闭状态。处在关闭状态时，该图层上的所有对象将隐藏不显示，只有处于打开状态的图层会在绘图区上显示或由打印机打印。因此，绘制复杂的视图时，先将不编辑的图层暂时关闭，可降低图形的复杂性。如图 2-5a 和图 2-5b 所示分别为尺寸标注图层打开和关闭的情形
☀ / ❄	解冻／冻结	将图层设定为解冻或冻结状态。当图层处在冻结状态时，该图层上的对象均不会显示在绘图区上，也不能由打印机打印，而且不会执行重生（REGEN）、缩放（EOOM）、平移（PAN）等命令的操作。因此，若将视图中不编辑的图层暂时冻结，可加快执行绘图编辑的速度。而 💡 / 💡（开／关闭）功能只是单纯将对象隐藏，因此并不会加快执行速度
🔓 / 🔒	解锁／锁定	将图层设定为解锁或锁定状态。被锁定的图层仍然显示在绘图区，但不能编辑修改被锁定的对象，只能绘制新的图形。这样可防止重要的图形被修改
🖨 / 🖨	打印／不打印	设定该图层是否可以打印图形

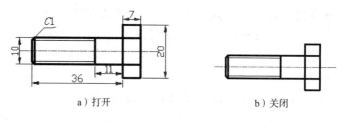

a）打开　　　　　　　　　　　　b）关闭

图 2-5　打开和关闭尺寸标注图层

4）颜色：显示和改变图层的颜色。如果要改变某一图层的颜色，可单击其对应的颜色图标，从打开的如图 2-6 所示的"选择颜色"对话框中选择需要的颜色。

5）线型：显示和修改图层的线型。如果要修改某一图层的线型，可单击该图层的"线型"项，系统打开如图 2-7 所示的"选择线型"对话框，其中列出了当前可用的线型，用户可从中选择。

6）线宽：显示和修改图层的线宽。如果要修改某一图层的线宽，可单击该图层的"线宽"项，打开如图 2-8 所示的"线宽"对话框，其中"线宽"列表框中列出了可以选用的线宽值，用户可从中选择需要的线

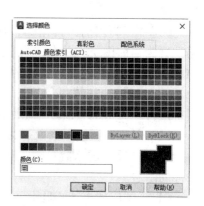

图 2-6　"选择颜色"对话框

宽。"旧的"显示行显示了前面赋予图层的线宽。当创建一个新图层时，系统采用默认线宽（其值为 0.01in，即 0.22mm），默认线宽的值由系统变量 LWDEFAULT 设置。"新的"显示行显示了赋予图层的新线宽。

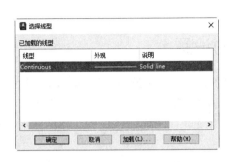

图 2-7　"选择线型"对话框

图 2-8　"线宽"对话框

7）打印样式：打印图形时各项属性的设置。

 技巧荟萃

　　合理利用图层，可以事半功倍。用户在开始绘制图形时，可预先设置一些基本图层。并为每个图层锁定专门用途，这样只需绘制一份图形文件，就可以组合出许多需要的图纸，需要修改时也可针对各个图层进行。

2.1.2　利用工具栏设置图层

　　AutoCAD 2024 提供了一个"特性"工具栏，如图 2-9 所示。用户可以利用该工具栏中的选项，快速地查看和修改所选对象的图层、颜色、线型和线宽特性。在绘图区选择任何对象，都将在"特性"工具栏上自动显示它所在图层、颜色、线型等属性。"特性"工具栏各部分的功能介绍如下。

图 2-9　"特性"工具栏

　　（1）"颜色控制"下拉列表框　单击右侧的向下箭头，用户可从打开的下拉列表中选择一种颜色，使之成为当前颜色。如果选择"选择颜色"选项，则系统打开"选择颜色"对话框，可以从中选择其他颜色。修改当前颜色后，不论在哪个图层上绘图都采用这种颜色，但对各个图层的颜色没有影响。

　　（2）"线型控制"下拉列表框　单击右侧的向下箭头，用户可从打开的下拉列表中选择一种线型，使之成为当前线型。修改当前线型后，不论在哪个图层上绘图都采用这种线型，但对各个图层的线型设置没有影响。

　　（3）"线宽控制"下拉列表框　单击右侧的向下箭头，用户可从打开的下拉列表中选择一种线宽，使之成为当前线宽。修改当前线宽后，不论在哪个图层上绘图都采用这种线宽，但对各个图层的线宽设置没有影响。

（4）"打印类型控制"下拉列表框　单击右侧的向下箭头，用户可从打开的下拉列表中选择一种打印样式，使之成为当前打印样式。

2.2　颜色的设置

使用 AutoCAD 绘制的图形对象都具有一定的颜色。为使绘制的图形清晰表达，可把同一类的图形对象用相同的颜色绘制，而使不同类的对象具有不同的颜色，以示区分。这样就需要适当地对颜色进行设置。AutoCAD 允许用户设置图层颜色，为新建的图形对象设置当前颜色，还可以改变已有图形对象的颜色。

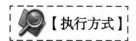【执行方式】

- 命令行：COLOR（快捷命令：COL）。
- 菜单栏：选择菜单栏中的"格式"→"颜色"命令。
- 功能区：在"默认"选项卡的"特性"面板中打开"对象颜色"下拉列表，选择"●更多颜色"。

执行上述操作后，系统打开如图 2-6 所示的"选择颜色"对话框。

【选项说明】

1."索引颜色"选项卡

打开此选项卡，可以在系统所提供的 255 种颜色索引表中选择所需要的颜色，如图 2-6 所示。

（1）"颜色索引"列表框　依次列出了 255 种索引色，在此列表框中可选择所需要的颜色。

（2）"颜色"文本框　在其中可显示所选择的颜色代号值。用户也可以直接在该文本框中输入自己设定的代号值来选择颜色。

（3）"ByLayer"和"ByBlock"按钮　分别用于按图层和图块设置颜色。这两个按钮只有在设定了图层颜色和图块颜色后才可以使用。

2."真彩色"选项卡

打开此选项卡，可以选择需要的任意颜色，如图 2-10 所示。可以拖动调色板中的颜色显示和亮度滑块来选择颜色及其亮度，也可以通过"色调""饱和度"和"亮度"的调节框来选择需要的颜色。所选颜色的红、绿、蓝值显示在下面的"颜色"文本框中。用户也可以直接在该文本框中输入自己设定的红、绿、蓝值来选择颜色。

在此选项卡中还有一个"颜色模式"下拉列表框，默认的颜色模式为"HSL"模式，即图 2-10 所示的模式。RGB 模式也是常用的一种颜色模式，如图 2-11 所示。

3."配色系统"选项卡

打开此选项卡，可以从标准配色系统（如 Pantone）中选择预定义的颜色，如图 2-12 所示。可在"配色系统"下拉列表中选择需要的系统，然后拖动右边的滑块来选择具体的颜色，所选的颜色编号显示在下面的"颜色"文本框中。用户也可以直接在该文本框中输

入编号值来选择颜色。

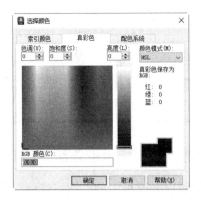

图 2-10　"真彩色"选项卡

图 2-11　RGB 模式

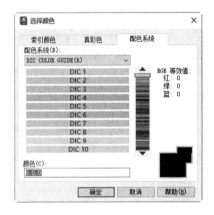

图 2-12　"配色系统"选项卡

2.3　线型的设置

在国家标准 GB/T 4457.4—2002 中，对机械图样中使用的各种图线名称、线型、线宽以及在图样中的应用做了规定，见表 2-2。其中常用的图线有 4 种，即粗实线、细实线、虚线和细点画线。图线分为粗、细两种，粗线的宽度 b 应按图样的大小和图形的复杂程度，在 0.2~2mm 之间选择，细线的宽度约为 b/2。

表 2-2　图线的型式及应用

图线名称	线型	线宽	主要用途
粗实线	——————	b	可见轮廓线，可见过渡线
细实线	——————	约 b/2	尺寸线、尺寸界线、剖面线、引出线、弯折线、牙底线、齿根线、辅助线等
细点画线	— · — · —	约 b/2	轴线、对称中心线、齿轮节线等
虚线	— — — —	约 b/2	不可见轮廓线、不可见过渡线

（续）

图线名称	线型	线宽	主要用途
波浪线	~~~~~	约 b/2	断裂处的边界线、剖视与视图的分界线
双折线	~/\/~	约 b/2	断裂处的边界线
粗点画线	▬ ▬ ▬	b	有特殊要求的线或面的表示线
双点画线	—— — — ——	约 b/2	相邻辅助零件的轮廓线、极限位置的轮廓线、假想投影的轮廓线

2.3.1 在"图层特性管理器"选项板中设置线型

单击"默认"选项卡的"图层"面板中的"图层特性"按钮，打开"图层特性管理器"选项板，如图 2-2 所示。在图层列表的"线型"列下单击线型名，系统打开"选择线型"对话框，如图 2-7 所示。对话框中选项的含义如下：

（1）"已加载的线型"列表框　显示在当前绘图中加载的线型及其形式。

（2）"加载"按钮　单击该按钮，打开"加载或重载线型"对话框，如图 2-13 所示。用户可通过此对话框加载线型并把它添加到线型列中。要注意的是，加载的线型必须在线型库（LIN）文件中定义过。标准线型都保存在 acad.lin 文件中。

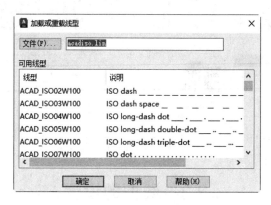

图 2-13　"加载或重载线型"对话框

2.3.2 直接设置线型

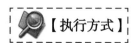【执行方式】

- 命令行：LINETYPE。
- 功能区：在"默认"选项卡"特性"面板中打开"线型"下拉列表，选择"其他"选项。

在命令行输入上述命令后按 Enter 键，系统打开"线型管理器"对话框，如图 2-14 所示。用户可在该对话框中设置线型。该对话框中的选项含义与前面介绍的同名选项含义相同，此处不再赘述。

图2-14 "线型管理器"对话框

2.4 线宽的设置

在2.3节中已经讲到，在国家标准GB/T 4457.4—2002中，对机械图样中使用的各种图线的线宽做了规定。AutoCAD提供了相应的工具帮助用户来设置线宽。

2.4.1 在"图层特性管理器"选项板中设置线宽

单击"默认"选项卡的"图层"面板中的"图层特性"按钮，打开"图层特性管理器"选项板，如图2-2所示。单击图层的"线宽"项，打开"线宽"对话框，如图2-8所示。其中列出了AutoCAD设定的线宽，用户可从中选取。

2.4.2 直接设置线宽

用户也可以直接设置线宽，执行方式如下：
- 命令行：LINEWEIGHT。
- 菜单栏：选择菜单栏中的"格式"→"线宽"命令。
- 功能区：在"默认"选项卡的"特性"面板中打开"线宽"下拉列表，选择"线宽设置"选项。

在命令行输入上述命令后，系统打开如图2-8所示的"线宽"对话框，用户在该对话框中选择需要的线宽即可。

 提示与点拨

有的用户设置了线宽，但在图形中显示不出效果，出现这种情况一般有两个原因：
1）没有打开状态栏上的"线宽"。
2）线宽设置的宽度不够，AutoCAD只能显示0.30mm以上线宽的宽度，如果宽度低于0.30mm，就无法显示出线宽的效果。

2.5　视口与空间

视口和空间是有关图形显示和控制的两个重要概念，下面简要介绍。

2.5.1　视口

绘图区可以被划分为多个相邻的非重叠视口，如图 2-15 所示。在每个视口中可以进行平移和缩放操作，也可以进行三维视图设置与三维动态观察。

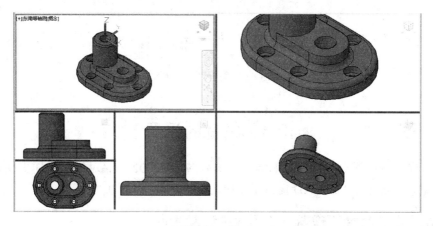

图 2-15　视口

1. 新建视口

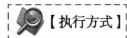【执行方式】

● 命令行：VPORTS。
● 菜单栏：选择菜单栏中的"视图"→"视口"→"新建视口"命令。
● 工具栏：单击"视口"工具栏中的"显示'视口'对话框"按钮 。
● 功能区：单击"视图"选项卡"模型视口"面板中的"视口配置"下拉按钮 。

执行上述操作后，系统打开如图 2-16 所示的"视口"对话框的"新建视口"选项卡。该选项卡列出了一个标准视口配置列表，可用来创建层叠视口。如图 2-17 所示为按图 2-16 中的设置创建的新图形视口。可以在多视口的单个视口中再创建多视口。

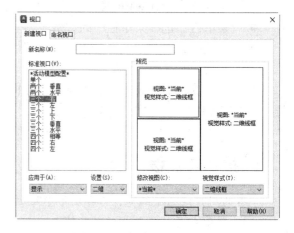

图 2-16　"新建视口"选项卡

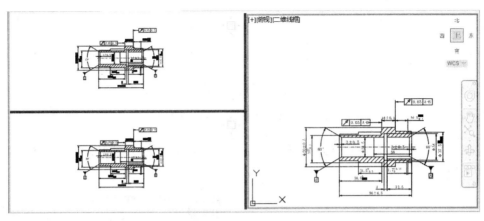

图 2-17　创建的视口

2. 命名视口

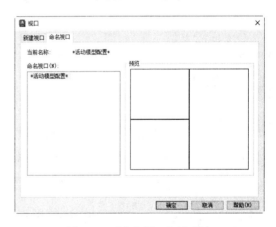

【执行方式】

- 命令行：VPORTS。
- 菜单栏：选择菜单栏中的"视图"→"视口"→"命名视口"命令。
- 工具栏：单击"视口"工具栏中的"显示'视口'对话框"按钮。
- 功能区：单击"视图"选项卡"模型视口"面板中的"命名"按钮。

执行上述操作后，系统打开如图 2-18 所示的"视口"对话框的"命名视口"选项卡。该选项卡用来显示保存在图形文件中的视口配置。其中，"当前名称"提示行显示当前视口名，"命名视口"列表框用来显示保存的视口配置，"预览"显示框用来预览被选择的视口配置。

图 2-18　"命名视口"选项卡

2.5.2　模型空间与布局空间

AutoCAD 可在两个环境中完成绘图和设计工作，即"模型空间"和"布局空间"。模型空间又可分为平铺式和浮动式，大部分设计和绘图工作都是在平铺式模型空间中完成的。布局空间是模拟手工绘图的空间，它是为绘制平面图而准备的一张虚拟图纸，是一个二维空间的工作环境。从某种意义上说，布局空间就是为布局图面、打印出图而设计的。用户还可在布局空间中添加诸如边框、注释、标题和尺寸标注等内容。

在模型空间和布局空间中都可以进行输出设置。在绘图区底部有"模型"选项卡及一个或多个"布局"选项卡，如图 2-19 所示。

图 2-19 "模型"和"布局"选项卡

单击"模型"或"布局"选项卡标签，可以在它们之间进行空间的切换，如图 2-20 和图 2-21 所示。

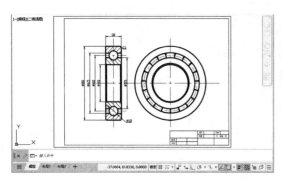

图 2-20 "模型"空间　　　　　　图 2-21 "布局"空间

 技巧荟萃

输出图像文件方法：

选择菜单栏中的"文件"→"输出"命令，或直接在命令行输入"EXPORT"，系统将打开"输出"对话框，在"保存类型"下拉列表中选择"*.bmp"格式，单击"保存"按钮，在绘图区选中要输出的图形后按 Enter 键，被选图形便被输出为 .bmp 格式的图形文件。

2.6　出　　图

2.6.1　打印设备的设置

最常见的打印设备有打印机和绘图仪。在输出图样时，首先要添加和配置要使用的打印设备。

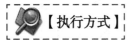 【执行方式】

● 命令行：PLOTTERMANAGER。

- 菜单栏：选择菜单栏中的"文件"→"绘图仪管理器"命令。
- 功能区：单击"输出"选项卡"打印"面板中的"绘图仪管理器"按钮🖶。

【操作步骤】

1）选择菜单栏中的"工具"→"选项"命令，打开"选项"对话框。

2）选择"打印和发布"选项卡，如图 2-22 所示。单击"添加或配置绘图仪"按钮。

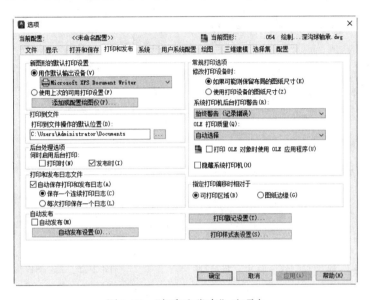

图 2-22 "打印和发布"选项卡

3）系统打开"Plotters"对话框，如图 2-23 所示。

图 2-23 "Plotters"对话框

4）要添加新的绘图仪或打印机，可双击"Plotters"对话框中的"添加绘图仪向导"图标，打开如图 2-24 所示的"添加绘图仪 - 简介"对话框，按向导逐步完成添加。

5）双击"Plotters"对话框中的绘图仪配置图标，如"DWF6 ePlot.pc3"，打开如图 2-25 所示的"绘图仪配置编辑器"对话框，对绘图仪进行相关设置。

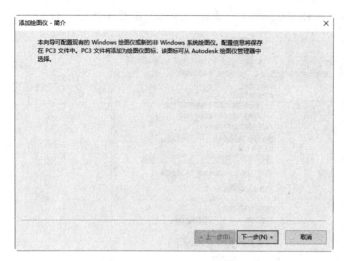

图 2-24 "添加绘图仪 - 简介"对话框 　　　　图 2-25 "绘图仪配置编辑器"对话框

2.6.2 创建布局

图纸空间是图纸布局环境，可以在这里指定图纸大小、添加标题栏、显示模型的多个视图及创建图形标注和注释。

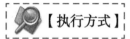

【执行方式】

- 命令行：LAYOUTWIZARD。
- 菜单栏：选择菜单栏中的"插入"→"布局"→"创建布局向导"命令。

【操作步骤】

1）选择菜单栏中的"插入"→"布局"→"创建布局向导"命令，打开"创建布局 - 开始"对话框。在"输入新布局的名称"文本框中输入新布局名称，如图 2-26 所示。

2）单击"下一步"按钮，打开如图 2-27 所示的"创建布局 - 打印机"对话框。在该对话框中选择配置新布局"机械零件图"的绘图仪。

3）按向导进行逐步设置，最后单击"完成"按钮，完成"机械零件图"布局的创建。系统自动返回到布局空间，显示新创建的"机械零件图"布局，如图 2-28 所示。

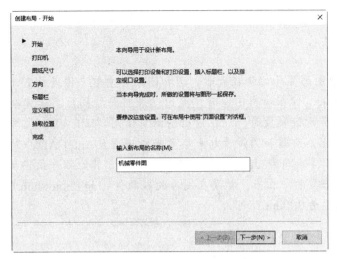

图 2-26　"创建布局 - 开始"对话框

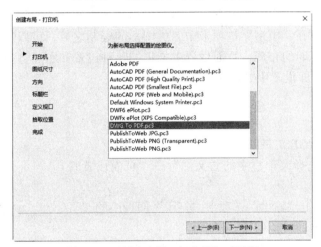

图 2-27　"创建布局 - 打印机"对话框

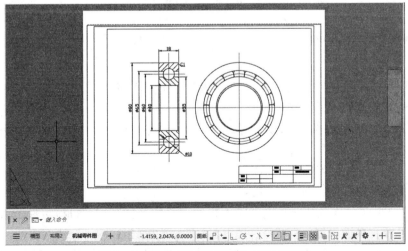

图 2-28　完成"机械零件图"布局的创建

技巧荟萃

　　AutoCAD 中图形显示比例较大时，圆和圆弧会看起来像是由若干直线段组成，这并不影响打印结果，但在输出图像时，输出结果将与绘图区显示完全一致，因此若发现有圆或圆弧显示为折线段时，应在输出图像前使用"VIEWERS"命令，对屏幕的显示分辨率进行优化，使圆和圆弧看起来尽量光滑逼真。AutoCAD 中输出的图像文件的分辨率为屏幕分辨率，即 72dpi。如果该图像文件用于其他程序仅供屏幕显示，则此分辨率已经合适。若要打印出来，就要在图像处理软件（如 PhotoShop）中将图像的分辨率提高。一般设置为 300dpi 即可。

2.6.3　页面设置

　　页面设置可以对打印设备和其他影响最终输出的外观和格式进行设置，并将这些设置应用到其他布局中。在"模型"选项卡中完成图形的绘制之后，可以通过单击"布局"选项卡标签，创建要打印的布局。页面设置中指定的各种设置和布局将一起存储在图形文件中，可以随时修改页面设置中的设置。

 【执行方式】

- 命令行：PAGESETUP。
- 菜单栏：选择菜单栏中的"文件"→"页面设置管理器"命令。
- 功能区：单击"输出"选项卡"打印"面板中的"页面设置管理器"按钮 。
- 快捷菜单：在"模型"空间或"布局"空间中右击"模型"或"布局"选项卡标签，在弹出的快捷菜单中选择"页面设置管理器"命令，如图 2-29 所示。

图 2-29　选择"页面设置管理器"命令

【操作步骤】

　　1）选择菜单栏中的"文件"→"页面设置管理器"命令，打开"页面设置管理器"对话框，如图 2-30 所示。在该对话框中可以完成新建布局、修改原有布局、输入存在的布局和将某一布局置为当前等操作。

　　2）在"页面设置管理器"对话框中单击"新建"按钮，打开"新建页面设置"对话框，如图 2-31 所示。

　　3）在"新页面设置名"文本框中输入新建页面的名称，如"机械零件图"，单击"确定"按钮，打开"页面设置 - 机械零件图"对话框，如图 2-32 所示。

　　4）在"页面设置 - 机械零件图"对话框中可以设置布局和打印设备并预览布局的结

果。对于一个布局，可利用"页面设置"对话框来完成其设置，用虚线表示图纸中当前配置的图纸尺寸和绘图仪的可打印区域。设置完毕后，单击"确定"按钮。

图 2-30　"页面设置管理器"对话框

图 2-31　"新建页面设置"对话框

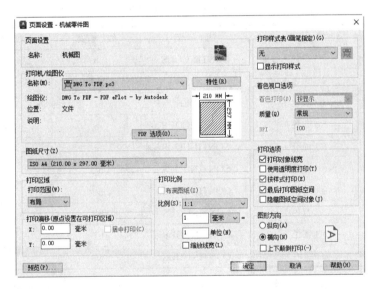

图 2-32　"页面设置 - 机械零件图"对话框

设置完成后，可以在"布局"空间也可以在"模型"空间出图。

2.7　实例——样板图图层设置

单击"标准"工具栏中的"打开"按钮 ，系统打开如图 2-33 所示的"选择文件"对话框，在"文件类型"下拉列表中选择"图形样板（*.dwt）"选项，在默认打开的"Template"文件夹中选择 A3 样板图，系统打开该文件。

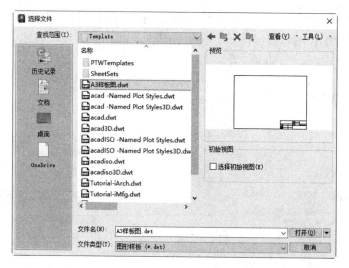

图 2-33 "选择文件"对话框

本例准备设置一个机械制图样板图，图层设置见表 2-3。

表 2-3 图层设置

图层名	颜 色	线 型	线 宽	用 途
0	7（黑色）	CONTINUOUS	b	图框线
CEN	2（黄色）	CENTER	b/3	中心线
HIDDEN	1（红色）	HIDDEN	b/3	隐藏线
BORDER	5（蓝色）	CONTINUOUS	b	可见轮廓线
TITLE	6（品红）	CONTINUOUS	b	标题栏零件名
T−NOTES	4（青色）	CONTINUOUS	b/3	标题栏注释
NOTES	7（黑色）	CONTINUOUS	b/3	一般注释
LW	5（蓝色）	CONTINUOUS	b/3	细实线
HATCH	5（蓝色）	CONTINUOUS	b/3	填充剖面线
DIMENSION	3（绿色）	CONTINUOUS	b/3	尺寸标注

1）设置层名。选择菜单栏中的"格式"→"图层"命令，打开"图层特性管理器"选项板，如图 2-34 所示。在该选项板中单击"新建"按钮，在图层列表框中出现一个默认名为"图层 1"的新图层，如图 2-35 所示。单击该图层名，将图层名改为"CEN"，如图 2-36 所示。

2）设置图层颜色。为了区分不同的图层上的图线，增加图形不同部分的对比性，可以为不同的图层设置不同的颜色。单击刚建立的"CEN"图层"颜色"标签下的颜色色块，AutoCAD 打开"选择颜色"对话框，如图 2-37 所示。在该对话框中选择黄色，单击"确定"按钮。在"图层特性管理器"选项板中可以发现"CEN"图层的颜色变成了黄色，如图 2-38 所示。

图 2-34 "图层特性管理器"选项板

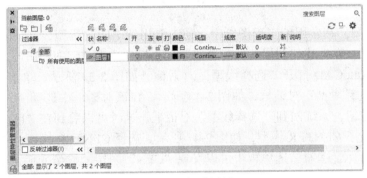

图 2-35 新建图层

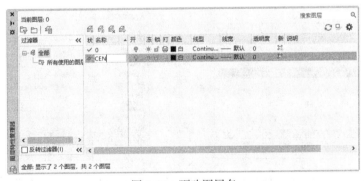

图 2-36 更改图层名

图 2-37 "选择颜色"对话框

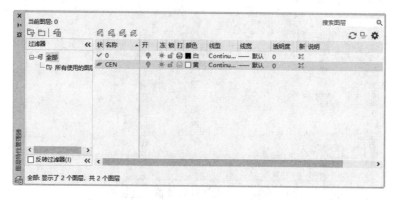

图 2-38　更改颜色

3）设置线型。在常用的工程图纸中，通常要用到不同的线型，这是因为不同的线型表示不同的含义。在上述"图层特性管理器"选项板中单击"CEN"图层"线型"标签下的线型选项，AutoCAD 打开"选择线型"对话框，如图 2-39 所示。单击"加载"按钮，打开"加载或重载线型"对话框，如图 2-40 所示。在该对话框中选择"CENTER"线型，单击"确定"按钮，系统回到"选择线型"对话框，这时可以看到在"已加载的线型"列表框中已经加载了 CENTER 线型，如图 2-41 所示。选择 CENTER 线型，单击"确定"按钮，在"图层特性管理器"选项板中可以发现"CEN"图层的线型变成了 CENTER 线型，如图 2-42 所示。

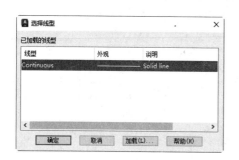

图 2-39　"选择线型"对话框

图 2-40　"加载或重载线型"对话框

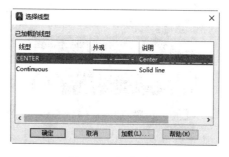

图 2-41　加载线型

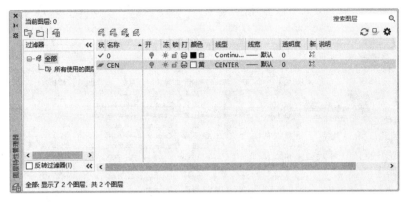

图 2-42　更改线型

图 2-43　"线宽"对话框

4）设置线宽。在工程图中，不同的线宽也表示不同的含义，因此也要对不同的图层的线宽进行设置。单击上述"图层特性管理器"选项板中"CEN"图层"线宽"标签下的选项，AutoCAD 打开"线宽"对话框，如图 2-43 所示。在该对话框中选择适当的线宽，单击"确定"按钮，在"图层特性管理器"选项板中可以发现"CEN"图层的线宽变成了 0.09mm，如图 2-44 所示。

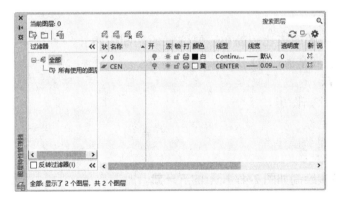

图 2-44　更改线宽

 提示与点拨

应尽量使得细线与粗线之间的比例大约为 1∶3。这样的线宽符合国标相关规定。

采用同样方法建立其他新图层，这些不同的图层可用来分别绘制不同的图线或图形的不同部分。设置完成的图层如图 2-45 所示。

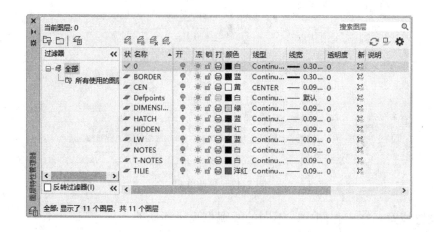

图 2-45　完成图层设置

2.8　上机操作

【实例 1】利用图层命令绘制如图 2-46 所示的螺母。

1. 目的要求

本例要绘制的图形比较简单，要注意的是图中不止一种图线。本例要求读者掌握设置图层的方法与步骤。

2. 操作提示

1）设置两个新图层。

2）绘制中心线。

3）绘制螺母轮廓线。

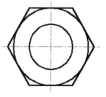

图 2-46　螺母

【实例 2】绘制如图 2-47 所示的五环旗。

1. 目的要求

本例要绘制的图形由一些基本图线组成，其特点是不同的图线，颜色不同。为此，必须设置不同的图层。本例要求读者掌握设置图层的方法与图层转换过程的操作。

2. 操作提示

1）利用图层命令 LAYER 创建两个图层。

2）利用"直线""多段线""圆环""圆弧"等命令在不同图层绘制图线。

3）每绘制一种颜色图线前需要进行图层转换。

图 2-47　五环旗

 【实例3】创建如图 2-48 所示的多窗口视口，并命名保存。

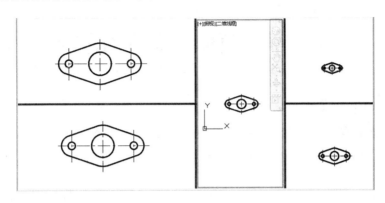

图 2-48 多窗口视口

1. 目的要求

本例要求读者了解多窗口视口的设置方法。

2. 操作提示

1）新建视口。

2）命名视口。

 【实例4】打印预览如图 2-49 所示的齿轮图形。

1. 目的要求

图形输出是绘制图形的最后一道工序。正确地对图形打印进行设置，有利于顺利地输出图形。本例要求读者掌握打印设置的基本方法。

2. 操作提示

1）执行打印命令。

2）进行打印设备参数设置。

3）进行打印设置。

4）输出预览。

图 2-49 齿轮

第3章 简单二维绘图命令

知识导引

本章将介绍简单二维绘图的基本知识，包括直线类、圆类、点类和平面图形命令，并通过一些典型实例，将读者带入绘图知识的殿堂。

内容要点

➤ 直线类图形绘制

➤ 圆类图形绘制

➤ 平面图形绘制

➤ 点的绘制与标示

3.1 直线类图形绘制

直线类绘制命令包括直线段、射线和构造线绘制命令。这几个命令是 AutoCAD 中最简单的绘图命令。

3.1.1 直线段

【执行方式】

- 命令行：LINE（快捷命令：L）。
- 菜单栏：选择菜单栏中的"绘图"→"直线"命令。
- 工具栏：单击"绘图"工具栏中的"直线"按钮 ∕。
- 功能区：单击"默认"选项卡"绘图"面板中的"直线"按钮 ∕。

【操作步骤】

命令行提示与操作如下：

命令：LINE ✓

指定第一个点：(输入直线段的起点坐标或在绘图区单击指定点)

指定下一点或 [放弃 (U)]:(输入直线段的端点坐标，或利用鼠标指定一定角度后，直接输入直线的长度)

指定下一点或 [放弃 (U)]:(输入下一直线段的端点，或输入选项"U"表示放弃前面的输入。右击或按 Enter 键，结束命令)

指定下一点或 [闭合 (C)/放弃 (U)]:（输入下一直线段的端点，或输入选项 "C" 使图形闭合，结束命令）

【选项说明】

1）若采用按 Enter 键响应 "指定第一个点" 提示，系统会把上次绘制图线的终点作为本次图线的起始点。若上次操作为绘制圆弧，按 Enter 键后将绘出通过圆弧终点并与该圆弧相切的直线段，该线段的长度为鼠标在绘图区指定的一点与切点之间线段的距离。

2）在 "指定下一点" 提示下，用户可以指定多个端点，从而绘出多条直线段。要说明的是，每一段直线是一个独立的对象，可以进行单独的编辑操作。

3）绘制两条以上直线段后，若采用输入选项 "C" 响应 "指定下一点" 提示，系统会自动连接起始点和最后一个端点，从而绘出封闭的图形。

4）若采用输入选项 "U" 响应提示，则删除最近一次绘制的直线段。

5）若设置正交方式（单击状态栏中的 "正交模式" 按钮 ），只能绘制水平线段或垂直线段。

6）若设置动态数据输入方式（单击状态栏中的 "动态输入" 按钮 ），则可以动态输入坐标或长度值，效果与非动态数据输入方式类似。除了特别需要，以后不再强调，本书将只按非动态数据输入方式输入相关数据。

3.1.2　实例——螺栓的绘制

绘制如图 3-1 所示的螺栓。

1）单击 "默认" 选项卡 "绘图" 面板中的 "直线" 按钮 ，绘制螺栓头部的外轮廓，命令行提示与操作如下：

命令：_line
指定第一个点：0, 0 ✓
指定下一点或 [放弃 (U)]: @80, 0 ✓
指定下一点或 [放弃 (U)]: @0, −30 ✓
指定下一点或 [闭合 (C)/ 放弃 (U)]: @80<180 ✓
指定下一点或 [闭合 (C)/ 放弃 (U)]: C ✓

按 Enter 键执行闭合命令后，将绘制一条从终点到第一点的直线，将图形封闭，绘制的矩形如图 3-2 所示。

2）单击 "默认" 选项卡 "绘图" 面板中的 "直线" 按钮 ，完成螺栓头部的绘制。命令行提示与操作如下：

命令：_line
指定第一个点：25, 0 ✓
指定下一点或 [放弃 (U)]: @0, −30 ✓
指定下一点或 [放弃 (U)]: ✓
命令：L ✓
指定第一个点：55, 0 ✓
指定下一点或 [放弃 (U)]: @0, −30 ✓
指定下一点或 [放弃 (U)]: ✓

在矩形中绘制的直线如图 3-3 所示。

提示与点拨

　　对于那些第一个字母都相同的命令，比较常用命令的快捷命令取第一个字母，其他命令的快捷命令可用前面两个或三个字母表示。例如"R"表示 Redraw，"RA"表示 Redrawall；"L"表示 Line，"LT"表示 LineType，"LTS"表示 LTScale。

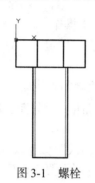
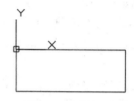

图 3-1　螺栓　　　　　　　　　　　　　　　　图 3-2　绘制矩形

　　3）单击"默认"选项卡"绘图"面板中的"直线"按钮／，绘制螺杆。命令行提示与操作如下：

命令：_line

指定第一个点：20, -30 ✓

指定下一点或 [放弃 (U)]: @0, -100 ✓

指定下一点或 [放弃 (U)]: @40, 0 ✓

指定下一点或 [闭合 (C)/放弃 (U)]: @0, 100 ✓

指定下一点或 [闭合 (C)/放弃 (U)]: ✓

　　绘制的螺杆轮廓线如图 3-4 所示。

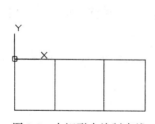
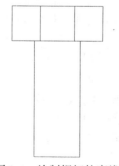

图 3-3　在矩形中绘制直线　　　　　　　　　　图 3-4　绘制螺杆轮廓线

　　4）单击"默认"选项卡"绘图"面板中的"直线"按钮／，绘制螺纹。命令行提示与操作如下：

命令：_line

指定第一点：22.56, -30 ✓

指定下一点或 [放弃 (U)]: @0, -100 ✓

指定下一点或 [放弃 (U)]:↙

命令 :↙

指定第一点 : 57.44, −30 ↙

指定下一点或 [放弃 (U)]: @0, −100 ↙

绘制结果如图 3-1 所示。

提示与点拨

在执行完一个命令后直接按 Enter 键，表示重复执行上一个命令。

5）在命令行输入 "QSAVE" 后按 Enter 键，或选择菜单栏中的 "文件" → "保存" 命令，或单击 "标准" 工具栏中的 "保存" 按钮 ，在打开的 "图形另存为" 对话框中输入文件名，保存文件。

3.1.3　构造线

【执行方式】

● 命令行：XLINE（快捷命令：XL）。
● 菜单栏：选择菜单栏中的 "绘图" → "构造线" 命令。
● 工具栏：单击 "绘图" 工具栏中的 "构造线" 按钮 。
● 功能区：单击 "默认" 选项卡 "绘图" 面板中的 "构造线" 按钮 。

【操作步骤】

命令行提示与操作如下：

命令 : XLINE ↙

指定点或 [水平 (H)/ 垂直 (V)/ 角度 (A)/ 二等分 (B)/ 偏移 (O)]: (指定起点 1)

指定通过点 : (指定通过点 2, 绘制一条双向无限长直线)

指定通过点 : (继续指定点 , 继续绘制直线 , 如图 3-5a 所示 , 按 Enter 键结束命令)

【选项说明】

1）执行选项中有 "指定点" "水平" "垂直" "角度" "二等分" 和 "偏移" 6 种方式绘制构造线，分别如图 3-5a~f 所示。

2）构造线模拟手工作图中的辅助作图线，用特殊的线型显示，在图形输出时可不做输出。作为辅助线绘制机械图中的三视图是构造线的最主要用途，构造线的应用保证了三视图之间 "主、俯视图长对正，主、左视图高平齐，俯、左视图宽相等" 的对应关系。图 3-6 所示为应用构造线作为辅助线绘制的机械图的三视图，图中细线为构造线，粗线为三视图轮廓线。

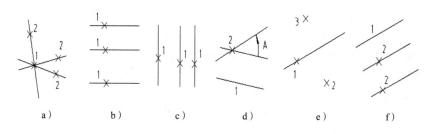

图 3-5　构造线

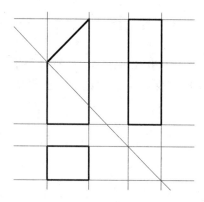

图 3-6　应用构造线辅助绘制三视图

3.2　圆类图形绘制

圆类绘制命令主要包括"圆""圆弧""圆环""椭圆"以及"椭圆弧"命令，这几个命令是 AutoCAD 中最简单的曲线绘制命令。

3.2.1　圆

【执行方式】

- 命令行：CIRCLE（快捷命令：C）。
- 菜单栏：选择菜单栏中的"绘图"→"圆"命令。
- 工具栏：单击"绘图"工具栏中的"圆"按钮⊙。
- 功能区：在"默认"选项卡的"绘图"面板中单击"圆"下拉按钮，在打开的下拉列表中选择一种绘制圆的方式。

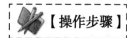【操作步骤】

命令行提示与操作如下：

命令：CIRCLE ✓
指定圆的圆心或 [三点 (3P)/ 两点 (2P)/ 切点、切点、半径 (T)]:（指定圆心）
指定圆的半径或 [直径 (D)]:（直接输入半径值或在绘图区单击指定半径长度）

指定圆的直径 < 默认值 >: (输入直径值或在绘图区单击指定直径长度)

【选项说明】

（1）三点（3P）　通过指定圆周上三点绘制圆。

（2）两点（2P）　通过指定直径的两端点绘制圆。

（3）切点、切点、半径（T）　通过先指定两个相切对象，再给出半径的方法绘制圆。图 3-7 所示为以"切点、切点、半径"方式绘制圆的各种情形（加粗的圆为最后绘制的圆）。

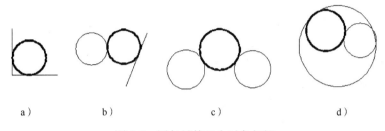

a）　　　　　b）　　　　　c）　　　　　　d）

图 3-7　圆与另外两个对象相切

若选择菜单栏中的"绘图"→"圆"命令，在其子菜单中会显示一种"相切、相切、相切"的绘制方法，如图 3-8 所示。当选择此方式时，命令行提示与操作如下：

指定圆上的第一个点：_tan 到：(选择相切的第一个圆弧)

指定圆上的第二个点：_tan 到：(选择相切的第二个圆弧)

指定圆上的第三个点：_tan 到：(选择相切的第三个圆弧)

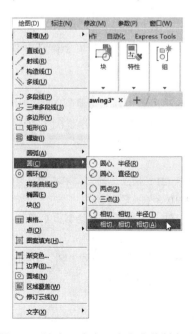

图 3-8　"相切、相切、相切"绘制方法

提示与点拨

对于圆心的选择，除了直接输入圆心外，还可以通过圆心与中心线的对应关系，利用对象捕捉的方法选择。单击状态栏中的"二维对象捕捉"按钮🔲，命令行中会提示"命令：<对象捕捉开>"。

3.2.2 实例——连环圆的绘制

绘制如图 3-9 所示的连环圆。

1）在命令行输入"NEW"，或选择菜单栏中的"文件"→"新建"命令，或单击"标准"工具栏中的"新建"按钮🗋，系统创建一个新图形。

2）单击"默认"选项卡"绘图"面板中的"圆"按钮⊙，选择"相切、相切、半径"的方法绘制 A 圆。命令行提示与操作如下：

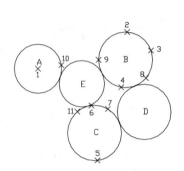

图 3-9　连环圆

命令：_circle

指定圆的圆心或 [三点 (3P)/ 两点 (2P)/ 切点、切点、半径 (T)]：150, 160 ✓（确定点 1）

指定圆的半径或 [直径 (D)]：40 ✓（绘制出 A 圆）

3）单击"默认"选项卡"绘图"面板中的"圆"按钮⊙，选择"三点"的方法绘制 B 圆。命令行提示与操作如下：

命令：_circle

指定圆的圆心或 [三点 (3P)/ 两点 (2P)/ 切点、切点、半径 (T)]：3P ✓

指定圆上的第一点：300, 220 ✓（确定点 2）

指定圆上的第二点：340, 190 ✓（确定点 3）

指定圆上的第三点：290, 130 ✓（确定点 4，绘制出 B 圆）

4）单击"默认"选项卡"绘图"面板中的"圆"按钮⊙，选择"两点"的方法绘制 C 圆。命令行提示与操作如下：

命令：_circle

指定圆的圆心或 [三点 (3P)/ 两点 (2P)/ 切点、切点、半径 (T)]：2P ✓

指定圆直径的第一个端点：250, 10 ✓（确定点 5）

指定圆直径的第二个端点：240, 100 ✓（确定点 6，绘制出 C 圆）

绘制结果如图 3-10 所示。

5）单击"默认"选项卡"绘图"面板中的"圆"按钮⊙，选择"切点、切点、半径"的方法绘制 D 圆。命令行提示与操作如下：

命令：_circle

指定圆的圆心或 [三点 (3P)/ 两点 (2P)/ 切点、切点、半径 (T)]：T ✓

指定对象与圆的第一个切点：（在点 7 附近选中 C 圆）

指定对象与圆的第二个切点：（在点 8 附近选中 B 圆）

指定圆的半径：<45.2769>: 45 ↙（绘制出 D 圆）

绘制结果如图 3-11 所示。

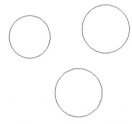

图 3-10　绘制三个圆

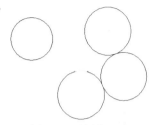

图 3-11　绘制 D 圆

6）选择菜单栏中的"绘图"→"圆"→"相切、相切、相切"命令，以"相切、相切、相切"的方法绘制 E 圆。命令行提示与操作如下：

命令：_circle

指定圆的圆心或 [三点 (3P)/ 两点 (2P)/ 切点、切点、半径 (T)]: _3p

指定圆上的第一点：_tan 到（单击状态栏中的"二维对象捕捉"按钮▭，选择点 9)

指定圆上的第二点：_tan 到：（选择点 10)

指定圆上的第三点：_tan 到：（选择点 11，绘制出 E 圆）

绘制结果如图 3-9 所示。

7）在命令行输入"QSAVE"，或选择菜单栏中的"文件"→"保存"命令，或单击"标准"工具栏中的"保存"按钮▣，在打开的"图形另存为"对话框中输入文件名，保存文件。

3.2.3　圆弧

【执行方式】

● 命令行：ARC（快捷命令：A）。
● 菜单栏：选择菜单栏中的"绘图"→"圆弧"命令。
● 工具栏：单击"绘图"工具栏中的"圆弧"按钮╱。
● 功能区：在"默认"选项卡的"绘图"面板中单击"圆弧"下拉按钮，在打开的下拉列表中选择一种绘制圆弧的方式。

【操作步骤】

命令行提示与操作如下：

命令：ARC ↙

指定圆弧的起点或 [圆心 (C)]:（指定起点）

指定圆弧的第二点或 [圆心 (C)/ 端点 (E)]:（指定第二点）

指定圆弧的端点：（指定末端点）

【选项说明】

用命令行方式绘制圆弧时，可以根据系统提示选择不同的选项，具体功能和利用菜单栏中的"绘图"→"圆弧"子菜单中提供的 11 种方式相似。这 11 种方式绘制的圆弧如图 3-12 所示。

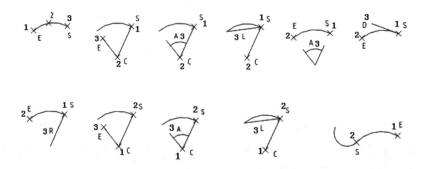

图 3-12   11 种圆弧绘制方法

需要强调的是"连续"方式，以该方式绘制的圆弧与上一线段或圆弧相切，因此只需提供端点即可继续绘制圆弧段。

 提示与点拨

绘制圆弧时，圆弧的曲率是遵循逆时针方向的，所以在选择指定圆弧两个端点和半径模式时，需要注意端点的指定顺序，否则有可能导致圆弧的凹凸形状与预期的相反。

3.2.4   实例——五瓣梅的绘制

绘制如图 3-13 所示的五瓣梅。

1）在命令行输入"NEW"，或选择菜单栏中"文件"→"新建"命令，或单击"标准"工具栏中的"新建"按钮 ，系统创建一个新图形。

2）单击"默认"选项卡"绘图"面板中的"圆弧"按钮 ，绘制第一段圆弧。命令行提示与操作如下：

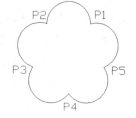

图 3-13   五瓣梅

命令：_arc

指定圆弧的起点或 [圆心 (C)]：140, 110 ✓

指定圆弧的第二点或 [圆心 (C)/ 端点 (E)]：E ✓

指定圆弧的端点：@40<180 ✓

指定圆弧的中心点 (按住 Ctrl 键以切换方向) 或 [角度 (A)/ 方向 (D)/ 半径 (R)]：R ✓

指定圆弧的半径 (按住 Ctrl 键以切换方向)：20 ✓

3）单击"默认"选项卡"绘图"面板中的"圆弧"按钮 ，绘制第二段圆弧。命令行提示与操作如下：

命令：_arc

指定圆弧的起点或 [圆心 (C)]: (选择刚才绘制的圆弧端点 P2)

指定圆弧的第二点或 [圆心 (C)/ 端点 (E)]: E ↙

指定圆弧的端点 : @40<252 ↙

指定圆弧的中心点 (按住 Ctrl 键以切换方向) 或 [角度 (A)/ 方向 (D)/ 半径 (R)]: A ↙

指定夹角 (按住 Ctrl 键以切换方向): 180 ↙

4）单击"默认"选项卡"绘图"面板中的"圆弧"按钮 ，绘制第三段圆弧。命令行提示与操作如下 :

命令 : _arc

指定圆弧的起点或 [圆心 (C)]: (选择步骤 3) 中绘制的圆弧端点 P3)

指定圆弧的第二点或 [圆心 (C)/ 端点 (E)]: C ↙

指定圆弧的圆心 : @20<324 ↙

指定圆弧的端点 (按住 Ctrl 键以切换方向) 或 [角度 (A)/ 弦长 (L)]: A ↙

指定夹角 (按住 Ctrl 键以切换方向): 180 ↙

5）单击"默认"选项卡"绘图"面板中的"圆弧"按钮 ，绘制第四段圆弧。命令行提示与操作如下 :

命令 : _arc

指定圆弧的起点或 [圆心 (C)]: (选择步骤 4) 中绘制圆弧的端点 P4)

指定圆弧的第二点或 [圆心 (C)/ 端点 (E)]: C ↙

指定圆弧的圆心 : @20<36 ↙

指定圆弧的端点或 [角度 (A)/ 弦长 (L)]: L ↙

指定弦长 : 40 ↙

6）单击"默认"选项卡"绘图"面板中的"圆弧"按钮 ，绘制第五段圆弧。命令行提示与操作如下 :

命令 : _arc

指定圆弧的起点或 [圆心 (C)]: (选择步骤 5) 中绘制的圆弧端点 P5)

指定圆弧的第二点或 [圆心 (C)/ 端点 (E)]: E ↙

指定圆弧的端点 : (选择圆弧起点 P1)

指定圆弧的中心点 (按住 Ctrl 键以切换方向) 或 [角度 (A)/ 方向 (D)/ 半径 (R)]: D ↙

指定圆弧起点的相切方向 (按住 Ctrl 键以切换方向): @20<20 ↙

完成五瓣梅的绘制，结果如图 3-13 所示。

7）在命令行输入"QSAVE"，或选择菜单栏中的"文件"→"保存"命令，或单击"标准"工具栏中的"保存"按钮 ，在打开的"图形另存为"对话框中输入文件名，保存文件。

3.2.5　圆环

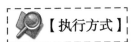【执行方式】

- 命令行 : DONUT（快捷命令 : DO）。
- 菜单栏 : 选择菜单栏中的"绘图"→"圆环"命令。
- 功能区 : 单击"默认"选项卡"绘图"面板中的"圆环"按钮 。

【操作步骤】

命令行提示与操作如下：

命令：DONUT ↙

指定圆环的内径 <默认值>:（指定圆环内径）

指定圆环的外径 <默认值>:（指定圆环外径）

指定圆环的中心点或 <退出>:（指定圆环的中心点）

指定圆环的中心点或 <退出>:（继续指定圆环的中心点，则继续绘制相同内外径的圆环）

按 Enter、space 键或右击，结束命令，结果如图 3-14a 所示。

【选项说明】

1）若指定内径为零，则画出实心填充圆，如图 3-14b 所示。

2）用命令 FILL 可以控制圆环是否填充，具体方法如下：

命令：FILL ↙

输入模式 [开 (ON)/ 关 (OFF)] <开 >:（选择"开"表示填充，选择"关"表示不填充，如图 3-14c 所示）

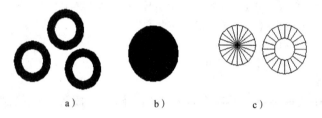

a) b) c)

图 3-14 绘制圆环

3.2.6 椭圆与椭圆弧

【执行方式】

- 命令行：ELLIPSE（快捷命令：EL）。
- 菜单栏：选择菜单栏中的"绘图"→"椭圆"→"圆弧"命令。
- 工具栏：单击"绘图"工具栏中的"椭圆"按钮 ◯ 或"椭圆弧"按钮 ◯。
- 功能区：在"默认"选项卡的"绘图"面板中单击"椭圆"下拉按钮，在打开的下拉列表中选择一种绘制椭圆的方式。

【操作步骤】

命令行提示与操作如下：

命令：ELLIPSE ↙

指定椭圆的轴端点或 [圆弧 (A)/ 中心点 (C)]:（指定轴端点 1，如图 3-15a 所示）

指定轴的另一个端点：（指定轴端点 2，如图 3-15a 所示）

指定另一条半轴长度或 [旋转 (R)]:

【选项说明】

（1）指定椭圆的轴端点　根据两个端点定义椭圆的第一条轴。第一条轴的角度确定了整个椭圆的角度。第一条轴既可定义椭圆的长轴，也可定义其短轴。

（2）圆弧（A）　用于创建一段椭圆弧（与"单击'默认'选项卡中的'椭圆弧'按钮 "功能相同）。其中第一条轴的角度确定了椭圆弧的角度。第一条轴既可定义椭圆弧长轴，也可定义其短轴。选择该项，系统命令行中继续提示如下：

指定椭圆弧的轴端点或 [中心点 (C)]：(指定端点或输入 "C"，按 Enter 键)

指定轴的另一个端点：(指定另一端点)

指定另一条半轴长度或 [旋转 (R)]：(指定另一条半轴长度或输入 "R"，按 Enter 键)

指定起始角度或 [参数 (P)]：(指定起始角度或输入 "P"，按 Enter 键)

指定端点角度或 [参数 (P)/ 夹角 (I)]：

其中各选项含义如下：

1）起始角度：指定椭圆弧端点的两种方式之一，光标与椭圆中心点连线的夹角为椭圆端点位置的角度，如图 3-15b 所示。

2）参数（P）：指定椭圆弧端点的另一种方式，该方式同样是指定椭圆弧端点的角度，但通过以下矢量参数方程式创建椭圆弧：

$$p（u）=c+a×\cos（u）+b×\sin（u）$$

式中，c 是椭圆的中心点相对于坐标原点的矢量，a 和 b 分别是椭圆的长轴端点和短轴端点相对于中心点的矢量，u 为光标与椭圆中心点连线与 X 轴之间的夹角。

3）夹角（I）：定义从起始角度开始的包含角度。

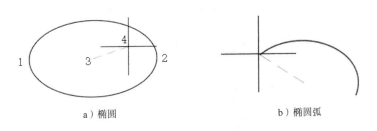

a）椭圆　　　　　　　　　b）椭圆弧

图 3-15　绘制椭圆和椭圆弧

（3）中心点（C）　通过指定的中心点创建椭圆。

（4）旋转（R）　通过绕第一条轴旋转圆来创建椭圆。相当于将一个圆绕椭圆轴翻转一个角度后的投影视图。

 提示与点拨

椭圆命令生成的椭圆是以多义线还是以椭圆为实体由系统变量 PELLIPSE 决定。当该系统变量为 1 时，生成的椭圆以多义线形式存在。

3.2.7 实例——洗脸盆的绘制

绘制如图 3-16 所示的洗脸盆。

1）单击"默认"选项卡"绘图"面板中的"直线"按钮 ╱，绘制水龙头图形，结果如图 3-17 所示。

2）单击"默认"选项卡"绘图"面板中的"圆"按钮 ⊙，绘制两个水龙头旋钮，结果如图 3-18 所示。

3）在"默认"选项卡的"绘图"面板中单击"椭圆"下拉按钮，在打开的下拉列表中选择"轴，端点"按钮 ◯，绘制脸盆外沿。命令行提示与操作如下：

命令：_ellipse

指定椭圆的轴端点或 [圆弧 (A)/ 中心点 (C)]: (指定椭圆轴端点)

指定轴的另一个端点：(指定另一端点)

指定另一条半轴长度或 [旋转 (R)]: (在绘图区拖拽出另一半轴长度)

绘制结果如图 3-19 所示。

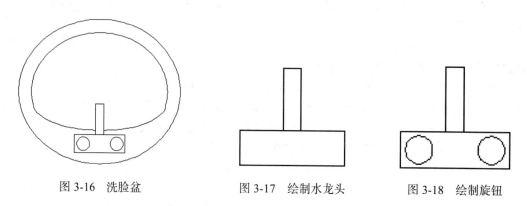

图 3-16　洗脸盆　　　　　图 3-17　绘制水龙头　　　　　图 3-18　绘制旋钮

4）在"默认"选项卡的"绘图"面板中单击"椭圆"下拉按钮，在打开的下拉列表中选择"椭圆弧"按钮 ⌒，绘制脸盆部分内沿。命令行提示与操作如下：

命令：_ellipse

指定椭圆的轴端点或 [圆弧 (A)/ 中心点 (C)]: _A

指定椭圆弧的轴端点或 [中心点 (C)]: C ✓

指定椭圆弧的中心点：(单击状态栏中的"二维对象捕捉"按钮 ▭，捕捉绘制的椭圆中心点)

指定轴的端点：(适当指定一点)

指定另一条半轴长度或 [旋转 (R)]: R ✓

指定绕长轴旋转的角度：(在绘图区指定椭圆轴端点)

指定起始角度或 [参数 (P)]: (在绘图区拖拽出起始角度)

指定端点角度或 [参数 (P)/ 夹角 (I)]: (在绘图区拖拽出终止角度)

5）单击"默认"选项卡"绘图"面板中的"圆弧"按钮 ⌒，命令行提示与操作如下：

命令：_arc

指定圆弧的起点或 [圆心 (C)]: (捕捉椭圆弧端点)

指定圆弧的第二个点或 [圆心 (C)/ 端点 (E)]: (指定第二点)

指定圆弧的端点：(捕捉椭圆弧另一端点)

绘制结果如图 3-20 所示。

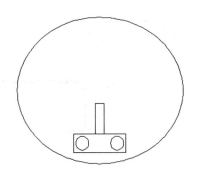

图 3-19　绘制脸盆外沿

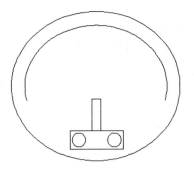

图 3-20　绘制脸盆部分内沿

6）单击"默认"选项卡"绘图"面板中的"圆弧"按钮 ⌒，绘制脸盆内沿其他部分，结果如图 3-16 所示。

3.3　平面图形绘制

这里说的平面图形是指最简单的平面图形，包括矩形和正多边形。

3.3.1　矩形

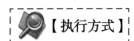【执行方式】

- 命令行：RECTANG（快捷命令：REC）。
- 菜单栏：选择菜单栏中的"绘图"→"矩形"命令。
- 工具栏：单击"绘图"工具栏中的"矩形"按钮 ▢。
- 功能区：单击"默认"选项卡"绘图"面板中的"矩形"按钮 ▢。

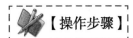【操作步骤】

命令行提示与操作如下：

命令：RECTANG↙
指定第一个角点或 [倒角 (C)/ 标高 (E)/ 圆角 (F)/ 厚度 (T)/ 宽度 (W)]:（指定角点）
指定另一个角点或 [面积 (A)/ 尺寸 (D)/ 旋转 (R)]:

【选项说明】

（1）第一个角点　通过指定两个角点确定矩形，如图 3-21a 所示。
（2）倒角（C）　指定倒角距离，绘制带倒角的矩形，如图 3-21b 所示。每一个角点的逆时针和顺时针方向的倒角可以相同，也可以不同，其中第一个倒角距离是指角点逆时针方向倒角距离，第二个倒角距离是指角点顺时针方向倒角距离。
（3）标高（E）　指定矩形标高（Z 坐标），即把矩形放置在标高为 Z 且与 XOY 坐标面平行的平面上，并作为后续矩形的标高值。

（4）圆角（F）　指定圆角半径，绘制带圆角的矩形，如图 3-21c 所示。

（5）厚度（T）　指定矩形的厚度，绘制的矩形如图 3-21d 所示。

（6）宽度（W）　指定线宽，绘制的矩形如图 3-21e 所示。

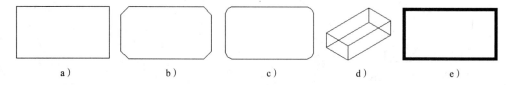

a)　　　　　　　 b)　　　　　　　 c)　　　　　　　 d)　　　　　　　 e)

图 3-21　绘制矩形

（7）面积（A）　指定面积和长或宽创建矩形。选择该项，命令行提示与操作如下：

输入以当前单位计算的矩形面积 <20.0000>:（输入面积值）

计算矩形标注时依据 [长度 (L)/ 宽度 (W)] < 长度 >:（按 Enter 键或输入 "W"）

输入矩形长度 <4.0000>:（指定长度或宽度）

指定长度或宽度后，系统自动计算另一个维度，绘制出矩形。如果矩形被倒角或圆角，则长度或面积计算中也会考虑此设置，如图 3-22 所示。

（8）尺寸（D）　使用长和宽创建矩形，第二个指定点将矩形定位在与第一角点相关的 4 个位置之一。

（9）旋转（R）　使所绘制的矩形旋转一定角度。选择该项，命令行提示与操作如下：

指定旋转角度或 [拾取点 (P)] <135>:（指定角度）

指定另一个角点或 [面积 (A)/ 尺寸 (D)/ 旋转 (R)]:（指定另一个角点或选择其他选项）

指定旋转角度后，系统按指定角度创建矩形，如图 3-23 所示。

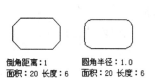

倒角距离：1　　　　圆角半径：1.0
面积：20 长度：6　　面积：20 长度：6

图 3-22　按面积绘制矩形

图 3-23　按指定旋转角度绘制矩形

3.3.2　实例——平头平键的绘制

绘制如图 3-24 所示的平头平键。

1）单击"默认"选项卡"绘图"面板中的"矩形"按钮 ▢ ，绘制主视图外形。命令行提示与操作如下：

命令：_rectang

指定第一个角点或 [倒角 (C)/ 标高 (E)/ 圆角 (F)/ 厚度 (T)/ 宽度 (W)]: 0, 30 ✓

指定另一个角点或 [面积 (A)/ 尺寸 (D)/ 旋转 (R)]: @100, 11 ✓

绘制结果如图 3-25 所示。

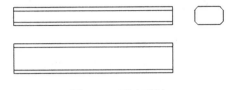

图 3-24　平头平键

2）单击"默认"选项卡"绘图"面板中的"直线"按钮／，绘制主视图两条棱线，一条棱线端点的坐标值为（0，32）和（@100，0），另一条棱线端点的坐标值为（0，39）和（@100，0）。绘制结果如图 3-26 所示。

图 3-25　绘制主视图外形　　　　　　　　图 3-26　绘制主视图棱线

3）单击"默认"选项卡"绘图"面板中的"构造线"按钮／，绘制构造线。命令行提示与操作如下：

命令：_xline

指定点或 [水平 (H)/ 垂直 (V)/ 角度 (A)/ 二等分 (B)/ 偏移 (O)]:（指定主视图左边竖线上一点）

指定通过点:（指定竖直位置上一点）

指定通过点：↙

采用同样的方法绘制右边竖直构造线，结果如图 3-27 所示。

4）单击"默认"选项卡"绘图"面板中的"矩形"按钮 □，绘制俯视图。命令行提示与操作如下：

命令：_rectang

指定第一个角点或 [倒角 (C)/ 标高 (E)/ 圆角 (F)/ 厚度 (T)/ 宽度 (W)]:（指定左边构造线上一点）

指定另一个角点或 [面积 (A)/ 尺寸 (D)/ 旋转 (R)]: @100, 18

单击"默认"选项卡"绘图"面板中的"直线"按钮／，接着绘制两条直线，端点分别为 {（0，2），（@100，0）} 和 {（0，16），（@100，0）}。绘制结果如图 3-28 所示。

　　　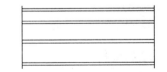

图 3-27　绘制竖直构造线　　　　　　　　图 3-28　绘制俯视图

5）单击"默认"选项卡"绘图"面板中的"构造线"按钮／，绘制左视图构造线。命令行提示与操作如下：

命令：_xline

指定点或 [水平 (H)/ 垂直 (V)/ 角度 (A)/ 二等分 (B)/ 偏移 (O)]: H ↙

指定通过点:（指定主视图上右上端点）

指定通过点:（指定主视图上右下端点）

指定通过点:（指定俯视图上右上端点）

指定通过点：（指定俯视图上右下端点）

指定通过点：✓

命令：✓（按 Enter 键表示重复绘制构造线命令）

指定点或 [水平 (H)/ 垂直 (V)/ 角度 (A)/ 二等分 (B)/ 偏移 (O)]: A ✓

输入构造线的角度 (0) 或 [参照 (R)]: −45 ✓

指定通过点：（任意指定一点）

指定通过点：✓

命令：✓

指定点或 [水平 (H)/ 垂直 (V)/ 角度 (A)/ 二等分 (B)/ 偏移 (O)]: V ✓

指定通过点：（指定斜线与向下数第 3 条水平线的交点）

指定通过点：（指定斜线与向下数第 4 条水平线的交点）

绘制结果如图 3-29 所示。

6）设置矩形两个倒角距离为 2，绘制左视图。命令行提示与操作如下：

命令：_rectang

指定第一个角点或 [倒角 (C)/ 标高 (E)/ 圆角 (F)/ 厚度 (T)/ 宽度 (W)]: C ✓

指定矩形的第一个倒角距离 <0.0000>: 2

指定矩形的第二个倒角距离 <2.0000>: ✓

指定第一个角点或 [倒角 (C)/ 标高 (E)/ 圆角 (F)/ 厚度 (T) 宽度 (W)]：（按构造线确定位置，指定一个角点）

指定另一个角点或 [面积 (A)/ 尺寸 (D)/ 旋转 (R)]：（按构造线确定位置，指定另一个角点）

绘制结果如图 3-30 所示。

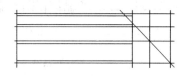
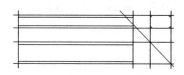

图 3-29　绘制左视图构造线　　　　　　　图 3-30　绘制左视图

7）删除构造线，结果如图 3-24 所示。

3.3.3　多边形

【执行方式】

- 命令行：POLYGON（快捷命令：POL）。
- 菜单栏：选择菜单栏中的"绘图"→"多边形"命令。
- 工具栏：单击"绘图"工具栏中的"多边形"按钮⬠。
- 单击"默认"选项卡"绘图"面板中的"多边形"按钮⬠。

【操作步骤】

命令行提示与操作如下：

命令：POLYGON ✓

输入侧面数 <4>：（指定多边形的边数，默认值为 4）

指定正多边形的中心点或 [边（E）]：（指定中心点）

输入选项 [内接于圆（I）/ 外切于圆（C）] <I>：（指定是内接于圆或外切于圆）

指定圆的半径：（指定外接圆或内切圆的半径）

【选项说明】

（1）边（E）　选择该选项，则只要指定多边形的一条边，系统就会按逆时针方向创建正多边形，如图 3-31a 所示。

（2）内接于圆（I）　选择该选项，绘制的多边形内接于圆，如图 3-31b 所示。

（3）外切于圆（C）　选择该选项，绘制的多边形外切于圆，如图 3-31c 所示。

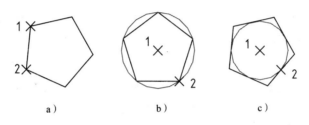

图 3-31　绘制正多边形

3.3.4　实例——卡通造型的绘制

绘制如图 3-32 所示的卡通造型。

1）单击"默认"选项卡"绘图"面板中的"圆"按钮⊙和选择菜单栏中的"绘图"→"圆环"命令，绘制左边头部的小圆及圆环。命令行提示与操作如下：

命令：_circle

指定圆的圆心或 [三点 (3P)/ 两点 (2P)/ 切点、切点、半径 (T)]: 230, 210 ✓

指定圆的半径或 [直径 (D)]: 30 ✓

命令：_donut

指定圆环的内径 <10.0000>: 5 ✓

指定圆环的外径 <20.0000>: 15 ✓

指定圆环的中心点 < 退出 >: 230, 210 ✓

指定圆环的中心点 < 退出 >: ✓

2）单击"默认"选项卡"绘图"面板中的"矩形"按钮 □，绘制一个矩形。命令行提示与操作如下：

命令：_rectang

指定第一个角点或 [倒角 (C)/ 标高 (E)/ 圆角 (F)/ 厚度 (T)/ 宽度 (W)]: 200, 122 ✓（指定矩形左上角点坐标值）

指定另一个角点或 [面积 (A)/ 尺寸 (D)/ 旋转 (R)]: 420, 88 ✓（指定矩形右上角点的坐标值）

3）依次单击"默认"选项卡"绘图"面板中的"圆"按钮⊙、"椭圆"按钮 ⬡ 和

"多边形"按钮⬠，绘制右边身体的大圆、小椭圆及正六边形。命令行提示与操作如下。

命令：_circle

指定圆的圆心或 [三点 (3P)/ 两点 (2P)/ 切点、切点、半径 (T)]：T ✓

指定对象与圆的第一个切点：(如图 3-33 所示，在点 1 附近选择小圆)

指定对象与圆的第二个切点：(如图 3-33 所示，在点 2 附近选择矩形)

指定圆的半径：<30.0000>：70 ✓

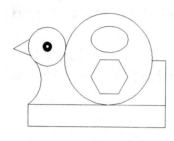

图 3-32　卡通造型

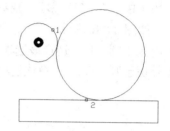

图 3-33　绘制大圆

命令：_ellipse

指定椭圆的轴端点或 [圆弧 (A)/ 中心点 (C)]：C ✓（用指定椭圆中心点的方式绘制椭圆）

指定椭圆的中心点：330, 222 ✓（椭圆中心点的坐标值）

指定轴的端点：360, 222 ✓（椭圆长轴右端点的坐标值）

指定到其他轴的距离或 [旋转 (R)]：20 ✓（椭圆短轴的长度）

命令：_polygon 输入侧面数 <4>：6 ✓（正多边形的边数）

指定多边形的中心点或 [边 (E)]：330, 165 ✓（正六边形中心点的坐标值）

输入选项 [内接于圆 (I)/ 外切于圆 (C)] <I>：✓（用内接于圆的方式绘制正六边形）

指定圆的半径：30 ✓（内接圆正六边形的半径）

4）单击"默认"选项卡"绘图"面板中的"直线"按钮╱和"圆弧"按钮⌒，绘制左边嘴部折线和颈部圆弧。命令行提示与操作如下：

命令：_line

指定第一点：202, 221

指定下一个点或 [放弃 (U)]：@30<-150 ✓（用相对极坐标值给定下一点的坐标值）

指定下一点或 [放弃 (U)]：@30<-20 ✓（用相对极坐标值给定下一点的坐标值）

指定下一点或 [闭合 (C)/ 放弃 (U)]：✓

命令：_arc

指定圆弧的起点或 [圆心 (CE)]：200, 122 ✓

指定圆弧的第二点或 [圆心 (C)/ 端点 (E)]：E ✓（用给出圆弧端点的方式画圆弧）

指定圆弧的端点：210, 188 ✓（给出圆弧端点的坐标值）

指定圆弧的中心点 (按住 Ctrl 键以切换方向) 或 [角度 (A)/ 方向 (D)/ 半径 (R)]：R ✓（用给出圆弧半径的方式画圆弧）

指定圆弧的半径 (按住 Ctrl 键以切换方向)：45 ✓（圆弧半径值）

5）单击"默认"选项卡"绘图"面板中的"直线"按钮╱，绘制右边折线。命令行提示与操作如下：

命令：_line

指定第一个点：420, 122 ✓

指定下一点或 [放弃 (U)]: @68<90 ↙

指定下一点或 [放弃 (U)]: @23<180 ↙

指定下一点或 [闭合 (C)/ 放弃 (U)]: ↙

绘制结果如图 3-32 所示。

3.3.5　创建面域

面域是一种整体平面图形。可以利用"面域"命令将单独的对象转换为整体的平面图形，这样有利于某些操作功能的进行。

【执行方式】

- 命令行：REGION。
- 菜单栏：选择菜单栏中的"绘图"→"面域"命令。
- 工具栏：单击"绘图"工具栏中的"面域"按钮 。
- 功能区：单击"默认"选项卡"绘图"面板中的"面域"按钮 。

【操作步骤】

命令：REGION ↙

选择对象：

选择对象后，系统自动将所选择的对象转换成面域。

3.4　点的绘制与标示

点在 AutoCAD 中有多种表示方式，用户可以根据需要进行设置，也可以设置等分点和测量点。

3.4.1　点

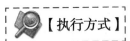【执行方式】

- 命令行：POINT（快捷命令：PO）。
- 菜单栏：选择菜单栏中的"绘图"→"点"命令。
- 工具栏：单击"绘图"工具栏中的"点"按钮 。
- 功能区：单击"默认"选项卡"绘图"面板中的"多点"按钮 。

【操作步骤】

命令行提示与操作如下：

命令：POINT ↙

当前点模式：PDMODE=0　PDSIZE=0.0000

指定点：(指定点所在的位置)

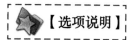
【选项说明】

1）通过菜单方法操作时（见图 3-34），"单点"命令表示只输入一个点，"多点"命令表示可输入多个点。

2）可以单击状态栏中的"二维对象捕捉"按钮 ，设置点捕捉模式，帮助用户选择点。

3）点在图形中的表示样式共有 20 种。可通过"DDPTYPE"命令或选择菜单栏中的"格式"→"点样式"命令，通过打开的如图 3-35 所示的"点样式"对话框来设置。

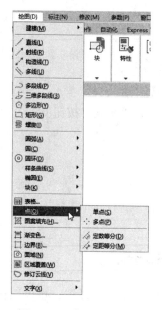

图 3-34 "点"的子菜单

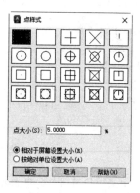

图 3-35 "点样式"对话框

3.4.2 等分点与测量点

1. 等分点

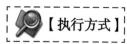
【执行方式】

- 命令行：DIVIDE（快捷命令：DIV）。
- 菜单栏：选择菜单栏中的"绘图"→"点"→"定数等分"命令。
- 功能区：单击"默认"选项卡"绘图"面板中的"定数等分"按钮 。

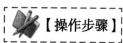
【操作步骤】

命令行提示与操作如下：

命令：DIVIDE↙

选择要定数等分的对象：

输入线段数目或 [块 (B)]:(指定实体的等分数)

图 3-36a 所示为绘制等分点的图形。

【选项说明】

1）等分数目范围为 2~32767。

2）在等分点处，按当前点样式设置画出等分点。

3）在第二提示行选择"块（B）"选项时，表示在等分点处插入指定的块。

2. 测量点

【执行方式】

● 命令行：MEASURE（快捷命令：ME）。

● 菜单栏：选择菜单栏中的"绘图"→"点"→"定距等分"命令。

● 功能区：单击"默认"选项卡"绘图"面板中的"定距等分"按钮。

【操作步骤】

命令行提示与操作如下：

命令 : MEASURE ↙

选择要定距等分的对象:(选择要设置测量点的实体)

指定线段长度或 [块 (B)]:(指定分段长度)

图 3-36b 所示为绘制测量点的图形。

【选项说明】

1）设置的起点一般是指定线的绘制起点。

2）在第二提示行选择"块（B）"选项时，表示在测量点处插入指定的块。

3）在等分点处，按当前点样式设置绘制测量点。

4）最后一个测量段的长度不一定等于指定分段长度。

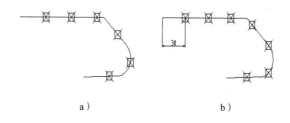

a)　　　　　　　　　b)

图 3-36　绘制等分点和测量点

3.4.3　实例——棘轮的绘制

绘制如图 3-37 所示的棘轮。

1）单击"默认"选项卡"绘图"面板中的"圆"按钮⊙，绘制 3 个半径分别为 90、60、40 的同心圆，如图 3-38 所示。

2）设置点样式。选择菜单栏中的"格式"→"点样式"命令，在打开的"点样式"对话框中选择⊠样式。

3）单击"默认"选项卡"绘图"面板中的"定数等分"按钮⸫⸫，等分圆。命令行提示与操作如下：

命令：_divide

选择要定数等分的对象：(选择 R90 圆)

输入线段数目或 [块 (B)]: 12 ✓

采用同样的方法，等分 R60 圆，结果如图 3-39 所示。

图 3-37　棘轮

4）单击"默认"选项卡"绘图"面板中的"直线"按钮，连接 3 个等分点，绘制棘轮轮齿，结果如图 3-40 所示。

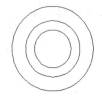
图 3-38　绘制同心圆

图 3-39　等分圆

图 3-40　绘制棘轮轮齿

5）采用相同的方法连接其他点，选择绘制的点和多余的圆及圆弧，按 Delete 键删除，最终绘制结果如图 3-37 所示。

3.5　上机操作

【实例 1】绘制如图 3-41 所示的五角星。

1. 目的要求

绘制该图形的命令主要是"直线"。为了做到准确无误，可通过输入坐标值的方法来指定各点的位置。本例要求读者灵活掌握直线的绘制方法。

2. 操作提示

灵活利用"直线"命令进行绘制，注意计算好各个点的坐标值。

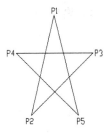

图 3-41　五角星

【实例 2】绘制如图 3-42 所示的哈哈猪。

1. 目的要求

绘制该图形的命令主要是"直线"和"圆"。为了做到准确无误，可通过输入坐标值的方法来指定线段的端点和圆弧的相关点。本例要求读者灵活掌握线段以及圆弧的绘制方

图 3-42 哈哈猪

法。

2. 操作提示

1）利用"圆"命令绘制哈哈猪的两个眼睛。

2）利用"圆"命令绘制哈哈猪的嘴巴。

3）利用"圆"命令绘制哈哈猪的头部。

4）利用"直线"命令绘制哈哈猪的上下颌分界线。

5）利用"圆"命令绘制哈哈猪的鼻子。

【实例 3】绘制如图 3-43 所示的椅子。

1. 目的要求

绘制该图形的命令主要是"直线"和"圆弧"。为了做到准确无误，可通过输入坐标值的方法来指定线段的端点和圆弧的相关点。本例要求读者灵活掌握线段以及圆弧的绘制方法。

2. 操作提示

1）利用"直线"命令绘制初步轮廓。

2）利用"圆弧"命令绘制图形中的圆弧部分。

3）利用"直线"命令绘制连接线段。

【实例 4】绘制如图 3-44 所示的螺母。

1. 目的要求

本例绘制的是一个机械零件图形，涉及的命令有"正多边形"和"圆"。本例要求读者掌握正多边形的绘制方法，同时复习圆的绘制方法。

图 3-43　椅子

图 3-44　螺母

2. 操作提示

1）利用"圆"命令绘制外面圆。

2）利用"多边形"命令绘制六边形。

3）利用"圆"命令绘制里面圆。

【实例 5】绘制如图 3-45 所示的楼梯。

1. 目的要求

本例绘制的是一个建筑图形，涉及的命令有"点样式""直线""点"和"矩形"。本例要求读者掌握"点"相关命令的使用方法，同时体会利用点绘制建筑图形的优点。

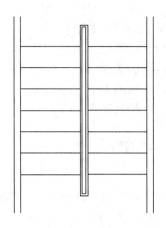

图 3-45　楼梯

2. 操作提示

1）设置点格式。

2）利用"直线"和"矩形"命令绘制墙体和扶手。

3）利用"定数等分"命令绘制等分点。

4）利用"直线"命令绘制楼梯踏步。

5）删除点。

第4章　简单二维编辑命令

知识导引

绘制命令只能绘制一些最基本、最简单的图形，实际工程上的图形往往是很复杂的，这时就要结合编辑命令来进行绘制。本章主要介绍一些简单的二维编辑命令。

内容要点

➢ 编辑对象的选择
➢ 删除及恢复对象
➢ 复制编辑对象
➢ 改变对象位置

4.1　编辑对象的选择

AutoCAD 2024 提供了以下几种选择编辑对象的方法：

1）先选择一个编辑命令，然后选择对象，按 Enter 键结束操作。

2）使用 SELECT 命令。在命令行输入"SELECT"，按 Enter 键，按提示选择对象，按 Enter 键结束。

3）利用定点设备选择对象，然后调用编辑命令。

4）定义对象组。

无论使用哪种方法，AutoCAD 2024 都会提示用户选择对象，并且光标的形状由十字光标变为拾取框。下面结合 SELECT 命令说明选择对象的方法。

SELECT 命令可以单独使用，也可以在执行其他编辑命令时被自动调用。在命令行输入"SELECT"，按 Enter 键，命令行提示如下：

选择对象：

系统等待用户以某种方式选择对象作为回答。AutoCAD 2024 提供了多种选择方式，可以输入"？"，查看这些选择方式。选择选项后，出现如下提示：

需要点或窗口 (W)/ 上一个 (L)/ 窗交 (C)/ 框 (BOX)/ 全部 (ALL)/ 栏选 (F)/ 圈围 (WP)/ 圈交 (CP)/ 编组 (G)/ 添加 (A)/ 删除 (R)/ 多个 (M)/ 上一个 (P)/ 放弃 (U)/ 自动 (AU)/ 单个 (SI)/ 子对象 (SU)/ 对象 (O)

选择对象：

其中，部分选项含义如下：

（1）点　表示直接通过点取的方式选择对象。可利用鼠标或键盘移动拾取框，使其框住要选择的对象，然后单击，被选中的对象就会高亮显示。

（2）窗口（W） 用由两个对角顶点确定的矩形窗口选择位于其范围内部的所有图形，与边界相交的对象不会被选中，如图 4-1 所示。指定对角顶点时应该按照从左向右的顺序。

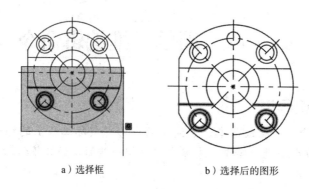

a）选择框   b）选择后的图形

图 4-1 "窗口"对象选择方式

（3）上一个（L） 在"选择对象"提示下输入"L"，按 Enter 键，系统自动选择最后绘出的一个对象。

（4）窗交（C） 该方式与"窗口"方式类似，区别在于它不但选中矩形窗口内部的对象，也选中与矩形窗口边界相交的对象，如图 4-2 所示。

（5）框（BOX） 使用框时，系统根据用户在绘图区指定的两个对角点的位置自动引用"窗口"或"窗交"选择方式。若从左向右指定对角点，为"窗口"方式；反之，为"窗交"方式。

（6）全部（ALL） 选择绘图区内所有对象。

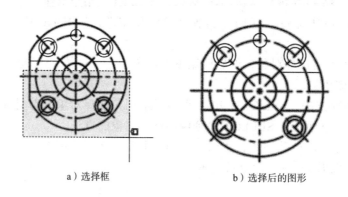

a）选择框   b）选择后的图形

图 4-2 "窗交"对象选择方式

（7）栏选（F） 用户临时绘制一些直线，这些直线不必构成封闭图形，凡是与这些直线相交的对象均被选中，如图 4-3 所示。

（8）圈围（WP） 使用一个不规则的多边形来选择对象。根据提示，用户依次输入构成多边形所有顶点的坐标，按 Enter 键结束操作，系统将自动连接第一个顶点与最后一个顶点，形成封闭的多边形。凡是被多边形围住的对象均被选中（不包括边界），如图 4-4 所示。

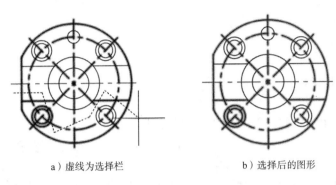

a）虚线为选择栏　　　　　　　　　b）选择后的图形

图 4-3　"栏选"对象选择方式

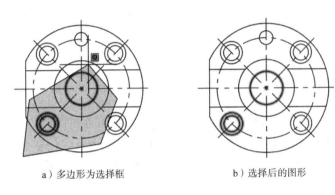

a）多边形为选择框　　　　　　　　b）选择后的图形

图 4-4　"圈围"对象选择方式

（9）圈交（CP）　类似于"圈围"方式。在提示后输入"CP"，按 Enter 键，后续操作与圈围方式相同。区别在于，执行此命令后与多边形边界相交的对象也被选中。

提示与点拨

若矩形框从左向右定义，即第一个选择的对角点为左侧的对角点，矩形框内部的对象被选中，框外部及与矩形框边界相交的对象不会被选中；若矩形框从右向左定义，矩形框内部及与矩形框边界相交的对象都会被选中。

4.2　删除及恢复对象

删除及恢复类命令主要用于删除图形某部分或对已被删除的部分进行恢复，包括删除、恢复和清除等命令。

4.2.1　删除对象

如果所绘制的图形不符合要求或不小心错绘了图形，可以使用删除命令"ERASE"把其删除。

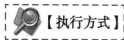
【执行方式】

- 命令行：ERASE（快捷命令：E）。
- 菜单栏：选择菜单栏中的"修改"→"删除"命令。
- 工具栏：单击"修改"工具栏中的"删除"按钮✐。
- 功能区：单击"默认"选项卡"修改"面板中的"删除"按钮✐。
- 快捷菜单：选择要删除的对象，在绘图区右击，选择快捷菜单中的"删除"命令。

可以先选择对象再调用删除命令，也可以先调用删除命令再选择对象。选择对象时可以使用前面介绍的对象选择的各种方法。

当选择多个对象时，多个对象都被删除；若选择的对象属于某个对象组，则该对象组中的所有对象都被删除。

提示与点拨

在绘图过程中，如果出现了绘制错误或绘制了不满意的图形，需要删除，可以单击"标准"工具栏中的"放弃"按钮⇦ ▾，也可以按 Delete 键，命令行提示"_erase"。删除命令可以一次删除一个或多个图形。如果删除错误，可以利用"放弃"按钮⇦ ▾来补救。

4.2.2　恢复对象

若不小心误删了图形，可以使用恢复命令"OOPS"恢复误删的图形。

【执行方式】

命令行：OOPS 或 U。

工具栏：单击"标准"工具栏中的"放弃"按钮⇦ ▾。

快捷键：按 Ctrl+Z 键。

4.2.3　清除对象

此命令与删除命令的功能完全相同。

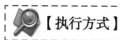
【执行方式】

- 快捷键：按 Delete 键。

执行上述操作后，命令行提示如下：

选择对象：(选择要清除的对象，按 Enter 键执行清除命令)

4.3　复制编辑对象

本节将详细介绍 AutoCAD 2024 的复制类命令。

4.3.1　复制对象

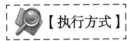【执行方式】

- 命令行：COPY（快捷命令：CO）。
- 菜单栏：选择菜单栏中的"修改"→"复制"命令。
- 工具栏：单击"修改"工具栏中的"复制"按钮 。
- 功能区：单击"默认"选项卡"修改"面板中的"复制"按钮 。
- 快捷菜单：右击要复制的对象，选择快捷菜单中的"复制选择"命令。

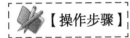【操作步骤】

命令行提示与操作如下：

命令：COPY ✓

选择对象：(选择要复制的对象)

用前面介绍的对象选择方法选择一个或多个对象，按 Enter 键结束选择，命令行提示如下：

当前设置：复制模式 = 多个

指定基点或 [位移 (D)/ 模式 (O)] < 位移 >：(指定基点或位移)

指定第二个点或 [阵列 (A)] < 使用第一个点作为位移 >：

指定第二个点或 [阵列 (A)/ 退出 (E)/ 放弃 (U)] < 退出 >：

【选项说明】

（1）指定基点　指定一个坐标点后，AutoCAD 系统把该点作为复制对象的基点，命令行提示"指定位移的第二点或 < 用第一点作位移 >："。在指定第二个点后，系统将根据这两点确定的位移矢量把选择的对象复制到第二点处。如果此时直接按 Enter 键，即选择默认的"用第一点作位移"，则第一个点被当作相对于 X、Y、Z 的位移。例如，如果指定基点为（2，3），并在下一个提示下按 Enter 键，则该对象从它当前的位置开始在 X 方向上移动 2 个单位，在 Y 方向上移动 3 个单位。复制完成后，命令行提示"指定位移的第二点："。这时，可以不断指定新的第二点，从而实现多重复制。

（2）位移（D）　直接输入位移值，表示以选择对象时的拾取点为基准，以拾取点坐标为移动方向，按纵横比移动指定位移后确定的点为基点。例如，选择对象时拾取点坐标为（2，3），输入位移为 5，则表示以点（2，3）为基准，沿纵横比为 3：2 的方向移动 5 个单位所确定的点为基点。

（3）模式（O）　控制是否自动重复该命令。该设置由 COPYMODE 系统变量控制。

4.3.2 实例——办公桌的绘制

绘制如图 4-5 所示的办公桌。

图 4-5　办公桌

1）单击"默认"选项卡"绘图"面板中的"矩形"按钮 □，绘制矩形，如图 4-6 所示。

2）单击"默认"选项卡"绘图"面板中的"矩形"按钮 □，在适当的位置绘制一系列的矩形，结果如图 4-7 所示。

3）单击"默认"选项卡"绘图"面板中的"矩形"按钮 □，在适当的位置绘制一系列的矩形，结果如图 4-8 所示。

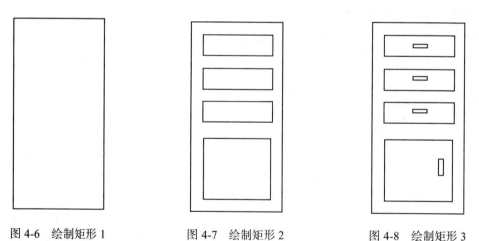

图 4-6　绘制矩形 1　　　　　图 4-7　绘制矩形 2　　　　　图 4-8　绘制矩形 3

4）单击"默认"选项卡"绘图"面板中的"矩形"按钮 □，在适当的位置绘制一矩形，结果如图 4-9 所示。

5）单击"默认"选项卡"修改"面板中的"复制"按钮 ⅔，将办公桌左边的一系列矩形复制到右边，完成办公桌的绘制。命令行提示与操作如下：

命令：_copy

选择对象：(选择左边的一系列矩形)

选择对象：↙

指定基点或 [位移 (D)] < 位移 >: (选择最外面的矩形与桌面的交点)

指定第二个点或 < 使用第一个点作为位移 >: (选择放置矩形的位置)

指定第二个点或 < 使用第一个点作为位移 >: ✓

  结果如图 4-5 所示。

图 4-9 绘制矩形 4

4.3.3 镜像对象

    镜像命令是指把选择的对象以一条镜像线为轴做对称复制。镜像操作完成后，可以保留源对象，也可以将其删除。

【执行方式】

- 命令行：MIRROR（快捷命令：MI）。
- 菜单栏：选择菜单栏中的"修改"→"镜像"命令。
- 工具栏：单击"修改"工具栏中的"镜像"按钮△。
- 功能区：单击"默认"选项卡"修改"面板中的"镜像"按钮△。

【操作步骤】

    命令行提示与操作如下：

命令：MIRROR ✓

选择对象：(选择要镜像的对象)

指定镜像线的第一点：(指定镜像线的第一个点)

指定镜像线的第二点：(指定镜像线的第二个点)

要删除源对象吗？ [是 (Y)/ 否 (N)] < 否 >: (确定是否删除源对象)

    选择两点确定一条镜像线，被选择的对象以该直线为对称轴进行镜像。包含该直线的镜像平面与用户坐标系的 XY 平面垂直，即镜像操作在与用户坐标系的 XY 平面平行的平面上。

    图 4-10 所示为利用"镜像"命令绘制的办公桌。读者可以比较用"复制"命令（见图 4-5）和用"镜像"命令绘制的办公桌有何异同。

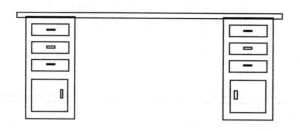

图 4-10　利用"镜像"命令绘制的办公桌

4.3.4　实例——整流桥电路的绘制

本例将利用直线命令绘制二极管及一侧导线，再利用镜像功能绘制完成如图 4-11 所示的整流桥电路。

1）绘制导线。单击"默认"选项卡"绘图"面板中的"直线"按钮╱，绘制一条 45° 斜直线，如图 4-12 所示。

2）绘制二极管。

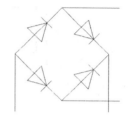

图 4-11　绘制整流桥电路

① 单击"默认"选项卡"绘图"面板中的"多边形"按钮⬠，绘制一个三角形，捕捉斜线中点为三角形中心，并指定三角形一个顶点在斜线上，如图 4-13 所示。

图 4-12　绘制斜线　　　　　　　　　图 4-13　绘制三角形

② 单击"默认"选项卡"绘图"面板中的"直线"按钮╱，单击状态栏上的"对象捕捉追踪"按钮，捕捉三角形在斜线上的顶点为端点，绘制一条与斜线垂直的短直线，完成二极管符号的绘制，如图 4-14 所示。

3）镜像二极管。

① 单击"默认"选项卡"修改"面板中的"镜像"按钮⚐，命令行提示与操作如下：

命令：_mirror
选择对象：(选择刚绘制的二极管)
选择对象：✓
指定镜像线的第一点：(捕捉斜线下端点)
指定镜像线的第二点：(指定水平方向任意一点)
要删除源对象吗？ [是 (Y)/ 否 (N)] < 否 >：✓

结果如图 4-15 所示。

图 4-14　二极管符号

图 4-15　镜像二极管

② 单击"默认"选项卡"修改"面板中的"镜像"按钮 ⚊，以过图 4-15 中斜线 1 中点并与本斜线垂直的直线为镜像轴，不删除源对象，将左上角二极管符号进行镜像。采用同样方法，以过斜线 2 中点并与本斜线垂直的直线为镜像轴，不删除源对象，将左下角二极管符号进行镜像，结果如图 4-16 所示。

4）单击"默认"选项卡"绘图"面板中的"直线"按钮 ⁄，绘制 4 条导线，结果如图 4-11 所示。

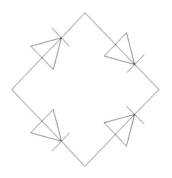

图 4-16　再次镜像二极管

4.3.5　偏移对象

偏移命令是指保持选择对象的形状、在不同的位置以不同尺寸大小新建一个对象。

【执行方式】

- 命令行：OFFSET（快捷命令：O）。
- 菜单栏：选择菜单栏中的"修改"→"偏移"命令。
- 工具栏：单击"修改"工具栏中的"偏移"按钮 ⚊。
- 功能区：单击"默认"选项卡"修改"面板中的"偏移"按钮 ⚊。

【操作步骤】

命令行提示与操作如下：

命令：OFFSET ↙
当前设置：删除源 = 否　图层 = 源　OFFSETGAPTYPE=0
指定偏移距离或 [通过 (T)/ 删除 (E)/ 图层 (L)] < 通过 >:（指定偏移距离值）
选择要偏移的对象，或 [退出 (E)/ 放弃 (U)] < 退出 >:（选择要偏移的对象，按 Enter 键结束操作）
指定要偏移的那一侧上的点，或 [退出 (E)/ 多个 (M)/ 放弃 (U)] < 退出 >:（指定偏移方向）
选择要偏移的对象，或 [退出 (E)/ 放弃 (U)] < 退出 >:

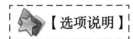【选项说明】

（1）指定偏移距离　输入一个距离值，或按 Enter 键使用当前的距离值，系统把该距

离值作为偏移的距离，如图 4-17a 所示。

（2）通过（T） 指定偏移的通过点。选择该选项后，命令行提示如下：

选择要偏移的对象或 < 退出 >:(选择要偏移的对象, 按 Enter 键结束操作)

指定通过点 :(指定偏移对象的一个通过点)

执行上述操作后，系统会根据指定的通过点绘制出偏移对象，如图 4-17b 所示。

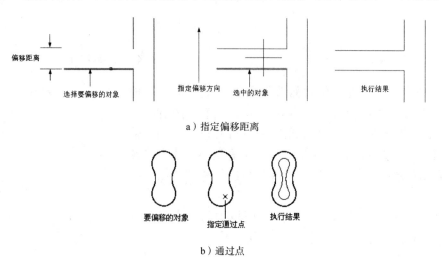

a）指定偏移距离

b）通过点

图 4-17 偏移选项说明 1

（3）删除（E） 偏移源对象后将其删除，如图 4-18a 所示。选择该项后，命令行提示如下：

要在偏移后删除源对象吗？ [是 (Y)/ 否 (N)] < 否 >:

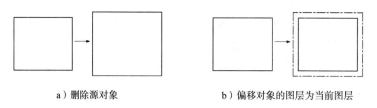

a）删除源对象 　　　　　　b）偏移对象的图层为当前图层

图 4-18 偏移选项说明 2

（4）图层（L） 确定将偏移对象创建在当前图层上还是源对象所在的图层上。即选择该选项，可以在不同图层上偏移对象。选择该项后，命令
行提示如下：

输入偏移对象的图层选项 [当前 (C)/ 源 (S)] < 当前 >:

如果偏移对象的图层选择当前图层，则偏移对象的图层特性与当前图层相同，如图 4-18b 所示。

（5）多个（M） 使用当前偏移距离重复进行偏移操作，并接受附加的通过点。执行结果如图 4-19 所示。

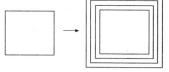

图 4-19 偏移选项说明 3

提示与点拨

　　在 AutoCAD 2024 中，可以使用"偏移"命令，对指定的直线、圆弧、圆等对象做定距离偏移复制操作。在实际应用中，常利用"偏移"命令创建平行线或等距离分布图形，效果与"阵列"相同。默认情况下，要偏移复制对象，需要先指定偏移距离，再选择要偏移复制的对象，然后指定偏移方向。

4.3.6　实例——挡圈的绘制

　　绘制如图 4-20 所示的挡圈。

　　1）单击"默认"选项卡"图层"面板中的"图层特性"按钮，打开"图层特性管理器"选项板，单击其中的"新建图层"按钮，新建两个图层。

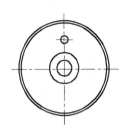

图 4-20　挡圈

　　①粗实线图层：线宽为 0.3mm，其余属性默认。

　　②中心线图层：线型为 CENTER，其余属性默认。

　　2）设置中心线图层为当前图层，单击"默认"选项卡"绘图"面板中的"直线"按钮，绘制中心线。

　　3）设置粗实线图层为当前图层，单击"默认"选项卡"绘图"面板中的"圆"按钮，绘制半径为 8 的挡圈内孔，如图 4-21 所示。

　　4）单击"默认"选项卡"修改"面板中的"偏移"按钮，偏移绘制的内孔圆。命令行提示与操作如下：

命令：_offset ↙
当前设置：删除源 = 否　图层 = 源　OFFSETGAPTYPE=0
指定偏移距离或 [通过 (T)/ 删除 (E)/ 图层 (L)] < 通过 >: 6 ↙
选择要偏移的对象，或 [退出 (E)/ 放弃 (U)] < 退出 >:（ 选择内孔圆 ）
指定要偏移的那一侧上的点，或 [退出 (E)/ 多个 (M)/ 放弃 (U)] < 退出 >:（ 在圆外侧单击 ）
选择要偏移的对象，或 [退出 (E)/ 放弃 (U)] < 退出 >: ↙

　　采用相同的方法，分别指定偏移距离为 38 和 40，以初始绘制的内孔圆为对象，向外偏移复制该圆，结果如图 4-22 所示。

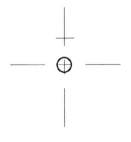

图 4-21　绘制内孔

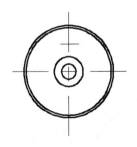

图 4-22　绘制轮廓线

5）单击"默认"选项卡"绘图"面板中的"圆"按钮⊙，绘制半径为 4 的小孔，结果如图 4-20 所示。

4.3.7 阵列对象

阵列是指多重复制选择对象并把这些副本按矩形、路径或环形排列。把副本按矩形排列称为建立矩形阵列，把副本按路径排列称为建立路径阵列，把副本按环形排列称为建立环形阵列。

AutoCAD 2024 提供了"ARRAY"命令创建阵列，用该命令可以创建矩形阵列、环形阵列和旋转的矩形阵列。

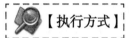
【执行方式】

- 命令行：ARRAY（快捷命令：AR）。
- 菜单栏：选择菜单栏中的"修改"→"阵列"命令。
- 工具栏：单击"修改"工具栏中的"矩形阵列"按钮▦、"路径阵列"按钮◌◌ 和"环形阵列"按钮◌◌。
- 功能区：单击"默认"选项卡"修改"面板中的"矩形阵列"按钮▦、"路径阵列"按钮◌◌ 和"环形阵列"按钮◌◌。

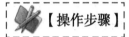
【操作步骤】

命令：ARRAY ↙

选择对象：(使用对象选择方法)

输入阵列类型 [矩形 (R)/ 路径 (PA)/ 极轴 (PO)]< 矩形 >：PA ↙

类型 = 路径 关联 = 是

选择路径曲线：(使用一种对象选择方法)

选择夹点以编辑阵列或 [关联 (AS)/ 方法 (M)/ 基点 (B)/ 切向 (T)/ 项目 (I)/ 行 (R)/ 层 (L)/ 对齐项目 (A)/ z 方向 (Z)/ 退出 (X)]< 退出 >：(指定项目数或输入选项)

指定基点或 [关键点 (K)]< 路径曲线的终点 >：(指定基点或输入选项)

选择夹点以编辑阵列或 [关联 (AS)/ 方法 (M)/ 基点 (B)/ 切向 (T)/ 项目 (I)/ 行 (R)/ 层 (L)/ 对齐项目 (A)/ z 方向 (Z)/ 退出 (X)]< 退出 >：(按 Enter 键或选择选项)

指定沿路径的项目之间的距离或 [表达式 (E)] <127.2367>：(指定距离或输入选项)

最大项目数 = 15

指定项目数或 [填写完整路径 (F)/ 表达式 (E)] <15>：(指定项目数)

选择夹点以编辑阵列或 [关联 (AS)/ 方法 (M)/ 基点 (B)/ 切向 (T)/ 项目 (I)/ 行 (R)/ 层 (L)/ 对齐项目 (A)/ z 方向 (Z)/ 退出 (X)]< 退出 >：(按 Enter 键或选择选项)

【选项说明】

（1）表达式（E） 使用数学公式或方程式获取值。

（2）基点（B） 指定阵列的基点。

（3）关键点（K） 对于关联阵列，在源对象上指定有效的约束点（或关键点）以用作

基点。如果编辑生成的阵列的源对象，阵列的基点保持与源对象的关键点重合。

（4）方法（M） 控制如何沿路径分布项目。

（5）关联（AS） 指定是否在阵列中创建项目作为关联阵列对象，或作为独立对象。

（6）项目（I） 编辑阵列中的项目数。

（7）行（R） 指定阵列中的行数和行间距，以及它们之间的增量标高。

（8）层（L） 指定阵列中的层数和层间距。

（9）对齐项目（A） 指定是否对齐每个项目以与路径的方向相切。对齐相对于第一个项目的方向。

（10）z方向（Z） 控制是否保持项目的原始Z方向或沿三维路径自然倾斜项目。

（11）退出（X） 退出命令。

 提示与点拨

阵列在平面作图时有三种方式，即矩形阵列、路径阵列和环形（圆形）阵列。对于矩形阵列，可以控制行和列的数目以及它们之间的距离。对于路径阵列，可以沿整个路径或部分路径平均分布对象副本。对于环形阵列，可以控制对象副本的数目并决定是否旋转副本。

4.3.8 实例——影碟机的绘制

本例绘制的影碟机如图4-23所示。

图4-23 影碟机

1）单击"默认"选项卡"绘图"面板中的"矩形"按钮 □，指定角点坐标为｛（0，15），（396，107）｝、｛（19.1，0），（59.3，15）｝、｛（336.8，0），（377，15）｝，绘制3个矩形，结果如图4-24所示。

2）单击"默认"选项卡"绘图"面板中的"矩形"按钮 □，指定角点坐标为｛（15.3，86），（28.7，93.7）｝、｛（166.5，45.9），（283.2，91.8）｝、｛（55.5，66.9），（88，70.7）｝，绘制3个矩形，结果如图4-25所示。

图4-24 绘制矩形1

图4-25 绘制矩形2

3）单击"默认"选项卡"修改"面板中的"矩形阵列"按钮 品，设置阵列对象为第 2 步中绘制的第二个矩形、"行数"为 2、"列数"为 2、"行间距"为 9.6、"列间距"为 47.8。结果如图 4-26 所示。

4）单击"默认"选项卡"绘图"面板中的"圆"按钮 ⊙，指定圆心为（30.6，36.3）、半径 6，绘制一个圆。

5）单击"默认"选项卡"绘图"面板中的"圆"按钮 ⊙，指定圆心为（338.7，72.6）、半径 23，绘制一个圆，结果如图 4-27 所示。

图 4-26　阵列处理　　　　　　　　　　　　　　　图 4-27　绘制圆

6）单击"默认"选项卡"修改"面板中的"矩形阵列"按钮 品，设置阵列对象为第 4 步中绘制的圆、"行数"为 1、"列数"为 5、"列间距"为 23。结果如图 4-23 所示。

4.4　改变对象位置

改变对象位置类编辑命令可按照指定要求改变当前图形或图形中某部分的位置，主要包括移动、旋转和缩放命令。

4.4.1　旋转对象

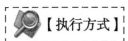【执行方式】

- 命令行：ROTATE（快捷命令：RO）。
- 菜单栏：选择菜单栏中的"修改"→"旋转"命令。
- 工具栏：单击"修改"工具栏中的"旋转"按钮 ⟳。
- 功能区：单击"默认"选项卡"修改"面板中的"旋转"按钮 ⟳。
- 快捷菜单：选择要旋转的对象，在绘图区右击，选择快捷菜单中的"旋转"命令。

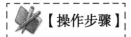【操作步骤】

命令行提示与操作如下：

命令：ROTATE ✓
UCS 当前的正角方向：ANGDIR= 逆时针　ANGBASE=0
选择对象：(选择要旋转的对象)
指定基点：(指定旋转基点，在对象内部指定一个坐标点)
指定旋转角度，或 [复制 (C)/ 参照 (R)] <0>:(指定旋转角度或其他选项)

【选项说明】

（1）复制（C）　选择该选项，则在完成旋转对象后保留原对象，如图 4-28 所示。

a）旋转前 　　　　　　　　　　　　　b）旋转后

图4-28 复制旋转

（2）参照（R） 采用"参照"方式旋转对象时，命令行提示与操作如下：

指定参照角 <0>:(指定要参照的角度，默认值为 0)

指定新角度或 [点 (P)] <0>:(输入旋转后的角度值)

操作完毕后，对象被旋转指定的角度。

 提示与点拨

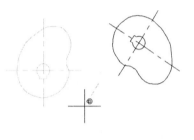

可以用拖动鼠标的方法旋转对象，如图4-29
所示。选择对象并指定基点后，从基点到当前光标
位置会出现一条连线，拖动鼠标，选择的对象会动
态地随着该连线与水平方向夹角的变化而旋转，按
Enter 键确认旋转操作。

图4-29 拖动鼠标旋转对象

4.4.2 实例——曲柄的绘制

绘制如图4-30所示的曲柄。

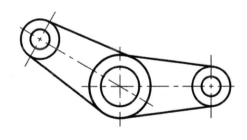

图4-30 曲柄

1）选择菜单栏中的"格式"→"图层"命令，新建两个图层。中心线图层：线型为
CENTER，其余属性采用默认；粗实线图层：线宽为 0.30mm，其余属性采用默认。

2）将中心线图层设置为当前图层。单击"默认"选项卡"绘图"面板中的"直线"
按钮 ／，设置坐标分别为 {（100，100），（180，100）} 和 {（120，120），（120，80）}，
绘制中心线，结果如图4-31所示。

3）单击"默认"选项卡"修改"面板中的"偏移"按钮 ⊂，设置偏移距离为48，绘

制另一条中心线，结果如图 4-32 所示。

4）转换到粗实线图层。单击"默认"选项卡"绘图"面板中的"圆"按钮 ⊙，以水平中心线与左边竖直中心线交点为圆心，分别以 32 和 20 为直径绘制同心圆，再以水平中心线与右边竖直中心线交点为圆心，分别以 20 和 10 为直径绘制同心圆，结果如图 4-33 所示。

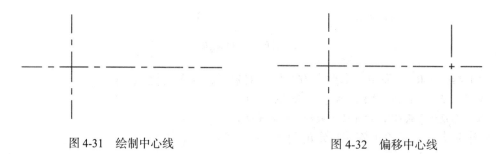

图 4-31　绘制中心线　　　　　　　　　　　　图 4-32　偏移中心线

5）单击"默认"选项卡"绘图"面板中的"直线"按钮 ╱，分别捕捉左、右外圆的切点为端点，绘制上、下两条切线，结果如图 4-34 所示。

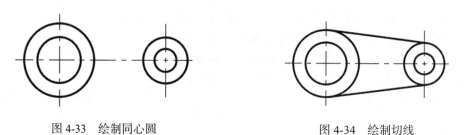

图 4-33　绘制同心圆　　　　　　　　　　　　图 4-34　绘制切线

6）单击"默认"选项卡"修改"面板中的"旋转"按钮 ↻，将所绘制的图形进行复制旋转。命令行提示与操作如下：

命令：_rotate
UCS 当前的正角方向：　ANGDIR= 逆时针　ANGBASE=0
选择对象：(选择图形中要旋转的部分，如图 4-35 所示)
找到 1 个，总计 6 个
选择对象：✓
指定基点：_int 于 (捕捉左边中心线的交点)
指定旋转角度，或 [复制 (C)/ 参照 (R)] <0>:C ✓
旋转一组选定对象。
指定旋转角度，或 [复制 (C)/ 参照 (R)] <0>: 150 ✓
结果如图 4-30 所示。

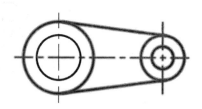

图 4-35　选择复制对象

4.4.3　移动对象

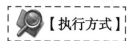【执行方式】

● 命令行：MOVE（快捷命令：M）。

- 菜单栏：选择菜单栏中的"修改"→"移动"命令。
- 工具栏：单击"修改"工具栏中的"移动"按钮✛。
- 功能区：单击"默认"选项卡"修改"面板中的"移动"按钮✛。
- 快捷菜单：选择要复制的对象，在绘图区右击，选择快捷菜单中的"移动"命令。

【操作步骤】

命令行提示与操作如下：

命令：MOVE ↙

选择对象：(用前面介绍的选择对象方法选择要移动的对象，按 Enter 键结束选择)

指定基点或位移：(指定基点或位移)

指定基点或 [位移 (D)] < 位移 >：(指定基点或位移)

指定第二个点或 < 使用第一个点作为位移 >：

"移动"命令选项的含义与"复制"命令类似。

4.4.4   实例——餐厅桌椅的绘制

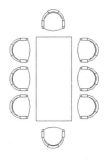

绘制如图 4-36 所示的餐厅桌椅。

1）单击"默认"选项卡"绘图"面板中的"矩形"按钮 ▢，绘制长方形桌面，如图 4-37 所示。

2）单击"默认"选项卡"绘图"面板中的"圆弧"按钮 ⌒，绘制椅子造型前端弧线的一半，如图 4-38 所示。

3）单击"默认"选项卡"绘图"面板中的"矩形"按钮 ▢ 和"直线"按钮 ╱，绘制椅子扶手部分，即弧线上的矩形，如图 4-39 所示。

图 4-36   餐厅桌椅

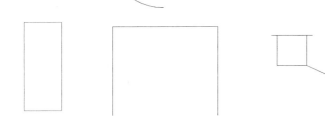

图 4-37   绘制桌面   图 4-38   绘制前端弧线   图 4-39   绘制弧线上的矩形

4）单击"默认"选项卡"绘图"面板中的"多段线"按钮 ⌐，根据扶手的大概位置绘制稍大的近似矩形，如图 4-40 所示。

5）单击"默认"选项卡"绘图"面板中的"圆弧"按钮 ⌒ 和"修改"工具栏中的"偏移"按钮 ⊑，绘制椅子弧线靠背，如图 4-41 所示。

6）单击"默认"选项卡"绘图"面板中的"直线"按钮 ╱ 和"修改"工具栏中的"偏移"按钮 ⊑，绘制椅子背部，如图 4-42 所示。

7）单击"默认"选项卡"绘图"面板中的"圆弧"按钮 ⌒，在靠背造型内侧绘制弧线，以使得椅子更加逼真，如图 4-43 所示。

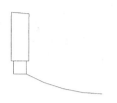

图 4-40 绘制矩形

图 4-41 绘制弧线靠背

图 4-42 绘制椅子背部

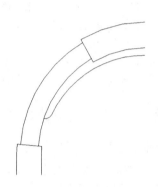

图 4-43 绘制内侧弧线

8）单击"默认"选项卡"修改"面板中的"镜像"按钮◢◣，通过镜像得到整个椅子造型，如图 4-44 所示。

9）单击"默认"选项卡"修改"面板中的"移动"按钮✛，调整椅子与餐桌位置，如图 4-45 所示。

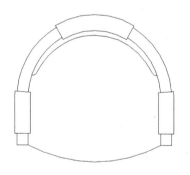

图 4-44 得到椅子造型

图 4-45 调整椅子与餐桌位置

10）单击"默认"选项卡"修改"面板中的"镜像"按钮◢◣，镜像生成餐桌另外一端对称的椅子，如图 4-46 所示。

11）单击"默认"选项卡"修改"面板中的"复制"按钮❏，复制一个椅子造型，如图 4-47 所示。

图 4-46　镜像椅子　　　　　　　　　　　图 4-47　复制椅子

12）单击"默认"选项卡"修改"面板中的"旋转"按钮 ⟳，将刚复制的椅子以椅子的中心点为基点旋转 90°，如图 4-48 所示。

13）单击"默认"选项卡"修改"面板中的"复制"按钮 ⟳，通过复制生成餐桌一侧的椅子，如图 4-49 所示。

14）单击"默认"选项卡"修改"面板中的"镜像"按钮 ⧗，通过镜像生成餐桌另外一侧的椅子造型，完成整个餐桌与椅子的绘制，结果如图 4-36 所示。

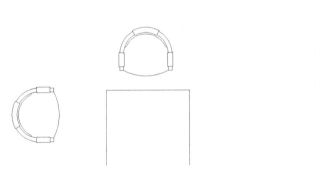

图 4-48　旋转椅子　　　　　　　　　　图 4-49　复制生成餐桌一侧的椅子

4.4.5　缩放对象

【执行方式】

- 命令行：SCALE（快捷命令：SC）。
- 菜单栏：选择菜单栏中的"修改"→"缩放"命令。
- 工具栏：单击"修改"工具栏中的"缩放"按钮 ◻。
- 功能区：单击"默认"选项卡"修改"面板中的"缩放"按钮 ◻。
- 快捷菜单：选择要缩放的对象，在绘图区右击，选择快捷菜单中的"缩放"命令。

【操作步骤】

命令行提示与操作如下：

命令：SCALE ✓

选择对象：(选择要缩放的对象)

指定基点：(指定缩放基点)

指定比例因子或 [复制 (C)/ 参照 (R)]:

【选项说明】

1）采用"参照"方式缩放对象时，命令行提示如下：

指定参照长度 <1>:(指定参照长度值)

指定新的长度或 [点 (P)] <1.0000>:(指定新长度值)

系统以指定的基点按指定的比例因子缩放对象。若新长度值大于参照长度值，则放大对象；否则，缩小对象。如果选择"点（P）"选项，则选择两点来定义新的长度。

2）可以用拖动鼠标的方法缩放对象。选择对象并指定基点后，从基点到当前光标位置会出现一条连线，线段的长度即为比例大小。拖动鼠标，选择的对象会动态地随着该连线长度的变化而缩放，按 Enter 键确认缩放操作。

3）选择"复制（C）"选项时，可以复制缩放对象，即缩放对象时保留源对象，如图 4-50 所示。

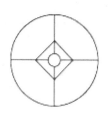

a）缩放前   b）缩放后

图 4-50 复制缩放

4.4.6 实例——紫荆花的绘制

本实例绘制的紫荆花如图 4-51 所示。

1）单击"默认"选项卡"绘图"面板中的"多段线"按钮 和"圆弧"按钮 ，绘制花瓣外框。命令行提示与操作如下：

命令：_pline

指定起点：(指定一点)

当前线宽为 0.0000

指定下一个点或 [圆弧 (A)/ 半宽 (H)/ 长度 (L)/ 放弃 (U)/ 宽度 (W)]: A ✓

指定圆弧的端点 (按住 Ctrl 键以切换方向) 或

图 4-51 紫荆花

[角度 (A)/ 圆心 (CE)/ 方向 (D)/ 半宽 (H)/ 直线 (L)/ 半径 (R)/ 第二个点 (S)/ 放弃 (U)/ 宽度 (W)]: S ✓

指定圆弧上的第二个点 : (指定第二点)

指定圆弧的端点 : (指定端点)

指定圆弧的端点 (按住 Ctrl 键以切换方向) 或

[角度 (A)/ 圆心 (CE)/ 方向 (D)/ 半宽 (H)/ 直线 (L)/ 半径 (R)/ 第二个点 (S)/ 放弃 (U)/ 宽度 (W)]: S ✓

指定圆弧上的第二个点 : (指定第二点)

指定圆弧的端点 : (指定端点)

指定圆弧的端点 (按住 Ctrl 键以切换方向) 或

[角度 (A)/ 圆心 (CE)/ 方向 (D)/ 半宽 (H)/ 直线 (L)/ 半径 (R)/ 第二个点 (S)/ 放弃 (U)/ 宽度 (W)]: D ✓

指定圆弧的起点切向 :(指定起点切向)

指定圆弧的端点 (按住 Ctrl 键以切换方向): (指定端点)

指定圆弧的端点 (按住 Ctrl 键以切换方向) 或

[角度 (A)/ 圆心 (CE)/ 闭合 (CL)/ 方向 (D)/ 半宽 (H)/ 直线 (L)/ 半径 (R)/ 第二个点 (S)/ 放弃 (U)/ 宽度 (W)]: ✓

命令 : _arc

指定圆弧的起点或 [圆心 (C)]: (指定刚绘制的多义线下端点)

指定圆弧的第二个点或 [圆心 (C)/ 端点 (E)]: (指定第二点)

指定圆弧的端点 : (指定端点)

　绘制结果如图 4-52 所示。

　2 ）单击 "默认" 选项卡 "绘图" 面板中的 "多边形" 按钮⬠和 "直线" 按钮╱，绘制五角星。命令行提示与操作如下 :

命令 : _polygon

输入侧面数 <4>: 5 ✓

指定正多边形的中心点或 [边 (E)]:(指定中心点)

输入选项 [内接于圆 (I)/ 外切于圆 (C)] <I>: ✓

指定圆的半径 :(指定半径)

命令 : _line

指定第一个点 :(指定第一点)

指定下一点或 [放弃 (U)]:(指定下一点)

指定下一点或 [放弃 (U)]:(指定下一点)

指定下一点或 [闭合 (C)/ 放弃 (U)]:(指定下一点)

指定下一点或 [闭合 (C)/ 放弃 (U)]:(指定下一点)

指定下一点或 [闭合 (C)/ 放弃 (U)]:(指定下一点)

指定下一点或 [闭合 (C)/ 放弃 (U)]:(指定下一点)

　绘制结果如图 4-53 所示。

　3 ）编辑五角星。

　①单击 "默认" 选项卡 "修改" 面板中的 "删除" 按钮，将正五边形删除。命令行提示与操作如下 :

命令 : _erase

选择对象 :(选择正五边形) 找到 1 个

选择对象 : ✓

　结果如图 4-54 所示。

　②单击 "默认" 选项卡 "修改" 面板中的 "修剪" 按钮，对五角星内部线段进行修剪，结果如图 4-55 所示。

图 4-52 绘制花瓣外框

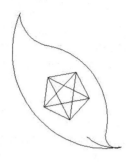
图 4-53 绘制五角星

图 4-54 删除正五边形

③ 单击"默认"选项卡"修改"面板中的"缩放"按钮，将五角星进行缩放。命令行提示与操作如下：

命令：_scale

选择对象：(框选修剪的五角星)

指定对角点：

找到 10 个

选择对象：✓

指定基点：(指定五角星斜下方凹点)

指定比例因子或 [复制 (C)/ 参照 (R)]：0.5 ✓

结果如图 4-56 所示。

图 4-55 修剪五角星

图 4-56 缩放五角星

4）单击"默认"选项卡"修改"面板中的"环形阵列"按钮，将花瓣进行环形阵列。命令行提示与操作如下：

命令：_arraypolar

选择对象：(选择绘制的花瓣)

选择对象：✓

类型 = 极轴 关联 = 是

指定阵列的中心点或 [基点 (B)/ 旋转轴 (A)]：(选择花瓣下端点外一点)

选择夹点以编辑阵列或 [关联 (AS)/ 基点 (B)/ 项目 (I)/ 项目间角度 (A)/ 填充角度 (F)/ 行 (ROW)/ 层 (L)/ 旋转项目 (ROT)/ 退出 (X)] < 退出 >：I ✓

输入阵列中的项目数或 [表达式 (E)] <6>：5 ✓

选择夹点以编辑阵列或 [关联 (AS)/ 基点 (B)/ 项目 (I)/ 项目间角度 (A)/ 填充角度 (F)/ 行 (ROW)/ 层 (L)/

旋转项目 (ROT)/ 退出 (X)] < 退出 >: F ✓

　　指定填充角度 (+= 逆时针、−= 顺时针) 或 [表达式 (EX)] <360>: 360 ✓

　　选择夹点以编辑阵列或 [关联 (AS)/ 基点 (B)/ 项目 (I)/ 项目间角度 (A)/ 填充角度 (F)/ 行 (ROW)/ 层 (L)/

旋转项目 (ROT)/ 退出 (X)] < 退出 >: ✓

　　绘制出的紫荆花图案如图 4-51 所示。

4.5　上 机 操 作

【实例 1 】绘制如图 4-57 所示的桌椅。

1. 目的要求

　　绘制该桌椅图形除了要用到基本的绘图命令外，还要用到 "环形阵列" 编辑命令。本例要求读者能够灵活掌握绘图的基本技巧，并能够巧妙利用编辑命令快速灵活地完成绘图工作。

2. 操作提示

1）利用 "圆" 和 "偏移" 命令绘制圆形餐桌。

2）利用 "直线" "圆弧" 以及 "镜像" 命令绘制椅子。

3）利用 "环形阵列" 命令阵列椅子。

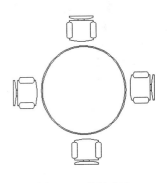

图 4-57　绘制桌椅

【实例 2 】绘制如图 4-58 所示的办公桌。

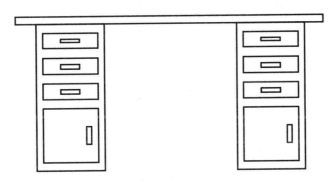

图 4-58　绘制办公桌

1. 目的要求

　　绘制该办公桌图形除了要用到基本的绘图命令外，考虑到图形对象的对称性，还要用到 "镜像" 编辑命令。本例要求读者能够灵活掌握绘图的基本技巧，掌握镜像命令的用法。

2. 操作提示

1）利用 "矩形" 命令绘制桌腿与桌面。

2）利用 "镜像" 命令复制桌腿。需要说明的是，绘制过程中没有严格的尺寸要求，只需注意比例协调即可。

【实例3】绘制如图4-59所示的门。

1. 目的要求
本实例在绘制的过程中除了用到"矩形"和"直线"绘图命令外，还要用到"偏移"命令。本例要求读者熟练掌握"偏移"命令的使用。

2. 操作提示
1）利用"矩形"命令绘制门框。
2）利用"偏移"命令向内偏移矩形。
3）利用"直线"命令绘制门棱，利用"偏移"命令向下偏移门棱。
4）利用"矩形"命令继续绘制矩形，完成门的绘制。

【实例4】绘制如图4-60所示的木格窗。

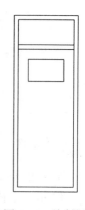

图 4-59　绘制门

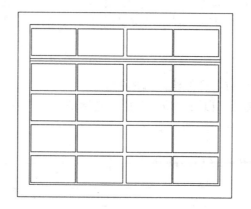

图 4-60　绘制木格窗

1. 目的要求
本实例在绘制的过程中除了用到"矩形""偏移"和"镜像"命令外，还要用到"阵列"命令。本例要求读者熟练掌握"阵列"命令的使用。

2. 操作提示
1）利用"矩形"命令以及"偏移"命令绘制图形。
2）利用"镜像"以及"阵列"命令编辑图形，完成木格窗绘制。

【实例5】绘制如图4-61所示的书柜。

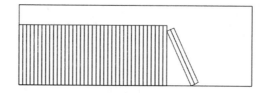

图 4-61　绘制书柜

1. 目的要求

本实例在绘制的过程中除了用到"矩形"和"阵列"命令外，还要用到"旋转"命令。本例要求读者熟练掌握"旋转"命令的使用。

2. 操作提示

1）利用"矩形"命令绘制大矩形，并以大矩形的左下角点为矩形的第一角点绘制一个小矩形。

2）利用"矩形阵列"命令阵列小矩形，设置行数为 1、列数为 40、列间距为 20mm。

3）利用"旋转"命令调整最后两个小矩形的角度，角度为 25°。

【实例 6】绘制如图 4-62 所示的门联窗。

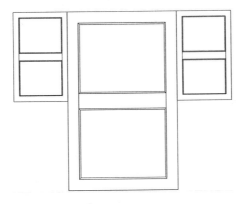

图 4-62　绘制门联窗

1. 目的要求

本实例在绘制的过程中除了用到"矩形""直线""偏移""复制"和"镜像"命令外，还要用到"缩放"命令。本例要求读者熟练掌握"缩放"命令的使用。

2. 操作提示

1）利用"矩形"命令绘制矩形，然后利用"偏移"命令将矩形向内偏移。

2）利用"直线"命令绘制直线，直线的两个端点与小矩形的上侧边重合。

3）利用"偏移"命令偏移直线，向下偏移 5 次。

4）利用"直线"命令绘制直线，以偏移得到的矩形的左上、下两角点分别为起点，绘制两条竖直线。

5）利用"偏移"命令偏移直线，将上面的竖直线向右偏移。

6）利用"直线"命令绘制斜线。

7）利用"复制"命令复制门。

8）利用"缩放"命令缩放门，比例因子为 0.5，生成窗。

9）利用"镜像"命令镜像窗。

第5章 文字与表格

知识导引

文字注释是工程图中很重要的一部分内容，在进行设计时，通常不仅要绘出图形，还要在图形中标注一些对图形对象加以说明的文字，如技术要求、注释说明等。AutoCAD 提供了多种写入文字的方法。图表在工程图中也有大量的应用，如明细栏、参数表和标题栏等。AutoCAD 图表功能使绘制图表变得方便快捷。

本章主要讲述文字的标注与图表的绘制。

 内容要点

- ➤ 文本样式
- ➤ 文本标注
- ➤ 文本编辑
- ➤ 表格

5.1 文 本 样 式

所有 AutoCAD 图形中的文字都有与其相对应的文本样式。当输入文字对象时，Auto-CAD 使用当前设置的文本样式。文本样式是用来控制文字基本形状的一组设置。AutoCAD 2024 提供了"文字样式"对话框，通过这个对话框可以方便直观地设置需要的文本样式，或是对已有样式进行修改。

 【执行方式】

- ● 命令行：STYLE（快捷命令：ST）或 DDSTYLE。
- ● 菜单栏：选择菜单栏中的"格式"→"文字样式"命令。
- ● 工具栏：单击"文字"工具栏中的"文字样式"按钮**A**。
- ● 功能区：单击"默认"选项卡"注释"面板中的"文字样式"按钮**A**。

执行上述操作后，系统打开"文字样式"对话框，如图 5-1 所示。

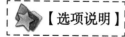 【选项说明】

（1）"样式"列表框 用于列出所有已设定的文字样式名或对已有样式名进行相关操作。单击"新建"按钮，系统打开如图 5-2 所示的"新建文字样式"对话框。在该对话框中可以为新建的文字样式输入名称。从"样式"列表框中选中要改名的文本样式右击，选择快捷菜单中的"重命名"命令，如图 5-3 所示，可以为所选文本样式输入新的名称。

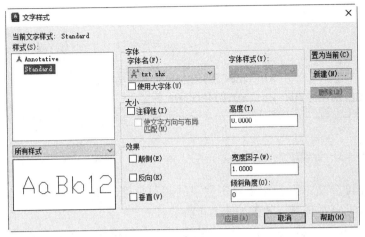

图 5-1 "文字样式"对话框

图 5-2 "新建文字样式"对话框

图 5-3 快捷菜单

（2）"字体"选项组 用于确定字体样式。文字的字体确定字符的形状，在 AutoCAD 中，除了它固有的 SHX 形状字体文件外，还可以使用 TrueType 字体（如宋体、楷体、italley 等）。一种字体可以设置不同的效果，从而被多种文本样式使用，如图 5-4 所示就是同一种字体（宋体）的不同样式。

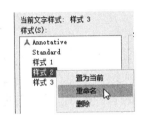

图 5-4 同一字体的不同样式

（3）"大小"选项组 用于确定文本样式使用的字体文件、字体风格及字高。"高度"文本框用来设置创建文字时的固定字高，在用 TEXT 命令输入文字时，AutoCAD 不再提示输入字高参数。如果在此文本框中设置字高为 0，系统会在每一次创建文字时提示输入字高，所以如果不想固定字高，就可以把"高度"文本框中的数值设置为 0。

（4）"效果"选项组

1）"颠倒"复选框：勾选该复选框，表示将文本文字倒置标注，如图 5-5a 所示。

2）"反向"复选框：确定是否将文本文字反向标注。反向标注如图 5-5b 所示。

3）"垂直"复选框：确定文本是水平标注还是垂直标注。勾选该复选框时为垂直标注，否则为水平标注。垂直标注如图 5-6 所示。

4）"宽度因子"文本框：设置宽度系数，确定文本字符的宽高比。当此系数为 1 时，表示将按字体文件中定义的宽高比标注文字。当此系数小于 1 时，字会变窄。当此系数大于 1 时，字会变宽。图 5-4 所示为在不同系数下标注的文本文字。

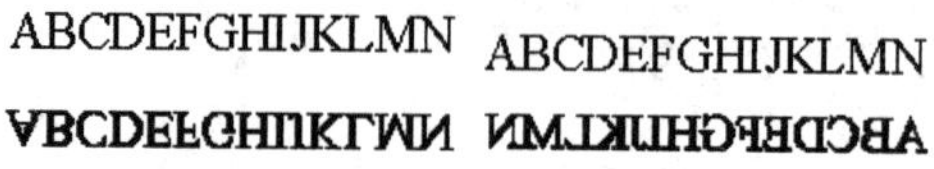

ABCDEFGHIJKLMN ABCDEFGHIJKLMN

ABCDEFGHIJKLMN ABCDEFGHIJKLMN

abcd

a

b

c

d

a)   b)

图 5-5   文字倒置标注与反向标注   图 5-6   垂直标注文字

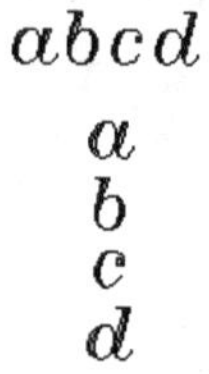

5）"倾斜角度"文本框：用于确定文字的倾斜角度。角度为 0 时不倾斜，为正数时向右倾斜，为负数时向左倾斜，效果如图 5-4 所示。

（5）"应用"按钮   确认对文字样式的设置。在创建新的文字样式或对现有文字样式的某些特征进行修改后，需要单击此按钮确认所做的改动。

5.2 文 本 标 注

在绘制图形的过程中，文字传递了很多设计信息，它可能是一个很复杂的说明，也可能是一个简短的文字信息。当需要文字标注的文本不太长时，可以利用 TEXT 命令创建单行文本；当需要标注很长、很复杂的文字信息时，可以利用 MTEXT 命令创建多行文本。

5.2.1 单行文本标注

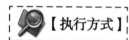【执行方式】

- 命令行：TEXT。
- 菜单：选择菜单栏中的"绘图"→"文字"→"单行文字"命令。
- 工具栏：单击"文字"工具栏中的"单行文字"按钮 A。
- 功能区：单击"默认"选项卡"注释"面板中的"单行文字"按钮 A 或单击"注释"选项卡"文字"面板中的"单行文字"按钮 A。

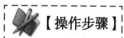【操作步骤】

命令行提示与操作如下：

命令：TEXT ✓
当前文字样式："样式 3" 文字高度：2.5000 注释性：否 对正：左
指定文字的起点或 [对正 (J)/样式 (S)]:

【选项说明】

（1）指定文字的起点   在此提示下可直接在绘图区选择一点作为输入文本的起始点。命令行提示如下：

指定高度 <0.2000>:(确定文字高度)

指定文字的旋转角度 <0>:(确定文本行的倾斜角度)

执行上述命令后，即可在指定位置输入文本文字。输入文字后按 Enter 键，可另起一行继续输入文字，按两次 Enter 键可退出 TEXT 命令。可见，TEXT 命令也可创建多行文本，只是这种多行文本每一行是一个对象，不能对多行文本同时进行操作。

 提示与点拨

只有当前文本样式中设置的字符高度为 0，在使用 TEXT 命令时，系统才会出现要求用户确定字符高度的提示。AutoCAD 允许将文本行倾斜排列，如图 5-7 所示为倾斜角度分别是 0°、45° 和 -45° 时的排列效果。可通过在"指定文字的旋转角度 <0>"提示下输入文本行的倾斜角度或在绘图区拖拽出一条直线来指定倾斜角度。

图 5-7 文本行倾斜排列的效果

（2）对正（J） 在"指定文字的起点或 [对正（J）/ 样式（S）]"提示下输入"J"，可确定文本的对齐方式。对齐方式决定文本的哪部分与所选插入点对齐。选择此选项后，命令行提示如下：

输入选项 [左 (L)/ 居中 (C)/ 右 (R)/ 对齐 (A)/ 中间 (M)/ 布满 (F)/ 左上 (TL)/ 中上 (TC)/ 右上 (TR)/ 左中 (ML)/ 正中 (MC)/ 右中 (MR)/ 左下 (BL)/ 中下 (BC)/ 右下 (BR)]:

在此提示下可选择一个选项作为文本的对齐方式。当文本文字水平排列时，AutoCAD 为标注的文本文字定义了如图 5-8 所示的顶线、中线、基线和底线，文本的对齐方式如图 5-9 所示（图中大写字母对应上述提示中各命令）。下面以"对齐"方式为例进行简要说明。

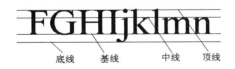

图 5-8 文本行的底线、基线、中线和顶线

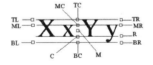

图 5-9 文本的对齐方式

选择"对齐（A）"选项，要求用户指定文本行基线的起始点与终止点的位置。命令行提示与操作如下：

指定文字基线的第一个端点:(指定文本行基线的起点位置)

指定文字基线的第二个端点:(指定文本行基线的终点位置)

输入文字:(输入文本文字 , 按 Enter 键)

输入文字:↙

执行上述操作后，输入的文本文字均匀地分布在指定的两点之间。如果两点间的连线不水平，则文本行倾斜放置，倾斜角度由两点间的连线与 X 轴夹角确定；字高、字宽根据两点间的距离、字符的多少以及文本样式中设置的宽度因子自动确定。指定了两点之后，每行输入的字符越多，字宽和字高就越小。其他选项与"对齐"类似，此处不再赘述。

实际绘图时，有时需要标注一些特殊字符，如直径符号、上划线或下划线、温度符号

等。这些符号不能直接从键盘上输入，为此 AutoCAD 提供了一些控制码来实现这些特殊字符的标注。控制码用两个百分号（%%）加一个字符构成，常用的控制码见表 5-1。

表 5-1　AutoCAD 常用控制码

控制码	标注的特殊字符	控制码	标注的特殊字符
%%O	上划线	\u+0278	电相位
%%U	下划线	\u+E101	流线
%%D	"度"符号（°）	\u+2261	标识
%%P	正负符号（±）	\u+E102	界碑线
%%C	直径符号（ϕ）	\u+2260	不相等（≠）
%%%	百分号（%）	\u+2126	欧姆（Ω）
\u+2248	约等于（≈）	\u+03A9	欧米加（Ω）
\u+2220	角度（∠）	\u+214A	低界线
\u+E100	边界线	\u+2082	下标 2
\u+2104	中心线	\u+00B2	上标 2
\u+0394	差值		

其中，%%O 和 %%U 分别是上划线和下划线的开始和终止符号，第一次出现此符号开始画上划线和下划线，第二次出现此符号则上划线和下划线终止。例如，输入"I want to %%U go to Beijing%%U."，结果如图 5-10a 所示；输入"50%%D+%%C75%%P12"，结果如图 5-10b 所示。

a)　　　　　　　　　b)

图 5-10　文本行

利用 TEXT 命令可以创建一个或若干个单行文本，即此命令可以用来标注多行文本。在"输入文字"提示下输入一行文本文字后按 Enter 键，命令行继续提示"输入文字"，用户可输入第二行文本文字，依此类推，直到文本文字全部输入完毕。完成文本输入后，可在此提示下按两次 Enter 键，结束文本输入命令。每一次按 Enter 键可结束一个单行文本的输入。每一个单行文本是一个对象，可以单独修改其文本样式、字高、旋转角度和对齐方式等。

用 TEXT 命令创建文本时，在命令行中输入的文字同时显示在绘图区，而且在创建过程中可以随时改变文本的位置。移动光标到新的位置单击，将结束当前行的输入，随后输入的文字将显示在新的文本位置。用这种方法可以把多行文本标注到绘图区的不同位置。

5.2.2 多行文本标注

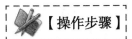

- 命令行：MTEXT（快捷命令：T 或 MT）。
- 菜单栏：选择菜单栏中的"绘图"→"文字"→"多行文字"命令。
- 工具栏：单击"绘图"工具栏中的"多行文字"按钮 **A** 或单击"文字"工具栏中的"多行文字"按钮 **A**。
- 功能区：单击"默认"选项卡"注释"面板中的"多行文字"按钮 **A** 或单击"注释"选项卡"文字"面板中的"多行文字"按钮 **A**。

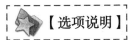

命令行提示与操作如下：

命令:MTEXT ✓

当前文字样式："样式 3" 文字高度： 2.5 注释性： 否

指定第一角点:(指定矩形框的第一个角点)

指定对角点或 [高度 (H)/ 对正 (J)/ 行距 (L)/ 旋转 (R)/ 样式 (S)/ 宽度 (W)/ 栏 (C)]:

【选项说明】

（1）指定对角点 在绘图区选择两个点作为矩形框的两个角点。AutoCAD 以指定的第一角点和该点为对角点构成一个矩形区域，其宽度即为将要标注的多行文本的宽度，第一角点即为第一行文本顶线的起点。指定对角点后，AutoCAD 打开如图 5-11 所示的"文字编辑器"选项卡和多行文字编辑器，可利用此编辑器输入多行文本文字并对其格式进行设置。关于该选项卡中各项的含义及多行文字编辑器功能，稍后再详细介绍。

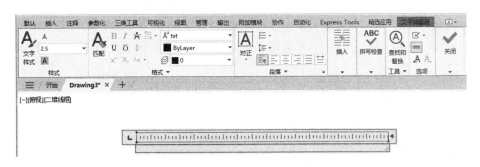

图 5-11 "文字编辑器"选项卡和多行文字编辑器

（2）对正（J） 用于确定所标注文本的对齐方式。选择此选项，命令行提示如下：

输入对正方式 [左上 (TL)/ 中上 (TC)/ 右上 (TR)/ 左中 (ML)/ 正中 (MC)/ 右中 (MR)/ 左下 (BL)/ 中下 (BC)/ 右下 (BR)] < 左上 (TL)>:

这些对齐方式与 TEXT 命令中的对齐方式相同。选择一种对齐方式后按 Enter 键，系统回到上一级提示。

（3）行距（L） 用于确定多行文本的行间距。这里所说的行间距是指相邻两文本行基线之间的垂直距离。选择此选项，命令行提示如下：

输入行距类型 [至少 (A)/ 精确 (E)] < 至少 (A)>:

在此提示中有"至少"和"精确"两种方式确定行间距。在"至少"方式下，系统根据每行文本中最大的字符自动调整行间距；在"精确"方式下，系统为多行文本赋予一个固定的行间距。可以直接输入一个确切的间距值，也可以输入"nx"的形式，其中"n"是一个具体数，表示行间距设置为单行文本高度的 n 倍，而单行文本高度是本行文本字符高度的 1.66 倍。

（4）旋转（R） 用于确定文本行的旋转角度。选择此选项，命令行提示如下：

指定旋转角度 <0>:

输入角度值后按 Enter 键，系统返回到"指定对角点或 [高度（H）/ 对正（J）/ 行距（L）/ 旋转（R）/ 样式（S）/ 宽度（W）/ 栏（C）]:"的提示。

（5）样式（S） 用于确定当前的文本文字样式。

（6）宽度（W） 用于指定多行文本的宽度。可在绘图区选择一点，与前面确定的第一个角点组成一个矩形框，以该矩形框的宽度作为多行文本的宽度，也可以输入一个数值，精确设置多行文本的宽度。

在创建多行文本时，在指定文本行的起始点和宽度后，系统会打开如图 5-11 所示的"文字编辑器"选项卡和多行文字编辑器，用户可以在该编辑器中输入和编辑多行文本，包括设置字高、文本样式以及倾斜角度等。该编辑器与 Word 编辑器界面相似。事实上该编辑器与 Word 编辑器在某些功能上趋于一致，这样既可增强多行文字的编辑功能，又能使用户熟悉和方便地使用该编辑器。

（7）栏（C） 根据栏宽、栏间距宽度和栏高组成矩形框。

下面详细介绍图 5-11 所示的"文字编辑器"选项卡和多行文字编辑器。

"文字编辑器"选项卡可用来控制文本文字的显示特性。可以在输入文本文字前设置文本的特性，也可以改变已输入的文本文字特性。要改变已有文本文字显示特性，首先应选择要修改的文本。选择文本的方式有以下 3 种：

● 将光标定位到文本文字开始处，按住鼠标左键，拖到文本末尾，可选中全部文本。

● 双击某个文字，则选中该文字。

● 单击 3 次，则选中全部内容。

该选项卡中部分选项的含义如下：

1）"文字高度"下拉列表框：用于确定文本的字符高度。可在文本编辑器中输入新的字符高度，也可从此下拉列表中选择已设定的高度值。

2）"加粗"按钮 **B** 和"斜体"按钮 *I*：用于设置加粗或斜体效果。这两个按钮只对 TrueType 字体有效。

3）"下划线"按钮 U 和"上划线"按钮 Ō：用于设置或取消文字的上划线和下划线。

4）"堆叠"按钮 ⅓：层叠或非层叠文本按钮，可用于层叠所选的文本文字，也就是创建分数形式。当文本中某处出现"/""^"或"#"3 种层叠符号之一时可层叠文本，方法是

选中需层叠的文字，然后单击此按钮，即可将符号左边的文字作为分子，右边的文字作为
分母进行层叠。AutoCAD 提供了 3 种分数形式，如果选中 "abcd/efgh" 后单击此按钮，
则得到如图 5-12a 所示的分数形式；如果选中 "abcd^efgh" 后单击
此按钮，则得到如图 5-12b 所示的形式，此形式多用于标注极限偏
差；如果选中 "abcd # efgh" 后单击此按钮，则创建斜排的分数形
式，如图 5-12c 所示。如果选中已经层叠的文本对象后单击此按钮，
则恢复到非层叠形式。

abcd　abcd　abcd/
efgh　efgh　efgh
a）　b）　c）

图 5-12　文本层叠

5）"倾斜角度"（ 0/ ）下拉列表框：用于设置文字的倾斜角度。

提示与点拨

　　倾斜角度与斜体效果是两个不同的概念，前者可以设置任意倾斜
角度，后者是在任意倾斜角度的基础上设置斜体效果，如图 5-13 所
示。其中，第一行倾斜角度为 0°，非斜体效果；第二行倾斜角度为
12°，非斜体效果；第三行倾斜角度为 12°，斜体效果。

都市农夫
都市农夫
都市农夫

图 5-13　倾斜角
度与斜体效果

6）"符号"按钮@：用于输入各种符号。单击此按钮，系统打开如图 5-14 所示的符号
列表，可以从中选择符号插入到文本中。

7）"字段"按钮：用于插入一些常用或预设字段。单击此按钮，系统打开如图 5-15
所示的"字段"对话框，用户可从中选择字段，插入到标注文本中。

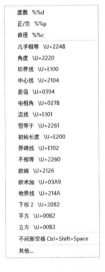

图 5-14　符号列表

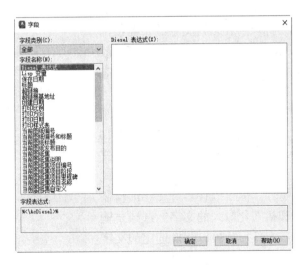

图 5-15　"字段"对话框

8）"追踪"下拉列表框：用于增大或减小选定字符之间的空间。设置为 1.0 表示常
规间距，设置大于 1.0 表示增大间距，设置小于 1.0 表示减小间距。

9）"宽度因子"下拉列表框：用于扩展或收缩选定字符。1.0 表示设置字体中的字

母为常规宽度，可以增大或减小该宽度。

10）"项目符号和编号"下拉列表：显示用于创建列表的选项，缩进列表以与第一个选定的段落对齐。如果清除添加的项目符号和编号列表标记，多行文字对象中的所有列表格式都将被删除，各项将被转换为纯文本。

① 关闭：如果选择该选项，将从应用了列表格式的选定文字中删除字母、数字和项目符号，但不更改缩进状态。

② 以数字标记：将带有句点的数字用于列表中的项的列表格式。

③ 以字母标记：将带有句点的字母用于列表中的项的列表格式。如果列表中含有的项多于 26 项（字母表中含有 26 个字母），可以使用双字母继续排序。

④ 以项目符号标记：将项目符号用于列表中的项的列表格式。

⑤ 起点：在列表格式中启动新的字母或数字序列。如果选定的项位于列表中间，则选定项下面的未选中的项也将成为新列表的一部分。

⑥ 连续：将选定的段落添加到上面最后一个列表然后继续形成序列的形式。如果选择了列表项而非段落，选定项下面的未选中的项将继续形成序列的形式。

⑦ 允许自动项目符号和编号：在输入时应用列表格式。可以作为字母和数字后的标点但不能作为项目符号的字符有句点（.）、逗号（,）、右括号（)）、右尖括号（>）、右方括号（]）和右花括号（}）。

⑧ 允许项目符号和列表：如果选择该选项，列表格式将应用到外观类似列表的多行文字对象中的所有纯文本。

11）拼写检查：用于输入时打开或关闭拼写检查。

12）编辑词典：显示"词典"对话框。从中可添加或删除在拼写检查过程中使用的自定义词典。

13）标尺：在多行文字编辑器顶部显示标尺。拖动标尺末尾的箭头可更改文字对象的宽度。列模式处于活动状态时，还可显示高度和列夹点。

14）输入文字：选择该选项，系统打开"选择文件"对话框，如图 5-16 所示。可选择任意 ASCII 或 RTF 格式的文件。输入的文字保留原始字符格式和样式特性，但可以在多行文字编辑器中编辑和格式化输入的文字。选择要输入的文本文件后，可以替换选定的文字或全部文字，或在文字边界内将插入的文字附加到选定的文字中。输入文字的文件必须小于 32KB。

图 5-16 "选择文件"对话框

15）遮罩 A：用设定的背景对标注的文字进行遮罩。选择此选项，系统打开"背景遮罩"对话框，如图 5-17 所示。

图 5-17 "背景遮罩"对话框

提示与点拨

多行文字由任意数目的文字行或段落组成，布满指定的宽度，还可以沿垂直方向无限延伸。多行文字中，无论行数是多少，单个编辑任务中创建的每个段落集将构成单个对象，用户可对其进行移动、旋转、删除、复制、镜像或缩放操作。

5.2.3 实例——在标注文字时插入"±"号

1）单击"默认"选项卡"注释"面板中的"多行文字"按钮 A，系统打开"文字编辑器"选项卡和多行文字编辑器。选择"符号"下拉列表中的"其他…"选项，如图 5-18 所示。系统打开如图 5-19 所示的"字符映射表"对话框，其中包含了当前字体的整个字符集。

图 5-18 "符号"下拉列表

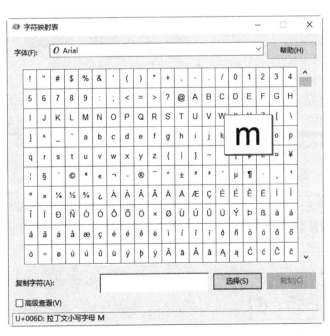

图 5-19 "字符映射表"对话框

2）选中要插入的字符，然后单击"选择"按钮。

3）选中要使用的所有字符，然后单击"复制"按钮。

4）在多行文字编辑器中右击，在打开的快捷菜单中选择"粘贴"命令。

5.3 文 本 编 辑

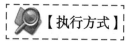

【执行方式】

- 命令行：DDEDIT（快捷命令：ED）。
- 菜单栏：选择菜单栏中的"修改"→"对象"→"文字"→"编辑"命令。
- 工具栏：单击"文字"工具栏中的"编辑"按钮 $\mathcal{A}$。

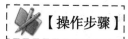

【操作步骤】

命令行提示与操作如下：

命令：DDEDIT ∠

TEXTEDIT

当前设置：编辑模式 = Multiple

选择注释对象或 [放弃 (U)/ 模式 (M)]：

系统要求选择想要修改的文本，同时光标变为拾取框。用拾取框选择对象，如果选择的文本是用 TEXT 命令创建的单行文本，则深显该文本，可对其进行修改；如果选择的文本是用 MTEXT 命令创建的多行文本，选择对象后则打开多行文字编辑器（见图 5-11），可根据前面的介绍对各项设置或内容进行修改。

5.4 表 格

在以前的 AutoCAD 版本中，要绘制表格必须采用绘制图线或结合偏移、复制等编辑命令来完成，这样的操作过程烦琐而复杂，不利于提高绘图效率。AutoCAD 2024 提供的表格功能使得创建表格非常容易，用户可以直接插入设置好样式的表格，而不用绘制图线来创建表格。

5.4.1 定义表格样式

和文字样式一样，所有 AutoCAD 图形中的表格都有与其相对应的表格样式。当插入表格对象时，系统使用当前设置的表格样式。表格样式是用来控制表格基本形状和间距的一组设置。模板文件 ACAD.DWT 和 ACADISO.DWT 中定义了名为"Standard"的默认表格样式。

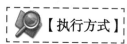

【执行方式】

- 命令行：TABLESTYLE。

- 菜单栏：选择菜单栏中的"格式"→"表格样式"命令。
- 工具栏：单击"样式"工具栏中的"表格样式"按钮 ▦。
- 功能区：单击"默认"选项卡"注释"面板中的"表格样式"按钮 ▦。

执行上述操作后，系统打开"表格样式"对话框，如图 5-20 所示。

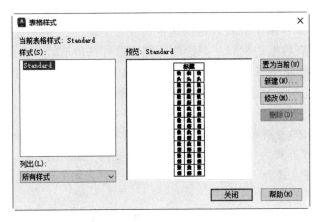

图 5-20　"表格样式"对话框

【选项说明】

（1）"新建"按钮　单击该按钮，系统打开"创建新的表格样式"对话框，如图 5-21 所示。输入新的表格样式名后，单击"继续"按钮，系统打开如图 5-22 所示的"新建表格样式"对话框，从中可以定义新的表格样式。

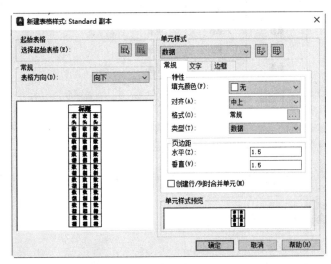

图 5-21　"创建新的表格样式"对话框　　　　图 5-22　"新建表格样式"对话框

"新建表格样式"对话框的"单元样式"下拉列表中有 3 个重要的选项，即"数据""表头"和"标题"，分别控制表格中数据、列标题和总标题的有关参数。表格样式如

图5-23所示。"新建表格样式"对话框中有3个选项卡，分别介绍如下。

1）"常规"选项卡：用于控制数据栏格与标题栏格的上下位置关系。

2）"文字"选项卡：用于设置文字属性。在此选项卡的"文字样式"下拉列表中可以选择已定义的文字样式并应用于数据文字，也可以单击右侧的按钮<u>...</u>重新定义文字样式。其中"文字高度""文字颜色"和"文字角度"各选项设定的相应参数格式可供用户选择。

3）"边框"选项卡：用于设置表格的边框属性。下面的边框线按钮控制数据边框线的各种形式，如绘制所有数据边框线、只绘制数据边框外部边框线、只绘制数据边框内部边框线、无边框线、只绘制底部边框线等。该选项卡中的"线宽""线型"和"颜色"下拉列表则控制边框线的线宽、线型和颜色。该选项卡中的"间距"文本框用于控制单元边界和内容之间的间距。

在如图5-24所示的表格示例中，数据文字样式为"Standard"、文字高度为4.5、文字颜色为"红色"、对齐方式为"右下"，标题文字样式为"Standard"、文字高度为6、文字颜色为"蓝色"、对齐方式为"正中"，表格方向为"上"，水平单元边距和垂直单元边距都为"1.5"。

（2）"修改"按钮　用于对当前表格样式进行修改。方法与新建表格样式相同。

图5-23　表格样式　　　　　　　　　　　　图5-24　表格示例

5.4.2　创建表格

在设置好表格样式后，用户可以利用TABLE命令创建表格。

【执行方式】

- 命令行：TABLE。
- 菜单栏：选择菜单栏中的"绘图"→"表格"命令。
- 工具栏：单击"绘图"工具栏中的"表格"按钮▦。
- 功能区：单击"默认"选项卡"注释"面板中的"表格"按钮▦或单击"注释"选项卡"表格"面板中的"表格"按钮▦。

执行上述操作后，系统打开"插入表格"对话框，如图 5-25 所示。

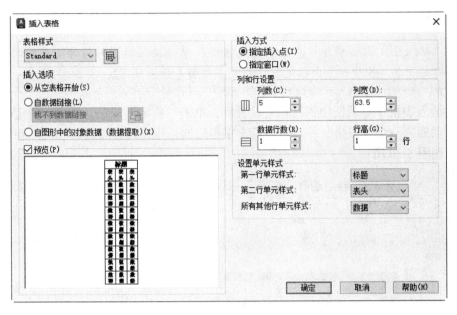

图 5-25 "插入表格"对话框

【选项说明】

（1）"表格样式"选项组 可以在"表格样式"下拉列表中选择一种表格样式，也可以通过单击后面的 ▦ 按钮来新建或修改表格样式。

（2）"插入选项"选项组

1）"从空表格开始"单选按钮：创建可以手动填充数据的空表格。

2）"自数据链接"单选按钮：通过启动数据链接管理器来创建表格。

3）"自图形中的对象数据（数据提取）"单选按钮：通过启动"数据提取"向导来创建表格。

（3）"插入方式"选项组

1）"指定插入点"单选按钮：指定表格左上角的位置。可以使用定点设备，也可以在命令行中输入坐标值。如果表格样式将表格的方向设置为由下而上读取，则插入点位于表格的左下角。

2）"指定窗口"单选按钮：指定表的大小和位置。可以使用定点设备，也可以在命令行中输入坐标值。选中此选项时，行数、列数、列宽和行高取决于窗口的大小以及列和行设置。

（4）"列和行设置"选项组 指定列和数据行的数目以及列宽与行高。

（5）"设置单元样式"选项组 指定"第一行单元样式""第二行单元样式"和"所有其他行单元样式"分别为标题、表头或者数据样式。

提示与点拨

在"插入方式"选项组中点选"指定窗口"单选按钮后，列与行设置的两个参数中只能指定一个，另外一个由指定窗口的大小自动等分来确定。

在"插入表格"对话框中进行相应设置后，单击"确定"按钮，系统在指定的插入点或窗口自动插入一个空表格，并打开多行文字编辑器，用户可以逐行逐列输入相应的文字或数据，如图 5-26 所示。

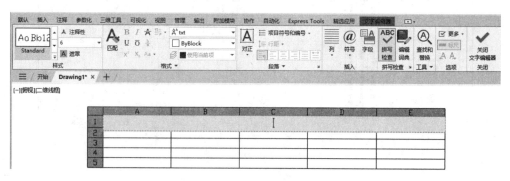

图 5-26　多行文字编辑器

提示与点拨

在插入后的表格中选择某一个单元格，单击后出现钳夹点，通过移动钳夹点可以改变单元格的大小，如图 5-27 所示。

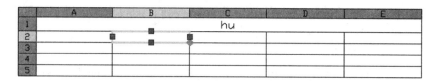

图 5-27　改变单元格大小

5.4.3　表格文字编辑

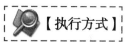【执行方式】

- 命令行：TABLEDIT。
- 快捷菜单：选择表中一个或多个单元后右击，选择快捷菜单中的"编辑文字"命令。
- 定点设备：在表单元内双击。

执行上述操作后，命令行出现"拾取表格单元"的提示，选择要编辑的表单元，系统打开如图 5-11 所示的多行文字编辑器，用户可以对选择的表单元中的文字进行编辑。

下面以新建如图 5-28 所示的"材料明细表"为例，具体介绍新建表格的步骤。

材 料 明 细 表								
构件编号	零件编号	规格	长度/mm	数量		重量/kg		总计/kg
				单计	共计	单计	共计	

图 5-28 材料明细表

1）设置表格样式。选择菜单栏中的"格式"→"表格样式"命令，打开"表格样式"对话框。

2）单击"新建"按钮，打开"创建新的表格样式"对话框，在"新样式名"文本框中输入"材料名细表"，单击"继续"按钮，打开"新建表格样式：材料明细表"对话框，如图 5-29 所示。修改表格设置，将标题行添加到表格中，文字高度设置为 3，对齐位置设置为"正中"，线宽采用默认设置，将外框线设置为 0.7mm，内框线设置为 0.35mm。

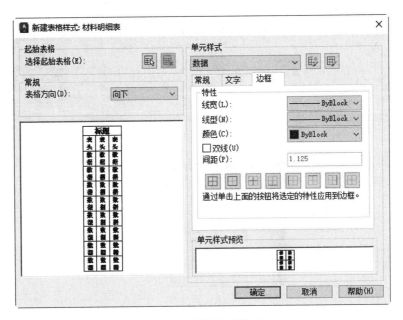

图 5-29 设置表格样式

3）设置好表格样式后，单击"确定"按钮退出。

4）创建表格。单击"默认"选项卡"注释"面板中的"表格"按钮囲，系统打开"插入表格"对话框。设置"插入方式"为"指定插入点"，设置"数据行数"为10、"列数"为9，设置"列宽"为10、"行高"为1，如图5-30所示。插入的表格如图5-31所示。

5）选中表格第一列的前两个单元格，右击，选择快捷菜单中的"合并"→"全部"命令，如图5-32所示。合并后的表格如图5-33所示。

6）利用此方法，将表格进行合并修改，修改后的表格如图5-34所示。

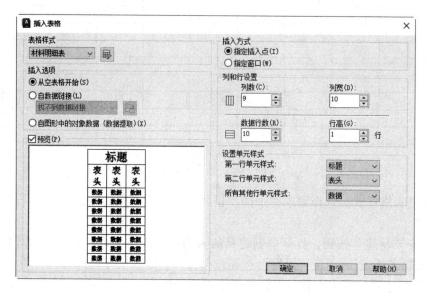

图 5-30 "插入表格"对话框

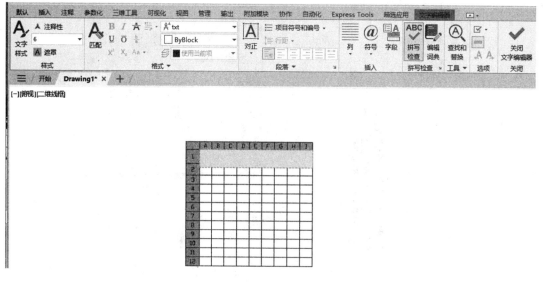

图 5-31 插入的表格

图 5-32　快捷菜单

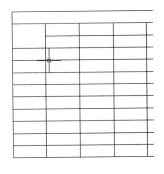

图 5-33　合并后的表格

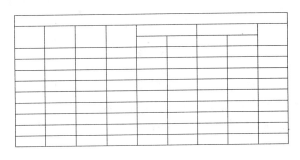

图 5-34　修改后的表格

7）双击单元格，打开"文字编辑器"选项卡，在表格中输入标题及表头，结果如图 5-28 所示。

提示与点拨

如果有多个文本格式一样，可以采用复制后修改文字内容的方法进行表格文字的填充，这样只需双击就可以直接修改表格文字的内容，而不用重新设置每个文本格式。

5.4.4　实例——绘制机械制图样板图

绘制如图 5-35 所示的机械制图样板图。

1）打开第 2 章绘制的样板图。

2）设置文字样式：文字高度一般为 7，零件名称为 10，标题栏中其他文字为 5，尺寸文字为 5，线型比例为 1，图纸空间线型比例为 1，单位十进制，小数点后 0 位，角度小数点后 0位。生成 4 种文字样式，分别用于一般注释、标题块中零件名、标题块中注释及尺寸标注。

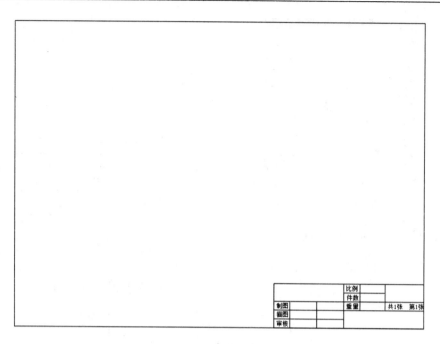

图 5-35 样板图

3）选择菜单栏中的"格式"→"文字样式"命令，打开"文字样式"对话框，单击"新建"按钮，系统打开"新建文字样式"对话框，如图 5-36 所示。采用默认的"样式 1"文字样式名，单击"确定"按钮。

图 5-36 "新建文字样式"对话框

4）系统回到"文字样式"对话框。在"字体名"下拉列表中选择"宋体"选项，在"宽度因子"文本框中输入1，将文字"高度"设置为 3，如图 5-37 所示。单击"应用"按钮，然后再单击"关闭"按钮。采用同样方法，设置其他文字样式。

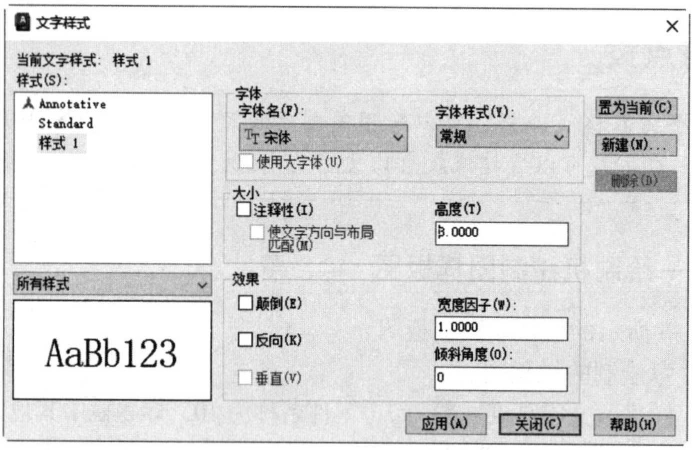

图 5-37 "文字样式"对话框

5）将 0 图层设置为当前图层，在该图层绘制图框线。单击"默认"选项卡"绘图"面板中的"直线"按钮／，命令行提示与操作如下：

命令：_line
指定第一个点：25, 5 ✓
指定下一点或 [放弃 (U)]: 415, 5 ✓
指定下一点或 [放弃 (U)]: 415, 292 ✓
指定下一点或 [闭合 (C)/ 放弃 (U)]: 25, 292 ✓
指定下一点或 [闭合 (C)/ 放弃 (U)]: C ✓

6）按照相关标准或规范设定尺寸，利用直线命令和相关编辑命令绘制标题栏图框，结果如图 5-38 所示。

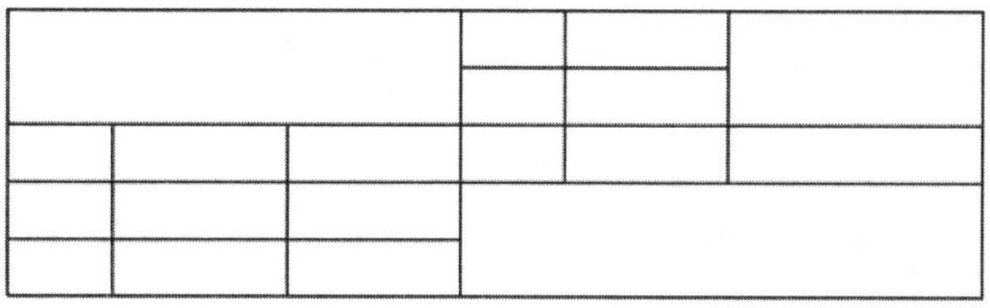

图 5-38　绘制标题栏图框

7）选择菜单栏中的"格式"→"文字样式"命令，打开"文字样式"对话框，在"文字样式"下拉列表中选择"样式 1"，单击"关闭"按钮退出。

8）填写标题栏中的文字。选择菜单栏中的"绘图"→"文字"→"多行文字"命令，输入文字"制图"。命令行提示与操作如下：

命令：_mtext
当前文字样式： "Standard"　文字高度： 3.0000　注释性： 否
指定第一角点：(指定文字输入的起点)
指定对角点或 [高度 (H)/ 对正 (J)/ 行距 (L)/ 旋转 (R)/ 样式 (S)/ 宽度 (W)/ 栏 (C)]:
命令：move ✓
选择对象：(选择刚标注的文字)
找到 1 个
选择对象：✓
指定基点或 [位移 (D)] < 位移 >:(指定一点)
指定第二个点或 < 使用第一个点作为位移 >:(指定适当的一点，使文字刚好处于单元格中间位置)
结果如图 5-39 所示。

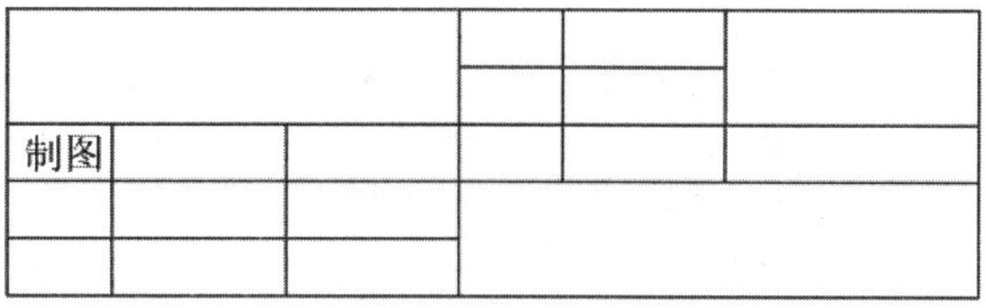

图 5-39　填写文字

9）单击"默认"选项卡"修改"面板中的"复制"按钮 ，复制文字。命令行提示与操作如下：

命令 :copy ✓

选择对象 :(选择文字"制图")

找到 1 个

选择对象 : ✓

当前设置 ： 复制模式 = 多个

指定基点或 [位移 (D)/ 模式 (O)] < 位移 >: (指定基点)

指定第二个点或 [阵列 (A)] < 使用第一个点作为位移 >:(指定第二点)

......

结果如图 5-40 所示。

		制图		
		制图		
制图			制图	制图
制图				
制图				

图 5-40　复制文字

10）选择复制的文字"制图"，双击文字，打开"文字编辑器"选项卡和多行文字编辑器，在编辑器中将文字"制图"改为"审核"。用同样方法修改其他文字。绘制标题栏后的样板图如图 5-35 所示。

11）选择菜单栏中的"文件"→"另存为"命令，系统打开"图形另存为"对话框，将图形保存为 DWT 格式的文件。

5.5　上机操作

【实例 1】标注如图 5-41 所示的技术要求。

1. 目的要求

文字标注在零件图或装配图的技术要求中经常用到，正确进行文字标注是 AutoCAD 绘图中必不可少的一项工作。本例要求读者掌握文字标注的一般方法，尤其是特殊字体的标注方法。

1. 当无标准齿轮时，允许检查下列三项代替检查径
向综合公差和一齿径向综合公差
　　a. 齿圈径向跳动公差 F_r 为 0.056
　　b. 齿形公差 ff 为 0.016
　　c. 基节极限偏差 ± f_{pb} 为 0.018
2. 未注倒角 C1。

图 5-41　技术要求

2. 操作提示

1）设置文字标注的样式。

2）利用"多行文字"命令进行标注。

3）利用"插入"选项卡"符号"下拉菜单中的命令，输入特殊字符。

【实例2】在"实例1"标注的技术要求中加入下面一段文字，如图 5-42 所示。

$$3.尺寸为\phi30^{+0.05}_{-0.06}的孔抛光处理。$$

图 5-42　输入文字

1. 目的要求

文字编辑是对标注的文字进行调整的重要手段。本例通过添加技术要求文字，要求读者掌握文字，尤其是特殊符号的编辑方法和技巧。

2. 操作提示

1）选择"实例1"中标注好的文字，进行文字编辑。

2）在打开的文字编辑器中输入要添加的文字。

3）在输入尺寸公差时要注意，首先输入"+0.05^-0.06"，然后选择这些文字，单击"文字格式"对话框上的"堆叠"按钮。

【实例3】绘制如图 5-43 所示的变速器组装图明细栏。

14	端盖	1	HT150	
13	端盖	1	HT150	
12	定距环	1	Q235A	
11	大齿轮	1	40	
10	键 16×70	1	Q275	GB/T 1095—2003
9	轴	1	45	
8	轴承	2		30208
7	端盖	1	HT200	
6	轴承	2		30211
5	轴	1	45	
4	键8×50	1	Q275	GB/T 1095—2003
3	端盖	1	HT200	
2	调整垫片	2组	08F	
1	减速器箱体	1	HT200	
序号	名 称	数量	材 料	备 注

图 5-43　变速器组装图明细栏

1. 目的要求

明细栏是工程制图中常用的表格。本例要求读者掌握表格相关命令的用法，体会表格功能的便捷性。

2. 操作提示

1）设置表格样式。

2）插入空表格，并调整列宽。

3）输入文字和数据。

第6章 复杂二维绘图命令

知识导引

本章将结合实例讲解复杂二维绘图命令，包括多段线、样条曲线、多线和对象编辑命令，以帮助读者熟练掌握用 AutoCAD 绘制复杂图形的方法。

内容要点

- ➢ 多段线
- ➢ 样条曲线
- ➢ 多线
- ➢ 对象编辑命令

6.1 多 段 线

多段线是一种由线段和圆弧组合而成，可以有不同线宽的图形对象。由于多段线组合形式多样，线宽可以变化，弥补了直线或圆弧的不足，适合绘制各种复杂的图形轮廓，因而得到了广泛的应用。

6.1.1 绘制多段线

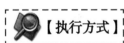 【执行方式】

- ● 命令行：PLINE（快捷命令：PL）。
- ● 菜单栏：选择菜单栏中的"绘图"→"多段线"命令。
- ● 工具栏：单击"绘图"工具栏中的"多段线"按钮 。
- ● 功能区：单击"默认"选项卡"绘图"面板中的"多段线"按钮 。

【操作步骤】

命令行提示与操作如下：

命令：PLINE ↙

指定起点：(指定多段线的起点)

当前线宽为 0.0000

指定下一个点或 [圆弧 (A)/ 半宽 (H)/ 长度 (L)/ 放弃 (U)/ 宽度 (W)]:(指定多段线的下一个点)

【选项说明】

多段线主要由连续且不同宽度的线段或圆弧组成，如果在上述提示中选择"圆弧（A）"选项，则命令行提示如下：

指定圆弧的端点（按住 Ctrl 键以切换方向）或

[角度 (A)/ 圆心 (CE)/ 方向 (D)/ 半宽 (H)/ 直线 (L)/ 半径 (R)/ 第二个点 (S)/ 放弃 (U)/ 宽度 (W)]：

绘制圆弧的方法与"圆弧"命令相似。

6.1.2　实例——轴的绘制

本实例绘制的轴如图 6-1 所示。

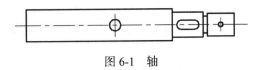

图 6-1　轴

1）在命令行中输入"LIMITS"命令，设置绘图环境。命令行提示与操作如下：

命令：LIMITS ∠

重新设置模型空间界限：

指定左下角点或 [开 (ON)/ 关 (OFF)] <0.0000, 0.0000>：∠

指定右上角点 <420.0000, 297.0000>：297, 210 ∠

2）图层设置。单击"默认"选项卡"图层"面板中的"图层特性"按钮，新建两个图层：

① "轮廓线"图层：线宽为 0.3mm，其余属性采用默认。

② "中心线"图层：颜色为红色，线型为 CENTER2，其余属性采用默认。

3）绘制泵轴的中心线和外轮廓线。

① 将"中心线"图层设置为当前图层。单击"默认"选项卡"绘图"面板中的"直线"按钮，设置坐标分别为 {(65, 130)，(170, 130)}、{(110, 135)，(110, 125)}、{(158, 133)，(158，127)}，绘制泵轴的中心线，结果如图 6-2 所示。

图 6-2　绘制中心线

② 将"轮廓线"图层设置为当前图层，并在其上绘制主体图形。

③ 单击"默认"选项卡"绘图"面板中的"矩形"按钮，设置角点坐标为（70, 123）和（@66，14），绘制左端 ϕ14 轴段。

④ 选择菜单栏中的"工具"→"工具栏"→"AutoCAD"→"对象捕捉"命令，系统打开"对象捕捉"工具栏，如图 6-3 所示。

图 6-3　"对象捕捉"工具栏

⑤ 单击"默认"选项卡"绘图"面板中的"直线"按钮 ╱ ，命令行提示与操作如下：

命令：_line

指定第一个点：（单击"对象捕捉"工具栏上的 ⌐ 按钮，打开"捕捉自"功能）

_from 基点：_int（单击"对象捕捉"工具栏上的 ╳ 按钮，打开"捕捉到交点"功能）

于：（将鼠标移向 ϕ14 轴段右端与水平中心线的交点附近，系统自动捕捉到该交点作为基点）

<偏移>：@0, 5.5 ✓

指定下一点或 [放弃 (U)]：@14, 0 ✓

指定下一点或 [放弃 (U)]：@0, −11 ✓

指定下一点或 [闭合 (C)/ 放弃 (U)]：@−14, 0 ✓

指定下一点或 [闭合 (C)/ 放弃 (U)]：✓

命令：✓（直接按 Enter 键表示重复执行上一个命令）

LINE 指定第一个点：FRO ✓（"捕捉自"功能的命令行执行方式）

基点：int ✓（"捕捉到交点"功能的命令行执行方式。其他"对象捕捉"功能的命令执行行方式见后面总结与点评部分）

于：（捕捉 ϕ11 轴段右端与水平中心线的交点）

<偏移>：@0, 3.75 ✓

指定下一点或 [放弃 (U)]：@2, 0 ✓

指定下一点或 [放弃 (U)]：✓

命令：✓

LINE 指定第一个点：（同时按下 Shift 键和鼠标右键，系统打开"对象捕捉"快捷菜单，如图 6-4 所示，从中选择 ⌐ 按钮）

_from 基点：_int（在打开的"对象捕捉"快捷菜单中选择 ╳ 按钮）

于：（捕捉 ϕ11 轴段右端与水平中心线的交点）

<偏移>：@0, −3.75 ✓

指定下一点或 [放弃 (U)]：@2, 0 ✓

指定下一点或 [放弃 (U)]：✓

图 6-4　快捷菜单

⑥ 单击"默认"选项卡"绘图"面板中的"矩形"按钮 ▭ ，设置角点坐标为（152，125）和（@12，10），绘制右端 ϕ10 轴段，结果如图 6-5 所示。

图 6-5　泵轴的外轮廓线

4）绘制泵轴的孔及键槽。

① 在状态栏上的"二维对象捕捉"按钮 ⌐ 上右击，打开快捷菜单，如图 6-6 所示，单击其中的"对象捕捉设置"命令，打开"草图设置"对话框，如图 6-7 所示。单击其中的 全部选择 按钮，选择所有的对象捕捉模式，单击 确定 按钮。单击状态栏上的"二维对象捕捉"按钮 ⌐ ，该按钮亮显，表示启用对象捕捉模式，这样就可以在绘图过程中灵活捕捉各种特殊点。

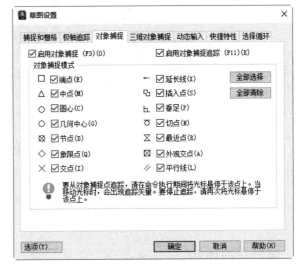

图 6-6　快捷菜单　　　　　　　　　图 6-7　"草图设置"对话框

② 单击"默认"选项卡"绘图"面板中的"圆"按钮⊙，命令行提示与操作如下：

命令：_circle

指定圆的圆心或 [三点 (3P)/ 两点 (2P)/ 切点、切点、半径 (T)]: (将鼠标移向左端中心线的交点，系统自动捕捉该点为圆心)

指定圆的半径或 [直径 (D)]: 5 ✓

重复"圆"命令，捕捉右端中心线的交点为圆心，绘制直径为 2 的圆。

③ 单击"默认"选项卡"绘图"面板中的"多段线"按钮，命令行提示与操作如下：

命令：_pline(绘制泵轴的键槽)

指定起点：140, 132 ✓

当前线宽为 0.0000

指定下一个点或 [圆弧 (A)/ 半宽 (H)/ 长度 (L)/ 放弃 (U)/ 宽度 (W)]: @6, 0 ✓

指定下一点或 [圆弧 (A)/ 闭合 (C)/ 半宽 (H)/ 长度 (L)/ 放弃 (U)/ 宽度 (W)]: A ✓ (绘制圆弧)

指定圆弧的端点 (按住 Ctrl 键以切换方向) 或

[角度 (A)/ 圆心 (CE)/ 闭合 (CL)/ 方向 (D)/ 半宽 (H)/ 直线 (L)/ 半径 (R)/ 第二个点 (S)/ 放弃 (U)/ 宽度 (W)]: @0, -4 ✓ (输入圆弧端点的相对坐标)

指定圆弧的端点 (按住 Ctrl 键以切换方向) 或

[角度 (A)/ 圆心 (CE)/ 闭合 (CL)/ 方向 (D)/ 半宽 (H)/ 直线 (L)/ 半径 (R)/ 第二个点 (S)/ 放弃 (U)/ 宽度 (W)]: L ✓ (绘制直线)

指定下一点或 [圆弧 (A)/ 闭合 (C)/ 半宽 (H)/ 长度 (L)/ 放弃 (U)/ 宽度 (W)]: @-6, 0 ✓

指定下一点或 [圆弧 (A)/ 闭合 (C)/ 半宽 (H)/ 长度 (L)/ 放弃 (U)/ 宽度 (W)]: A ✓

指定圆弧的端点 (按住 Ctrl 键以切换方向) 或

[角度 (A)/ 圆心 (CE)/ 闭合 (CL)/ 方向 (D)/ 半宽 (H)/ 直线 (L)/ 半径 (R)/ 第二个点 (S)/ 放弃 (U)/ 宽度 (W)]: (捕捉上部直线段的左端点，绘制左端的圆弧)

指定圆弧的端点 (按住 Ctrl 键以切换方向) 或

[角度 (A)/ 圆心 (CE)/ 闭合 (CL)/ 方向 (D)/ 半宽 (H)/ 直线 (L)/ 半径 (R)/ 第二个点 (S)/ 放弃 (U)/ 宽度 (W)]: ✓

最终结果如图 6-1 所示。

6.2 样条曲线

在 AutoCAD 中使用的样条曲线为非一致有理 B 样条（NURBS）曲线。使用 NURBS 曲线能够在控制点之间产生一条光滑的曲线，如图 6-8 所示。样条曲线可用于绘制形状不规则的图形，如为地理信息系统（GIS）或汽车设计绘制轮廓线。

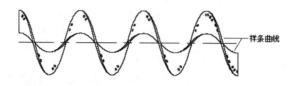

图 6-8　样条曲线

6.2.1　绘制样条曲线

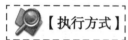【执行方式】

- 命令行：SPLINE（快捷命令：SPL）。
- 菜单栏：选择菜单栏中的"绘图"→"样条曲线"命令。
- 工具栏：单击"绘图"工具栏中的"样条曲线"按钮 $\sim$ 。
- 功能区：单击"默认"选项卡"绘图"面板中的"样条曲线拟合"按钮 $\sim$ 或"样条曲线控制点"按钮 $\sim$ 。

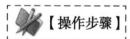【操作步骤】

命令行提示与操作如下：

命令：SPLINE ✓

当前设置：方式 = 拟合　节点 = 弦

指定第一个点或 [方式 (M)/ 节点 (K)/ 对象 (O)]：(指定一点或选择"对象 (O)"选项)

输入下一个点或 [起点切向 (T)/ 公差 (L)]：

输入下一个点或 [端点相切 (T)/ 公差 (L)/ 放弃 (U)]：

输入下一个点或 [端点相切 (T)/ 公差 (L)/ 放弃 (U)/ 闭合 (C)]：

【选项说明】

（1）方式（M）　控制是使用拟合点还是使用控制点来创建样条曲线。选项会因用户选择的是使用拟合点创建样条曲线的选项还是使用控制点创建样条曲线的选项而异。

（2）节点（K）　指定节点参数化。它会影响曲线在通过拟合点时的形状。

（3）对象（O）　将二维或三维的二次或三次样条曲线拟合多段线转换为等价的样条曲线，然后删除该多段线（根据 DELOBJ 系统变量的设置）。

（4）起点切向（T）　定义样条曲线的第一点和最后一点的切向。如果在样条曲线的两端都指定切向，可以输入一个点或使用"切点"和"垂足"对象捕捉模式使样条曲线与已

有的对象相切或垂直。如果按 Enter 键，系统将计算默认切向。

（5）端点相切（T）　停止基于切向创建曲线。可通过指定拟合点继续创建样条曲线。

（6）公差（L）　指定距样条曲线必须经过的指定拟合点的距离。公差应用于除起点和端点外的所有拟合点。

（7）闭合（C）　将最后一点定义与第一点一致，并使其在连接处相切，以闭合样条曲线。选择该选项，命令行提示如下：

指定切向：（指定点或按 Enter 键）

用户可以指定一点来定义切向矢量，或单击状态栏中的"二维对象捕捉"按钮，使用"切点"和"垂足"对象捕捉模式使样条曲线与现有对象相切或垂直。

6.2.2　实例——局部视图的绘制

绘制如图 6-9 所示的局部视图。

1）单击"默认"选项卡"绘图"面板中的"圆"按钮⊙和"直线"按钮／，绘制局部视图的圆和直线，如图 6-10 所示。

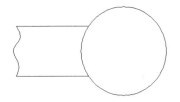　　　　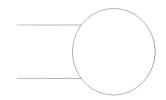

图 6-9　局部视图　　　　　　　　图 6-10　绘制圆和直线

2）单击"默认"选项卡"绘图"面板中的"样条曲线拟合"按钮，绘制局部视图的左侧样条曲线。命令行提示与操作如下：

命令：_SPLINE

当前设置：方式 = 拟合　节点 = 弦

指定第一个点或 [方式 (M)/ 节点 (K)/ 对象 (O)]：_M

输入样条曲线创建方式 [拟合 (F)/ 控制点 (CV)] < 拟合 >：_FIT

当前设置：方式 = 拟合　节点 = 弦

指定第一个点或 [方式 (M)/ 节点 (K)/ 对象 (O)]：(选择一条直线的端点)

输入下一个点或 [起点切向 (T)/ 公差 (L)]：(在绘图区选择第二点)

输入下一个点或 [端点相切 (T)/ 公差 (L)/ 放弃 (U)]：(在绘图区选择第三点)

输入下一个点或 [端点相切 (T)/ 公差 (L)/ 放弃 (U)/ 闭合 (C)]：(选择另一条直线的端点)

输入下一个点或 [端点相切 (T)/ 公差 (L)/ 放弃 (U)/ 闭合 (C)]：✓

绘制结果如图 6-9 所示。

6.3　多　　线

多线是一种复合线，由连续的直线段复合组成。多线的突出优点是能够大大提高绘图效率，保证图线之间的统一性。

6.3.1 绘制多线

【执行方式】

- 命令行：MLINE（快捷命令：ML）。
- 菜单栏：选择菜单栏中的"绘图"→"多线"命令。

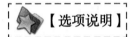【操作步骤】

命令行提示与操作如下：

命令：MLINE ↙

当前设置：对正 = 上，比例 = 20.00，样式 = STANDARD

指定起点或 [对正 (J)/ 比例 (S)/ 样式 (ST)]:（指定起点）

指定下一点：（指定下一点）

指定下一点或 [放弃 (U)]:（继续指定下一点绘制线段；输入"U"，则放弃前一段多线的绘制；右击或按 Enter 键，结束命令）

指定下一点或 [闭合 (C)/ 放弃 (U)]:（继续指定下一点绘制线段；输入"C"，则闭合线段，结束命令）

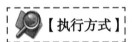【选项说明】

（1）对正（J） 用于指定绘制多线的基准。共有 3 种对正类型："上""无"和"下"。其中，"上"表示以多线上侧的线为基准，其他两项依此类推。

（2）比例（S） 选择该选项，要求用户设置平行线的间距。输入值为零时，平行线重合；输入值为负时，多线的排列倒置。

（3）样式（ST） 用于设置当前使用的多线样式。

6.3.2 定义多线样式

【执行方式】

- 命令行：MLSTYLE。
- 菜单栏：选择菜单栏中的"格式"→"多线样式"命令。

执行上述命令后，系统打开如图 6-11 所示的"多线样式"对话框。在该对话框中，用户可以对多线样式进行定义、保存和加载等操作。下面通过定义一个新的多线样式来介绍对话框的使用方法。欲定义的多线样式由 3 条平行线组成，即中心轴线和两条相对于中心轴线上、下各偏移 0.5 的实线。操作步骤如下：

1）在"多线样式"对话框中单击"新建"按钮，系统打开"创建新的多线样式"对话框，如图 6-12 所示。

2）在"创建新的多线样式"对话框的"新样式名"文本框中输入"TKRREE"，单击"继续"按钮。

3）系统打开"新建多线样式：TKRREE"对话框，如图 6-13 所示。

图 6-11　"多线样式"对话框图　　　　　图 6-12　"创建新的多线样式"对话框

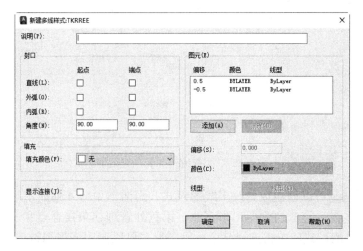

图 6-13　"新建多线样式：TKRREE"对话框

4）在"封口"选项组中设置多线起点和端点的特性，包括直线、外弧还是内弧封口以及封口线段或圆弧的角度。

5）在"填充颜色"下拉列表中选择多线填充的颜色。

6）在"图元"选项组中设置组成多线元素的特性。单击"添加"按钮，可以为多线添加元素；反之，单击"删除"按钮，为多线删除元素。在"偏移"文本框中可以设置选中元素的位置偏移值。在"颜色"下拉列表中可以为选中的元素选择颜色。单击"线型"按钮，系统打开"选择线型"对话框，可以为选中的元素设置线型。

7）设置完毕后，单击"确定"按钮，返回到如图 6-11 所示的"多线样式"对话框。在"样式"列表中会显示刚设置的多线样式名。选择该样式，单击"置为当前"按钮，则将刚设置的多线样式设置为当前样式，下面的预览框中会显示所选的多线样式。

8）单击"确定"按钮，完成多线样式设置。

图 6-14 所示为按设置的多线样式绘制的多线。

6.3.3 编辑多线

【执行方式】

- 命令行：MLEDIT。
- 菜单栏：选择菜单栏中的"修改"→"对象"→"多线"
  命令。

图 6-14 绘制多线

执行上述操作后，打开"多线编辑工具"对话框，如图 6-15 所示。

图 6-15 "多线编辑工具"对话框

利用该对话框，可以创建或修改多线的模式。对话框中分 4 列显示示例图形：第一列管理十字交叉形多线，第二列管理 T 形多线，第三列管理拐角接合点和节点，第四列管理多线被剪切或连接的形式。单击选择某个示例图形，可以调用该项编辑功能。

下面以"十字打开"为例，通过把选择的两条多线进行打开交叉，介绍多线编辑的方法。命令行提示与操作如下：

选择第一条多线:(选择第一条多线)

选择第二条多线:(选择第二条多线)

选择完毕后，第二条多线被第一条多线横断交叉，结果如图 6-16 所示。命令行提示如下：

选择第一条多线或［放弃(U)］:

可以继续选择多线进行操作。选择"放弃"选项会撤销前次操作。

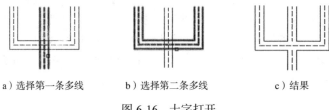

a）选择第一条多线　　　b）选择第二条多线　　　c）结果

图 6-16 十字打开

6.3.4　实例——墙体的绘制

绘制如图 6-17 所示的墙体。

1）单击"默认"选项卡"绘图"面板中的"构造线"按钮 ，绘制一条水平构造线和一条竖直构造线，组成"十"字辅助线，如图 6-18 所示。继续绘制辅助线，命令行提示与操作如下：

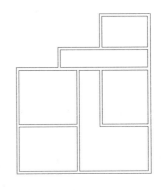

图 6-17　墙体

命令：_xline

指定点或 [水平 (H)/ 垂直 (V)/ 角度 (A)/ 二等分 (B)/ 偏移 (O)]: O ↙

指定偏移距离或 [通过 (T)]< 通过 >: 4200 ↙

选择直线对象：(选择水平构造线)

指定向哪侧偏移：(指定上边一点)

选择直线对象：(继续选择水平构造线)

……

采用相同的方法，将偏移得到的水平构造线依次向上偏移 5100、1800 和 3000，绘制的水平构造线如图 6-19 所示。采用同样的方法绘制竖直构造线，依次向右偏移 3900、1800、2100 和 4500。绘制完成的居室辅助线网格如图 6-20 所示。

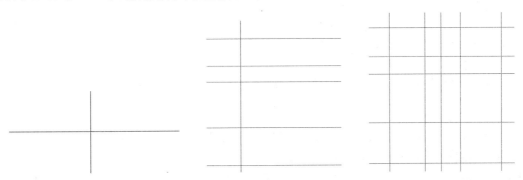

图 6-18　绘制"十"字辅助线　　图 6-19　绘制水平构造线　　图 6-20　绘制居室辅助线网格

2）定义多线样式。在命令行输入"MLSTYLE"，或选择菜单栏中的"格式"→"多线样式"命令，系统打开"多线样式"对话框。单击"新建"按钮，系统打开"创建新的多线样式"对话框，在该对话框的"新样式名"文本框中输入"墙体线"，单击"继续"按钮。

3）系统打开"新建多线样式：墙体线"对话框。在该对话框中设置多线样式如图 6-21 所示。

4）选择菜单栏中的"绘图"→"多线"命令，绘制多线墙体。命令行提示与操作如下：

命令：_mline

当前设置：对正 = 上，比例 = 20.00, 样式 = 墙体线

指定起点或 [对正 (J)/ 比例 (S)/ 样式 (ST)]: S ↙

输入多线比例 <20.00>: 1 ↙

当前设置：对正 = 上，比例 = 1.00, 样式 = 墙体线

图 6-21 设置多线样式

指定起点或 [对正 (J)/ 比例 (S)/ 样式 (ST)]: J ✓

输入对正类型 [上 (T)/ 无 (Z)/ 下 (B)] < 上 >: Z ✓

当前设置：对正 = 无 , 比例 = 1.00, 样式 = 墙体线

指定起点或 [对正 (J)/ 比例 (S)/ 样式 (ST)]:(在绘制的辅助线交点上指定一点)

指定下一点 :(在绘制的辅助线交点上指定下一点)

指定下一点或 [放弃 (U)]:(在绘制的辅助线交点上指定下一点)

指定下一点或 [闭合 (C)/ 放弃 (U)]:(在绘制的辅助线交点上指定下一点)

......

指定下一点或 [闭合 (C)/ 放弃 (U)]: C ✓

采用相同的方法，根据辅助线网格绘制多线，结果如图 6-22 所示。

5）编辑多线。选择菜单栏中的"修改"→"对象"→"多线"命令，系统打开如图 6-23 所示的"多线编辑工具"对话框，选择"T 形合并"选项。命令行提示与操作如下：

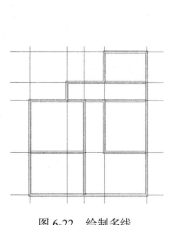

图 6-22 绘制多线   图 6-23 "多线编辑工具"对话框

命令：_mledit

选择第一条多线：(选择多线)

选择第二条多线：(选择多线)

选择第一条多线或 [放弃 (U)]:(选择多线)

……

选择第一条多线或 [放弃 (U)]: ↙

采用同样的方法，继续进行多线编辑，然后将辅助线删除，结果如图 6-17 所示。

6.4　对象编辑命令

在对图形进行编辑时，还可以对图形对象本身的某些特性进行编辑。

6.4.1　钳夹功能

利用钳夹功能可以快速方便地编辑对象。Auto-CAD 在图形对象上定义了一些特殊点，称为夹持点，如图 6-24 所示。利用夹持点可以灵活地控制对象。

要使用钳夹功能编辑对象，必须先打开钳夹功能，打开方法是：选择菜单栏中的"工具"→"选项"命令，系统打开"选项"对话框，在"选择集"选项卡中勾选"夹点"选项组中的"显示夹点"复选框。在该选项卡中还可以设置代表夹点的小方格尺寸和颜色。

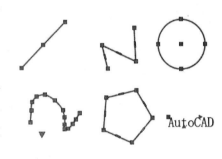

图 6-24　夹持点

也可以通过 GRIPS 系统变量控制是否打开钳夹功能，1 代表打开，0 代表关闭。

打开了钳夹功能后，应该在编辑对象之前先选择对象。夹点表示对象的控制位置。

使用夹点编辑对象时，首先要选择一个夹点作为基点（称为基准夹点），然后选择一种编辑操作，如删除、移动、复制选择、旋转和缩放。可以按 Space 或 Enter 键循环选择这些编辑操作。

下面以拉伸对象为例讲解夹点的编辑操作，其他操作类似。

在图形上选择一个夹点，该夹点改变颜色，此点为夹点编辑的基准点。此时命令行提示如下：

** 拉伸 **

指定拉伸点或 [基点 (B)/ 复制 (C)/ 放弃 (U)/ 退出 (X)]:

在上述拉伸编辑提示下，输入"缩放"命令，或右击选择快捷菜单中的"缩放"命令，系统就会执行"缩放"操作。

6.4.2　实例——利用钳夹功能编辑图形

绘制如图 6-25a 所示的图形，并利用钳夹功能编辑成如图 6-25b 所示的图形。

1）单击"默认"选项卡"绘图"面板中的"直线"按钮／和"圆"按钮⊙，绘制图形轮廓。

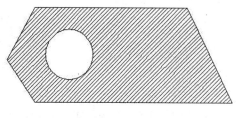
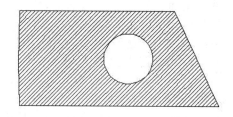

a）绘制图形 b）编辑图形

图 6-25 编辑填充图案

2）单击"默认"选项卡"绘图"面板中的"图案填充"按钮▨，系统打开"图案填充创建"选项卡，如图 6-26 所示。在"图案填充类型"下拉列表中选择"用户定义"选项，设置"图案填充角度"为 45°，设置"图案填充间距"为 10，单击"关联"按钮，再单击"拾取点"按钮▨，在绘图区选择要填充的区域，然后单击"关闭图案填充创建"按钮。填充结果如图 6-25a 所示。

图 6-26 "图案填充创建"选项卡

3）打开钳夹功能。选择菜单栏中的"工具"→"选项"命令，系统打开"选项"对话框，在"选择集"选项卡的"夹点"选项组中勾选"显示夹点"复选框。

4）夹点编辑。选择如图 6-27 所示图形左边界的两条线段，这两条线段上会显示出特征点的方框，再选择图中最左边的特征点，

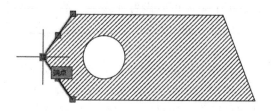

图 6-27 显示边界特征点

该点以醒目方式显示，移动该点到如图 6-28 所示的位置单击，得到如图 6-29 所示的图形。

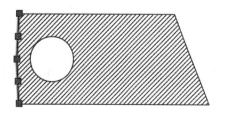
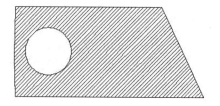

图 6-28 移动夹点到新位置 图 6-29 编辑后的图形

5）选择圆，圆上会出现相应的特征点，如图 6-30 所示。选择圆心特征点，则该特征点以醒目方式显示。移动该点到新位置，如图 6-31 所示。单击确认，得到如图 6-25b 所示的结果。

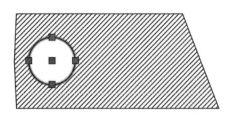

图 6-30　显示圆上特征点

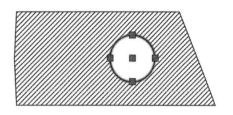

图 6-31　移动夹点到新位置

6.4.3　修改对象属性

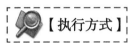【执行方式】

- 命令行：DDMODIFY 或 PROPERTIES。
- 菜单栏：选择菜单栏中的"修改"→"特性"命令。
- 工具栏：单击"标准"工具栏中的"特性"按钮。
- 功能区：单击"视图"选项卡"选项板"面板中的"特性"按钮。

执行上述操作后，系统打开"特性"选项板，如图 6-32 所示。利用它可以方便地设置或修改对象的各种属性。不同的对象，其属性种类和值不同，若修改属性值，则对象改变为新的属性。

6.4.4　实例——花朵

本实例绘制的花朵如图 6-33 所示。

1）单击"默认"选项卡"绘图"面板中的"圆"按钮，绘制花蕊。命令行提示与操作如下：

命令：_circle
指定圆的圆心或 [三点 (3P)/ 两点 (2P)/ 切点、切点、半径 (T)]:(指定圆心)
指定圆的半径或 [直径 (D)]:(用鼠标拖拽出圆的半径)

2）单击"默认"选项卡"绘图"面板中的"多边形"按钮，绘制正五边形。命令行提示与操作如下：

命令：_polygon
输入侧面数 <4>: 5 ↙
指定正多边形的中心点或 [边 (E)]:< 对象捕捉 开 >(单击状态栏上的"二维对象捕捉"按钮，打开对象捕捉功能，捕捉圆心，如图 6-34 所示)
输入选项 [内接于圆 (I)/ 外切于圆 (C)] <I>: ↙
指定圆的半径:(用鼠标拖拽出圆的半径)

绘制结果如图 6-35 所示。

图 6-32　"特性"选项板

图 6-33　花朵

141

图 6-34　捕捉圆心　　　　　　　　　　图 6-35　绘制正五边形

3）绘制花朵。单击"默认"选项卡"绘图"面板中的"圆弧"按钮 ，绘制圆弧。命令行提示与操作如下：

命令：_arc

指定圆弧的起点或 [圆心 (C)]:(捕捉最上斜边的中点)

指定圆弧的第二个点或 [圆心 (C)/ 端点 (E)]:(捕捉最上顶点)

指定圆弧的端点 :(捕捉左上斜边中点)

绘制结果如图 6-36 所示。采用同样方法绘制另外 4 段圆弧，结果如图 6-37 所示。然后删除正五边形，完成花朵的绘制，结果如图 6-38 所示。

图 6-36　绘制一段圆弧　　　　图 6-37　绘制所有圆弧　　　　图 6-38　绘制花朵

4）单击"默认"选项卡"绘图"面板中的"多段线"按钮 ，绘制枝叶。命令行提示与操作如下：

命令：_pline

指定起点 :(捕捉圆弧右下角的交点)

当前线宽为 0.0000

指定下一个点或 [圆弧 (A)/ 半宽 (H)/ 长度 (L)/ 放弃 (U)/ 宽度 (W)]: W ✓

指定起点宽度 0.0000>: 4 ✓

指定端点宽度 <4.0000>: ✓

指定下一个点或 [圆弧 (A)/ 半宽 (H)/ 长度 (L)/ 放弃 (U)/ 宽度 (W)]: A ✓

指定圆弧的端点 (按住 Ctrl 键以切换方向) 或

[角度 (A)/ 圆心 (CE)/ 闭合 (CL)/ 方向 (D)/ 半宽 (H)/ 直线 (L)/ 半径 (R)/ 第二个点 (S)/ 放弃 (U)/ 宽度 (W)]: S ✓

指定圆弧上的第二个点 :(指定第二点)

指定圆弧的端点 :(指定第三点)

指定圆弧的端点 (按住 Ctrl 键以切换方向) 或

[角度 (A)/ 圆心 (CE)/ 闭合 (CL)/ 方向 (D)/ 半宽 (H)/ 直线 (L)/ 半径 (R)/ 第二个点 (S)/ 放弃 (U)/ 宽度 (W)]: ✓ (完成花枝绘制)

命令：_pline

指定起点 :(捕捉花枝上一点)

当前线宽为 4.0000

指定下一个点或 [圆弧 (A)/ 半宽 (H)/ 长度 (L)/ 放弃 (U)/ 宽度 (W)]: H ✓

指定起点半宽 <2.0000>: 12 ✓

指定端点半宽 <12.0000>: 3 ✓

指定下一个点或 [圆弧 (A)/ 半宽 (H)/ 长度 (L)/ 放弃 (U)/ 宽度 (W)]: A ✓

指定圆弧的端点 (按住 Ctrl 键以切换方向) 或

[角度 (A)/ 圆心 (CE)/ 闭合 (CL)/ 方向 (D)/ 半宽 (H)/ 直线 (L)/ 半径 (R)/ 第二个点 (S)/ 放弃 (U)/ 宽度 (W)]: S ✓

指定圆弧上的第二个点 :(指定第二点)

指定圆弧的端点 :(指定第三点)

指定圆弧的端点 (按住 Ctrl 键以切换方向) 或

[角度 (A)/ 圆心 (CE)/ 闭合 (CL)/ 方向 (D)/ 半宽 (H)/ 直线 (L)/ 半径 (R)/ 第二个点 (S)/ 放弃 (U)/ 宽度 (W)]: ✓

采用同样方法绘制另两片叶子，结果如图 6-39 所示。

5）调整颜色。

① 选择枝叶，枝叶上显示夹点标志，如图 6-40 所示。在一个夹点上右击，打开右键快捷菜单，选择其中的"特性"命令，如图 6-41 所示。系统打开"特性"选项板，在"颜色"下拉列表中选择"绿色"，如图 6-42 所示。

图 6-39　绘制枝叶　　图 6-40　选择枝叶　　图 6-41　右键快捷菜单　　图 6-42　选择枝叶颜色

② 采用同样方法设置花朵颜色为红色、花蕊颜色为洋红色，结果如图 6-33 所示。

6.5 上机操作

【实例 1】绘制如图 6-43 所示的雨伞。

1. 目的要求

本例绘制的是一个日常用品图形，涉及的命令有"多段线""圆弧"和"样条曲线"。本例对尺寸要求不是很严格，在绘图时可以适当指定位置。本例要求读者掌握样条曲线的绘制方法，同时复习多段线的绘制方法。

2. 操作提示

1）利用"圆弧"命令绘制伞的顶部外框。

2）利用"样条曲线"命令绘制伞的底边。

3）利用"圆弧"命令绘制伞面条纹。

4）利用"多段线"命令绘制伞的顶尖和伞把。

图 6-43 雨伞

【实例 2】绘制如图 6-44 所示的墙体。

1. 目的要求

本例绘制的是一个建筑图形，对尺寸要求不太严格，涉及的命令有"多线样式""多线"和"多线编辑工具"。本例要求读者掌握多线命令的使用方法，同时体会利用多线绘制建筑图形的优点。

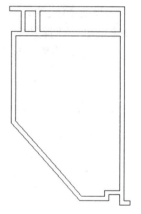

2. 操作提示

1）设置多线格式。

2）利用"多线"命令绘制多线。

3）打开"多线编辑工具"对话框。

4）编辑多线。

图 6-44 墙体

【实例 3】绘制如图 6-45 所示的人脸。

1. 目的要求

本例绘制的图形除了要用到很多基本的绘图命令外，考虑到图形对象的对称性，还要用到"镜像"编辑命令。本例要求读者灵活掌握绘图的基本技巧以及镜像命令的用法。

2. 操作提示

1）利用"圆""直线""圆环""多段线"和"圆弧"命令绘制人脸一半的轮廓。

2）以外轮廓圆竖直方向上两点为对称轴镜像图形。

图 6-45 人脸

第7章　复杂二维编辑命令

知识导引

AutoCAD 有多种二维图形编辑命令，除了前面讲述的简单编辑命令，还有一些复杂的编辑命令。复杂的二维编辑命令有修剪、延伸、拉伸、拉长、圆角、倒角、打断、分解、对象编辑。本章重点介绍复杂二维编辑命令的应用。

内容要点

➢ 改变几何特性类命令
➢ 图案填充

7.1　改变几何特性类命令

改变几何特性类编辑命令在对指定对象进行编辑后，可使对象的几何特性发生改变。这类命令包括修剪、延伸、拉伸、拉长、圆角、倒角和打断等命令。

7.1.1　修剪命令

【执行方式】

- 命令行：TRIM（快捷命令：TR）。
- 菜单栏：选择菜单栏中的"修改"→"修剪"命令。
- 工具栏：单击"修改"工具栏中的"修剪"按钮 。
- 功能区：单击"默认"选项卡"修改"面板中的"修剪"按钮 。

【操作步骤】

命令行提示与操作如下。

命令：TRIM ✓
当前设置：投影 =UCS, 边 = 无 , 模式 = 标准
选择剪切边…
选择对象或［模式 (O)］< 全部选择 >:（选择用作修剪边界的对象 , 按 Enter 键结束对象选择）
选择要修剪的对象，或按住 Shift 键选择要延伸的对象或
［剪切边 (T)/ 栏选 (F)/ 窗交 (C)/ 模式 (O)/ 投影 (P)/ 边 (E)/ 删除 (R)]:

【选项说明】

1）在选择对象时，如果按住 Shift 键，系统会自动将"修剪"命令转换成"延伸"命令。"延伸"命令将在后面介绍。

2）选择"栏选（F）"选项时，系统以栏选的方式选择被修剪的对象，如图 7-1 所示。

3）选择"窗交（C）"选项时，系统以窗交的方式选择被修剪的对象，如图 7-2 所示。

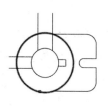
a）选定剪切边

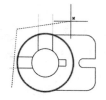
b）使用栏选选定修剪对象

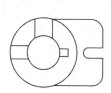
c）修剪结果

图 7-1　使用"栏选"方式修剪对象

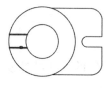
a）选定剪切边

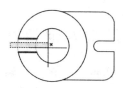
b）选定要修剪的对象

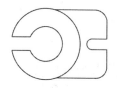
c）修剪结果

图 7-2　使用"窗交"方式修剪对象

4）选择"边（E）"选项时，可以选择对象的修剪方式。

① 延伸（E）：延伸边界进行修剪。在此方式下，如果剪切边没有与要修剪的对象相交，系统会延伸剪切边直至与对象相交，然后再修剪，如图 7-3 所示。

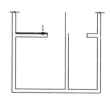
a）选择剪切边

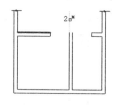
b）选择要修剪的对象

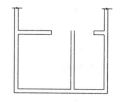
c）修剪结果

图 7-3　使用"延伸"方式修剪对象

② 不延伸（N）：不延伸边界修剪对象，只修剪与剪切边相交的对象。

5）被选择的对象可以互为边界和被修剪对象，此时系统会在选择的对象中自动判断边界。

 技巧荟萃

在使用"修剪"命令修剪对象时，如果逐个单击选择要修剪的对象，则效率比较低。可以先输入修剪命令"TR"或"TRIM"，然后按 Space 或 Enter 键，命令行中就会提示选择修剪的对象，这时可以不选择对象，继续按 Space 或 Enter 键，系统默认选择全部，这样就可以很快地完成修剪过程。

7.1.2　实例——卫星轨道的绘制

本实例绘制的卫星轨道如图 7-4 所示。

1）在"默认"选项卡的"绘图"面板中单击"椭圆"下拉按钮，在打开的下拉列表中选择"轴，端点"按钮 ⚬，绘制椭圆。命令行提示与操作如下：

命令：_ellipse

指定椭圆的轴端点或 [圆弧 (A)/ 中心点 (C)]:(指定端点)

指定轴的另一个端点:(指定另一端点)

指定另一条半轴长度或 [旋转 (R)]:(用鼠标拖拽出另一条半轴的长度)

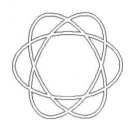

图 7-4　卫星轨道

2）单击"默认"选项卡"修改"面板中的"偏移"按钮 ⊜，将椭圆偏移。命令行提示与操作如下：

命令：_offset

当前设置：删除源 = 否　图层 = 源　OFFSETGAPTYPE=0

指定偏移距离或 [通过 (T)/ 删除 (E)/ 图层 (L)] <3.0000>: 3 ✓

选择要偏移的对象，或 [退出 (E)/ 放弃 (U)] < 退出 >:(选择绘制的椭圆)

指定要偏移的那一侧上的点，或 [退出 (E)/ 多个 (M)/ 放弃 (U)] < 退出 >:(指定一点)

选择要偏移的对象，或 [退出 (E)/ 放弃 (U)] < 退出 >: ✓

绘制结果如图 7-5 所示。

3）单击"默认"选项卡"修改"面板中的"环形阵列"按钮 ⚬ ，将两个椭圆阵列。命令行提示与操作如下：

命令：_arraypolar

选择对象:(框选绘制的两个椭圆)

选择对象: ✓

类型 = 极轴　关联 = 是

指定阵列的中心点或 [基点 (B)/ 旋转轴 (A)]: (选择椭圆圆心为中心点)

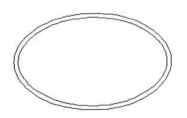

图 7-5　绘制椭圆并偏移

选择夹点以编辑阵列或 [关联 (AS)/ 基点 (B)/ 项目 (I)/ 项目间角度 (A)/ 填充角度 (F)/ 行 (ROW)/ 层 (L)/ 旋转项目 (ROT)/ 退出 (X)] < 退出 >: I ✓

输入阵列中的项目数或 [表达式 (E)] <6>: 3 ✓

选择夹点以编辑阵列或 [关联 (AS)/ 基点 (B)/ 项目 (I)/ 项目间角度 (A)/ 填充角度 (F)/ 行 (ROW)/ 层 (L)/ 旋转项目 (ROT)/ 退出 (X)] < 退出 >: F ✓

指定填充角度(+= 逆时针、-= 顺时针) 或 [表达式 (EX)] <360>: 360 ↙

选择夹点以编辑阵列或 [关联 (AS)/ 基点 (B)/ 项目 (I)/ 项目间角度 (A)/ 填充角度 (F)/ 行 (ROW)/ 层 (L)/ 旋转项目 (ROT)/ 退出 (X)] <退出 >: ↙

阵列椭圆的结果如图 7-6 所示。

4）单击"默认"选项卡"修改"面板中的"修剪"按钮，将图形修剪。命令行提示与操作如下：

命令 : _trim

当前设置 : 投影 =UCS, 边 = 延伸 , 模式 = 标准

选择剪切边 ...

选择对象或 [模式 (O)] <全部选择>: ↙

选择要修剪的对象 , 或按住 Shift 键选择要延伸的对象或

[剪切边 (T)/ 栏选 (F)/ 窗交 (C)/ 模式 (O)/ 投影 (P)/ 边 (E)/ 删除 (R)]: (选择两椭圆环的交叉部分)

选择要修剪的对象 , 或按住 Shift 键选择要延伸的对象或

[剪切边 (T)/ 栏选 (F)/ 窗交 (C)/ 模式 (O)/ 投影 (P)/ 边 (E)/ 删除 (R)/ 放弃 (U)]: (选择两椭圆环的交叉部分)

选择要修剪的对象 , 或按住 Shift 键选择要延伸的对象或

[剪切边 (T)/ 栏选 (F)/ 窗交 (C)/ 模式 (O)/ 投影 (P)/ 边 (E)/ 删除 (R)/ 放弃 (U)]: ↙

如此重复修剪，结果如图 7-4 所示。

图 7-6　阵列椭圆

7.1.3　延伸命令

延伸是指延伸对象到另一个对象的边界线，如图 7-7 所示。

a）选择边界　　　　　b）选择要延伸的对象　　　　　c）结果

图 7-7　延伸对象 1

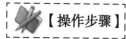 【执行方式】

- 命令行 : EXTEND（快捷命令 : EX ）。
- 菜单栏 : 选择菜单栏中的"修改"→"延伸"命令。
- 工具栏 : 单击"修改"工具栏中的"延伸"按钮→|。
- 功能区 : 单击"默认"选项卡"修改"面板中的"延伸"按钮→|。

【操作步骤】

命令行提示与操作如下：

命令 : EXTEND ↙

当前设置 : 投影 =UCS, 边 = 延伸 , 模式 = 标准

选择边界边 ...

选择对象或 [模式 (O)] ＜全部选择 ＞: (选择边界对象)

此时可以选择对象来定义边界，若直接按 Enter 键，则选择所有对象作为可能的边界对象。

系统规定可以用作边界对象的对象有：直线段、射线、双向无限长线、圆弧、圆、椭圆、二维 / 三维多义线、样条曲线、文本、浮动的视口、区域。如果选择二维多义线作为边界对象，系统会忽略其宽度而把对象延伸至多义线的中心线。

选择边界对象后，命令行提示如下：

选择要延伸的对象 , 或按住 Shift 键选择要修剪的对象或

[边界边 (B)/ 栏选 (F)/ 窗交 (C)/ 模式 (O)/ 投影 (P)/ 边 (E)]:

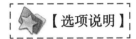

1）如果要延伸的对象是适配样条多义线，则延伸后会在多义线的控制框上增加新节点；如果要延伸的对象是锥形的多义线，系统会修正延伸端的宽度，使多义线从起始端平滑地延伸至新终止端；如果延伸操作导致终止端宽度可能为负值，则取宽度值为 0，如图 7-8 所示。

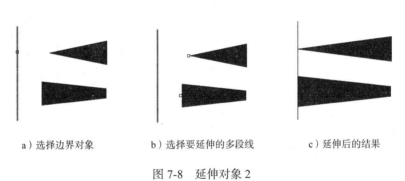

| a）选择边界对象 | b）选择要延伸的多段线 | c）延伸后的结果 |

图 7-8　延伸对象 2

2）选择对象时，如果按住 Shift 键，系统会自动将"延伸"命令转换成"修剪"命令。

7.1.4　实例——空间连杆的绘制

本例绘制的空间连杆如图 7-9 所示。

1）单击"标准"工具栏中的"新建"图标 ，新建一个名称为"垫片 .dwg"的文件。单击"默认"选项卡"图层"面板中的"图层特性"按钮 ，新建两个图层：

第一图层命名为"轮廓线"，设置线宽为 0.3mm, 其余属性采用默认。

第二图层命名为"中心线"，设置颜色为红色、线型为 CENTER, 其余属性采用默认。

2）将"中心线"图层设置为当前图层。单击"默认"选项卡"绘图"面板中的"直线"按钮 ，绘制两条互相垂直的中心线，结果如图 7-10 所示。

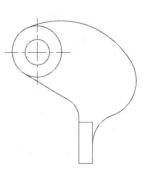

图 7-9　空间连杆

3）将"轮廓线"图层设置为当前图层。单击"默认"选项卡"绘图"面板中的"圆"按钮⊙，绘制圆。命令行提示与操作如下：

命令：_circle

指定圆的圆心或 [三点 (3P)/ 两点 (2P)/ 相切、相切、半径 (T)]:

(选取两条中心线的交点)

指定圆的半径或 [直径 (D)]:12.5 ✓

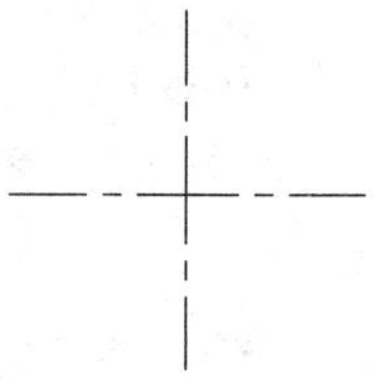

重复上述命令，绘制半径为 25 的同心圆，结果如图 7-11 所示。

图 7-10　绘制中心线

4）单击"默认"选项卡"修改"面板中的"偏移"按钮⊜，将中心线偏移。命令行提示与操作如下：

命令：_offset

当前设置：删除源 = 否　图层 = 源　OFFSETGAPTYPE=0

指定偏移距离或 [通过 (T)/ 删除 (E)/ 图层 (L)] < 通过 >: 28 ✓

选择要偏移的对象，或 [退出 (E)/ 放弃 (U)] < 退出 >:(选择水平中心线)

指定要偏移的那一侧上的点，或 [退出 (E)/ 多个 (M)/ 放弃 (U)] < 退出 >:(选择水平中心线的下侧)

选择要偏移的对象，或 [退出 (E)/ 放弃 (U)] < 退出 >: ✓

重复上述命令，将水平中心线分别向下偏移 68 和 108，再将竖直中心线分别向右偏移 42、56 和 66，结果如图 7-12 所示。

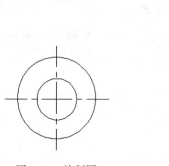

图 7-11　绘制圆

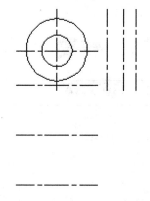

图 7-12　偏移中心线

5）单击"默认"选项卡"修改"面板中的"延伸"按钮⊸，将中心线延伸。命令行提示与操作如下：

命令：extend ✓

当前设置：投影 =UCS, 边 = 延伸 , 模式 = 标准

选择边界边 ...

选择对象或 [模式 (O)] < 全部选择 >: ✓

选择要延伸的对象，或按住 Shift 键选择要修剪的对象或

[边界边 (B)/ 栏选 (F)/ 窗交 (C)/ 模式 (O)/ 投影 (P)/ 边 (E)]:E ✓

输入隐含边延伸模式 [延伸 (E)/ 不延伸 (N)] < 延伸 >: E ✓

选择要延伸的对象，或按住 Shift 键选择要修剪的对象或

[边界边 (B)/ 栏选 (F)/ 窗交 (C)/ 模式 (O)/ 投影 (P)/ 边 (E)/ 放弃 (U)]:(选择要延伸的线)

......

结果如图 7-13 所示。

6）单击"默认"选项卡"绘图"面板中的"直线"按钮/，绘制线段 12、线段 23、线段 34、线段 41，结果如图 7-14 所示。

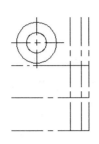

图 7-13　延伸处理

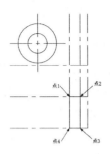

图 7-14　绘制直线

7）单击"默认"选项卡的"绘图"面板中的"圆"按钮⊙，绘制以点 5 为圆心、半径为 35 的圆，绘制半径为 30 且与半径为 35 的圆和线段 23 相切的圆，绘制半径为 85 且与半径为 35 的圆和半径为 25 的圆相切的圆，结果如图 7-15 所示。

8）单击"默认"选项卡"修改"面板中的"删除"按钮，将多余线段进行删除，结果如图 7-16 所示。

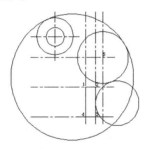

图 7-15　绘制圆

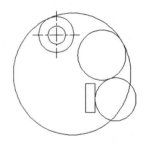

图 7-16　删除多余线段

9）单击"默认"选项卡"修改"面板中的"修剪"按钮，修剪图线，结果如图 7-17 所示。

10）单击"默认"选项卡"绘图"面板中的"直线"按钮/，绘制与半径为 25 的圆相切且与水平方向成 −30° 角的直线，结果如图 7-18 所示。

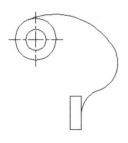

图 7-17　修剪图线

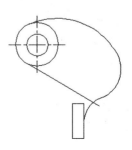

图 7-18　绘制直线

11）单击"默认"选项卡"绘图"面板中的"圆"按钮⊙，绘制半径为20、与刚绘制的直线和线段14相切的圆，结果如图7-19所示。

12）单击"默认"选项卡"修改"面板中的"修剪"按钮，修剪图线，结果如图7-9所示。

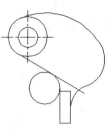

7.1.5 拉伸命令

拉伸是指拖拽选择的对象，且使对象的形状发生改变，如图7-20所示。拉伸对象时应指定拉伸的基点和移至点。利用一些辅助工具（如捕捉、钳夹功能及相对坐标等）可以提高拉伸的精度。

图7-19 绘制圆

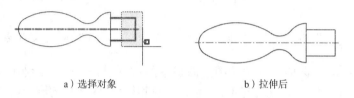

a）选择对象 　　　　　　 b）拉伸后

图7-20 拉伸对象

 【执行方式】

- 命令行：STRETCH（快捷命令：S）。
- 菜单栏：选择菜单栏中的"修改"→"拉伸"命令。
- 工具栏：单击"修改"工具栏中的"拉伸"按钮。
- 功能区：单击"默认"选项卡"修改"面板中的"拉伸"按钮。

 【操作步骤】

命令行提示与操作如下：

命令：STRETCH✓

以交叉窗口或交叉多边形选择要拉伸的对象…

选择对象：C✓

指定第一个角点：指定对角点：找到2个：（采用交叉窗口的方式选择要拉伸的对象）

指定基点或 [位移 (D)] < 位移 >：(指定拉伸的基点)

指定第二个点或 < 使用第一个点作为位移 >：(指定拉伸的移至点)

此时，若指定第二个点，系统将根据这两点决定矢量拉伸的对象；若直接按 Enter 键，系统会把第一个点作为 X 和 Y 轴的分量值。

拉伸命令将使完全包含在交叉窗口内的对象不被拉伸，部分包含在交叉选择窗口内的对象被拉伸，如图7-20所示。

7.1.6 拉长命令

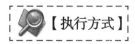 【执行方式】

- 命令行：LENGTHEN（快捷命令：LEN）。

- 菜单栏：选择菜单栏中的"修改"→"拉长"命令。
- 功能区：单击"默认"选项卡"修改"面板中的"拉长"按钮 ✏。

【操作步骤】

命令行提示与操作如下：

命令 :LENGTHEN ✓

选择要测量的对象或 [增量 (DE)/ 百分比 (P)/ 总计 (T)/ 动态 (DY)] < 总计 (T)>: (选择要拉长的对象)

当前长度 : 30.5001(给出选定对象的长度 , 如果选择圆弧 , 还将给出圆弧的包含角)

选择要测量的对象或 [增量 (DE)/ 百分比 (P)/ 总计 (T)/ 动态 (DY)] < 总计 (T)>: DE ✓ (选择拉长或缩短的方式为增量方式)

输入长度增量或 [角度 (A)] <0.0000>: 10 ✓ (在此输入长度增量数值。如果选择圆弧段 , 则可输入选项 "A", 给定角度增量)

选择要修改的对象或 [放弃 (U)]: (选定要修改的对象 , 进行拉长操作)

选择要修改的对象或 [放弃 (U)]: (继续选择 , 或按 Enter 键结束命令)

【选项说明】

（1）增量（DE）　用指定增加量的方法改变对象的长度或角度。

（2）百分比（P）　用指定占总长度百分比的方法改变圆弧或直线段的长度。

（3）总计（T）　用指定新总长度或总角度值的方法改变对象的长度或角度。

（4）动态（DY）　在此模式下，可以使用拖拽鼠标的方法来动态地改变对象的长度或角度。

7.1.7　实例——手柄的绘制

绘制如图 7-21 所示的手柄。

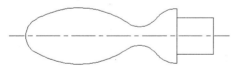

图 7-21　手柄

1）单击"默认"选项卡"图层"面板中的"图层特性"按钮 ⛁，新建两个图层："轮廓线"图层，设置线宽属性为 0.3mm，其余属性采用默认；"中心线"图层，设置颜色为红色、线型为 CENTER，其余属性采用默认。

2）将"中心线"图层设置为当前图层。单击"默认"选项卡"绘图"面板中的"直线"按钮 ✏，设置直线的两个端点坐标为（150，150）和（@100，0），绘制直线，结果如图 7-22 所示。

3）将"轮廓线"图层设置为当前图层。单击"默认"选项卡"绘图"面板中的"圆"按钮 ⊙，以点（160，150）为圆心、半径为 10 绘制圆；以点（235，150）为圆心，半径为 15 绘制圆。再绘制半径为 50 的圆与前两个圆相切，结果如图 7-23 所示。

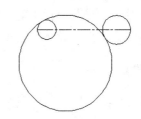

图 7-22　绘制直线　　　　　　　　　图 7-23　绘制圆

4）单击"默认"选项卡"绘图"面板中的"直线"按钮／，以端点坐标为｛（250，150），（@10，<90），（@15<180）｝绘制直线，然后按"Space"键重复"直线"命令，绘制从点（235，165）到点（235，150）的直线，结果如图 7-24 所示。

5）单击"默认"选项卡"修改"面板中的"修剪"按钮，修剪图 7-24 所示的图形，结果如图 7-25 所示。

6）单击"默认"选项卡"绘图"面板中的"圆"按钮，绘制半径为 12、与圆弧 1 和圆弧 2 相切的圆，结果如图 7-26 所示。

7）单击"默认"选项卡"修改"面板中的"修剪"按钮，将多余的圆弧进行修剪，结果如图 7-27 所示。

8）单击"默认"选项卡"修改"面板中的"镜像"按钮，以中心线为对称轴，不删除原对象，将绘制的中心线以上的对象进行镜像，结果如图 7-28 所示。

9）单击"默认"选项卡"修改"面板中的"修剪"按钮，进行修剪处理，结果如图 7-29 所示。

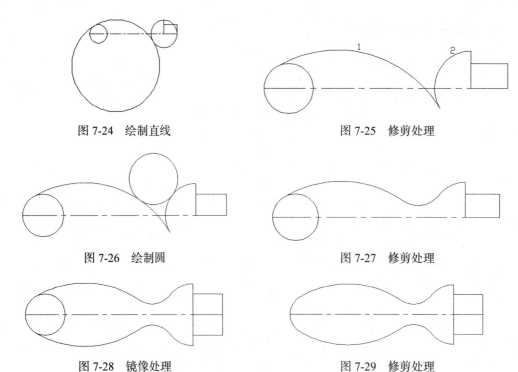

图 7-24　绘制直线　　　　　　　　　图 7-25　修剪处理

图 7-26　绘制圆　　　　　　　　　　图 7-27　修剪处理

图 7-28　镜像处理　　　　　　　　　图 7-29　修剪处理

10）单击"默认"选项卡"修改"面板中的"拉伸"按钮，拉长接头部分。命令行提示与操作如下：

命令：_stretch

以交叉窗口或交叉多边形选择要拉伸的对象 ...

选择对象：C✓

指定第一个角点：（框选手柄接头部分，如图 7-30 所示）

指定对角点：找到 6 个

选择对象：✓

指定基点或 [位移 (D)] < 位移 >:100, 100 ✓

指定位移的第二个点或 < 用第一个点作位移 >:105, 100 ✓

结果如图 7-31 所示。

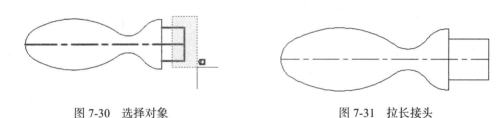

图 7-30　选择对象　　　　　　　　　　　图 7-31　拉长接头

11）单击"默认"选项卡"修改"面板中的"拉长"按钮，拉长中心线。命令行提示与操作如下：

命令：_lengthen

选择要测量的对象或 [增量 (DE)/ 百分比 (P)/ 总计 (T)/ 动态 (DY)] < 总计 (T)>: DE ✓

输入长度增量或 [角度 (A)] <0.0000>:4 ✓

选择要修改的对象或 [放弃 (U)]:(选择中心线右端)

选择要修改的对象或 [放弃 (U)]: (选择中心线左端)

选择要修改的对象或 [放弃 (U)]: ✓

结果如图 7-21 所示。

7.1.8　圆角命令

圆角是指用一条指定半径的圆弧平滑连接两个对象。可以平滑连接一对直线段、非圆弧的多义线段、样条曲线、双向无限长线、射线、圆、圆弧和椭圆，并且可以在任何时候平滑连接多义线的每个节点。

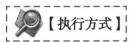

- 命令行：FILLET（快捷命令：F）。
- 菜单栏：选择菜单栏中的"修改"→"圆角"命令。
- 工具栏：单击"修改"工具栏中的"圆角"按钮。
- 功能区：单击"默认"选项卡"修改"面板中的"圆角"按钮。

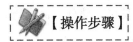

【操作步骤】

命令行提示与操作如下：

命令：FILLET ✓

当前设置：模式 = 修剪，半径 = 0.0000

选择第一个对象或 [放弃 (U)/ 多段线 (P)/ 半径 (R)/ 修剪 (T)/ 多个 (M)]:（选择第一个对象或别的选项）

选择第二个对象，或按住 Shift 键选择对象以应用角点或 [半径 (R)]:（选择第二个对象）

【选项说明】

（1）多段线（P） 在一条二维多段线两段直线段的节点处插入圆弧。选择多段线后系统会根据指定的圆弧半径把多段线各顶点用圆弧平滑连接起来。

（2）修剪（T） 确定在平滑连接两条边时是否修剪这两条边，如图 7-32 所示。

（3）多个（M） 同时对多个对象进行圆角编辑，而不必重新起用命令。

a）修剪方式　　　　　b）不修剪方式

图 7-32　圆角连接

（4）按住 Shift 键选择对象 按住 Shift 键并选择两条直线，可以快速创建零距离倒角或零半径圆角。

7.1.9　实例——挂轮架的绘制

本实例绘制的挂轮架如图 7-33 所示。

1）设置绘图环境。

① 利用 LIMITS 命令设置图幅为 297×210。

② 单击"默认"选项卡"图层"面板中的"图层特性"按钮，创建图层"CSX"及"XDHX"。其中，"CSX"线型为实线，线宽为 0.30mm，其他属性采用默认；"XDHX"线型为 CENTER，线宽为 0.09mm，其他属性采用默认。

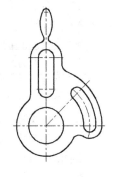

图 7-33　挂轮架

2）将"XDHX"图层设置为当前图层。单击"默认"选项卡"绘图"面板中的"直线"按钮，绘制对称中心线。命令行提示与操作如下：

命令：_line　（绘制最下面的水平对称中心线）

指定第一个点：80, 70 ✓

指定下一点或 [放弃 (U)]: 210, 70 ✓

指定下一点或 [放弃 (U)]: ✓

① 单击"默认"选项卡"绘图"面板中的"直线"按钮，绘制另两条线段，端点分别为 {（140，210），（140，12）} 和 {（中心线的交点），（@70<45）}。

② 单击"默认"选项卡"修改"面板中的"偏移"按钮，依次以偏移形成的水平对称中心线为偏移对象，将水平中心线向上偏移 40、35、50、4。

③ 单击"默认"选项卡"绘图"面板中的"圆"按钮，以下部中心线的交点为圆心，绘制半径为 50 的中心线圆。

④ 单击"默认"选项卡"修改"面板中的"修剪"按钮，修剪中心线圆，结果如图 7-34 所示。

3）将"CSX"图层设置为当前图层，绘制挂轮架中部图形。

① 单击"默认"选项卡"绘图"面板中的"圆"按钮，以下部中心线的交点为圆心，绘制半径为 20 和 34 的同心圆。

② 单击"默认"选项卡"修改"面板中的"偏移"按钮，将竖直中心线分别向两侧偏移 9 和 18。

③ 单击"默认"选项卡"绘图"面板中的"直线"按钮，分别捕捉竖直中心线与水平中心线的交点绘制四条竖直线。

④ 单击"默认"选项卡"修改"面板中的"删除"按钮，删除偏移的竖直对称中心线，结果如图 7-35 所示。

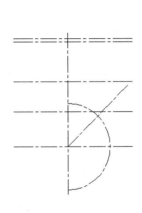

图 7-34　修剪图形

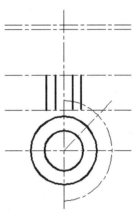

图 7-35　绘制中间的竖直线

⑤ 单击"默认"选项卡"绘图"面板中的"圆弧"按钮和"圆角"按钮，绘制圆弧和圆角。命令行提示与操作如下：

命令：_arc　（绘制 R18 圆弧）

指定圆弧的起点或 [圆心 (C)]: C✔

指定圆弧的圆心：_int 于　（捕捉中心线的交点）

指定圆弧的起点：_int 于（捕捉左侧中心线的交点）

指定圆弧的端点（按住 Ctrl 键以切换方向）或 [角度 (A)/ 弦长 (L)]: A✔

指定夹角（按住 Ctrl 键以切换方向）: -180✔

命令：_fillet

当前设置：模式 = 修剪，半径 = 4.0000

选择第一个对象或 [放弃 (U)/ 多段线 (P)/ 半径 (R)/ 修剪 (T)/ 多个 (M)]:(选择中间左侧的竖直线的上部)

选择第二个对象，或按住 Shift 键选择对象以应用角点或 [半径 (R)]:(选择中间右侧的竖直线的上部)

采用同样方法，绘制下部 R9 圆弧和左端 R10 圆角。

⑥ 单击"默认"选项卡"修改"面板中的"修剪"按钮，修剪 R34 圆，结果如图 7-36 所示。

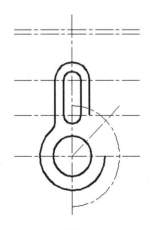

图 7-36　绘制挂轮架中部图形

4）绘制挂轮架右部图形。

① 单击"默认"选项卡"绘图"面板中的"圆"按钮⊙，绘制圆。命令行提示与操作如下：

命令：_circle （绘制 R7 圆弧）

指定圆的圆心或 [三点 (3P)/ 两点 (2P)/ 切点、切点、半径 (T)]：_int 于（捕捉中心线圆弧 R50 与水平中心线的交点）

指定圆的半径或 [直径 (D)]：7 ↙

采用同样方法，捕捉中心线圆弧 R50 与倾斜中心线的交点为圆心，以 7 为半径绘制圆。

② 单击"默认"选项卡"绘图"面板中的"圆弧"按钮，绘制圆弧。命令行提示与操作如下：

命令：_arc(绘制 R43 圆弧）

指定圆弧的起点或 [圆心 (C)]：C ↙

指定圆弧的圆心：_cen 于 （捕捉 R34 圆弧的圆心）

指定圆弧的起点：_int 于 （捕捉下部 R7 圆与水平对称中心线的左交点）

指定圆弧的端点（按住 Ctrl 键以切换方向）或 [角度 (A)/ 弦长 (L)]：_int 于 （捕捉上部 R7 圆与倾斜对称中心线的左交点）

命令：_arc （绘制 R57 圆弧）

指定圆弧的起点或 [圆心 (C)]：C ↙

指定圆弧的圆心：_cen 于 （捕捉 R34 圆弧的圆心）

指定圆弧的起点：_int 于 （捕捉下部 R7 圆与水平对称中心线的右交点）

指定圆弧的端点（按住 Ctrl 键以切换方向）或 [角度 (A)/ 弦长 (L)]：_int 于 （捕捉上部 R7 圆与倾斜对称中心线的右交点）

③ 单击"默认"选项卡"修改"面板中的"修剪"按钮，修剪 R7 圆。

④ 单击"默认"选项卡"绘图"面板中的"圆"按钮⊙，为 R34 圆弧的圆心为圆心，绘制半径为 64 的圆。

⑤ 单击"默认"选项卡"修改"面板中的"圆角"按钮，绘制上部 R10 圆角。

⑥ 单击"默认"选项卡"修改"面板中的"修剪"按钮，修剪 R64 圆。

⑦ 单击"默认"选项卡"绘图"面板中的"圆弧"按钮，绘制圆弧。命令行提示与操作如下：

命令：ARC ↙（绘制下部 R14 圆弧）

指定圆弧的起点或 [圆心 (C)]：C ↙

指定圆弧的圆心：_cen 于 （捕捉下部 R7 圆的圆心）

指定圆弧的起点：_int 于 （捕捉 R64 圆与水平对称中心线的交点）

指定圆弧的端点（按住 Ctrl 键以切换方向）或 [角度 (A)/ 弦长 (L)]：A ↙

指定夹角（按住 Ctrl 键以切换方向）：-180

⑧ 单击"默认"选项卡"修改"面板中的"圆角"按钮，绘制下部 R8 圆角，结果如图 7-37 所示。

5）绘制挂轮架上部图形。

① 单击"默认"选项卡"修改"面板中的"偏移"按钮，将竖直对称中心线向右偏移 22。

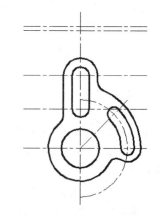

图 7-37 绘制挂轮架右部图形

②　将"0"图层设置为当前图层。单击"默认"选项卡"绘图"面板中的"圆"按钮⊙，以第二条水平中心线与竖直中心线的交点为圆心，绘制 R26 辅助圆。

③　将"CSX"图层设置为当前图层。单击"默认"选项卡"绘图"面板中的"圆"按钮⊙，以 R26 圆与偏移的竖直中心线的交点为圆心，绘制 R30 圆，结果如图 7-38 所示。

④　单击"默认"选项卡"修改"面板中的"删除"按钮✍，分别选择偏移形成的竖直中心线及 R26 圆。

⑤　单击"默认"选项卡"修改"面板中的"修剪"按钮⅄，修剪 R30 圆。

⑥　单击"默认"选项卡"修改"面板中的"镜像"按钮◿▵，以竖直中心线为镜像轴，镜像所绘制的 R30 圆弧，结果如图 7-39 所示。

⑦　单击"默认"选项卡"修改"面板中的"圆角"按钮◠，绘制圆角。命令行提示与操作如下：

命令：_fillet　（绘制最上部 R4 圆弧）

当前设置：模式 = 修剪，半径 = 8.0000

选择第一个对象或 [放弃 (U)/ 多段线 (P)/ 半径 (R)/ 修剪 (T)/ 多个 (M)]：R ✓

指定圆角半径 <8.0000>：4 ✓

选择第一个对象或 [放弃 (U)/ 多段线 (P)/ 半径 (R)/ 修剪 (T)/ 多个 (M)]：(选择左侧 R30 圆弧的上部)

选择第二个对象，或按住 Shift 键选择对象以应用角点或 [半径 (R)]：(选择右侧 R30 圆弧的上部)

命令：_fillet(绘制左边 R4 圆角)

当前设置：模式 = 修剪，半径 = 4.0000

选择第一个对象或 [放弃 (U)/ 多段线 (P)/ 半径 (R)/ 修剪 (T)/ 多个 (M)]：T ✓　（更改修剪模式）

输入修剪模式选项 [修剪 (T)/ 不修剪 (N)] < 修剪 >：N ✓　（选择修剪模式为"不修剪"）

选择第一个对象或 [放弃 (U)/ 多段线 (P)/ 半径 (R)/ 修剪 (T)/ 多个 (M)]：(选择左侧 R30 圆弧的下端)

选择第二个对象，或按住 Shift 键选择对象以应用角点或 [半径 (R)]：(选择 R18 圆弧的左侧)

命令：_fillet(绘制右边 R4 圆角)

当前设置：模式 = 不修剪，半径 = 4.0000

选择第一个对象或 [放弃 (U)/ 多段线 (P)/ 半径 (R)/ 修剪 (T)/ 多个 (M)]：(选择右侧 R30 圆弧的下端)

选择第二个对象，或按住 Shift 键选择对象以应用角点或 [半径 (R)]：(选择 R18 圆弧的右侧)

⑧　单击"默认"选项卡"修改"面板中的"修剪"按钮⅄，修剪 R30 圆，结果如图 7-40 所示。

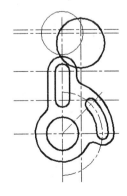
图 7-38　绘制 R30 圆

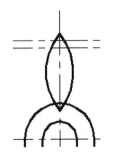
图 7-39　镜像 R30 圆

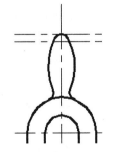
图 7-40　绘制挂轮架上部图形

6）整理并保存图形。

① 单击"默认"选项卡"修改"面板中的"拉长"按钮，调整中心线长度。命令行提示与操作如下：

命令：_lengthen

选择要测量的对象或 [增量 (DE)/ 百分比 (P)/ 总计 (T)/ 动态 (DY)] < 总计 (T)>: DY✔ （选择动态调整）

选择要修改的对象或 [放弃 (U)]:(分别选择欲调整的中心线)

指定新端点 :(将选择的中心线调整到新的长度)

② 单击"默认"选项卡"修改"面板中的"删除"按钮，删除多余中心线。命令行提示与操作如下：

命令：_erase

选择对象 :(选择最上边的两条水平中心线)

…… 找到 1 个，总计 2 个

③ 单击快速访问工具栏中的"保存"按钮，将绘制完成的图形以"挂轮架 .dwg"为文件名保存在指定的路径中。

7.1.10 倒角命令

倒角是用斜线连接两个不平行的线型对象。可以用斜线连接直线段、双向无限长线、射线和多义线。

系统采用两种方法确定连接两个对象的斜线：一种是指定两个斜线距离，另一种是指定斜线角度和一个斜线距离。下面分别介绍这两种方法的使用。

1. 指定两个斜线距离

斜线距离是指从被连接对象与斜线的交点到被连接的两对象交点之间的距离，如图 7-41 所示。

2. 指定斜线角度和一个斜线距离

采用这种方法连接对象时，需要输入两个参数：斜线与一个对象的斜线距离和斜线与该对象的夹角，如图 7-42 所示。

图 7-41　斜线距离

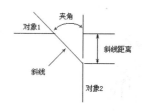

图 7-42　斜线距离与夹角

【执行方式】

- 命令行：CHAMFER（快捷命令：CHA ）。
- 菜单：选择菜单栏中的"修改"→"倒角"命令。

- 工具栏：单击"修改"工具栏中的"倒角"按钮 ∕。
- 功能区：单击"默认"选项卡"修改"面板中的"倒角"按钮 ∕。

【操作步骤】

命令行提示与操作如下：

命令：CHAMFER ✓

("不修剪"模式) 当前倒角距离 1 = 0.0000, 距离 2 = 0.0000

选择第一条直线或 [放弃 (U)/ 多段线 (P)/ 距离 (D)/ 角度 (A)/ 修剪 (T)/ 方式 (E)/ 多个 (M)]: (选择第一条直线或别的选项)

选择第二条直线，或按住 Shift 键选择直线以应用角点或 [距离 (D)/ 角度 (A)/ 方法 (M)]: (选择第二条直线)

【选项说明】

（1）多段线（P）　对多段线的各个交叉点倒角。为了得到最好的连接效果，一般设置斜线是相等的值，系统根据指定的斜线距离把多段线的每个交叉点都以斜线连接，连接的斜线成为多段线新的构成部分，如图 7-43 所示。

（2）距离（D）　选择倒角的两个斜线距离。这两个斜线距离可以相同也可以不相同，若二者均为 0，则系统不绘制连接的斜线，而是把两个对象延伸至相交并修剪超出的部分。

（3）角度（A）　选择第一条直线的斜线距离和第一条直线的倒角角度。

（4）修剪（T）　与圆角连接命令"FILLET"相同，该选项决定连接对象后是否剪切源对象。

（5）方式（E）　确定采用"距离"方式还是"角度"方式来倒角。

（6）多个（M）　同时对多个对象进行倒角编辑。

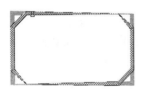

a）选择多段线　　　　　　　　　　b）倒角结果

图 7-43　多段线倒角

7.1.11　实例——轴的绘制

绘制如图 7-44 所示的轴。

1）单击"默认"选项卡"图层"面板中的"图层特性"按钮 ，打开"图层特性管理器"选项板，单击其中的"新建图层"按钮 ，新建两个图层："轮廓线"图层，设置线宽为 0.3mm，其余属性采用默认；"中心线"图层，设置颜色为红色、线型为 CENTER，其余属性采用默认。

2）将"中心线"图层设置为当前图层，单击"默认"选项卡"绘图"面板中的"直线"按钮 ╱，绘制水平中心线，再将"轮廓线"图层设置为当前图层，单击"默认"选项卡"绘图"面板中的"直线"按钮 ╱，绘制竖直线，结果如图 7-45 所示。

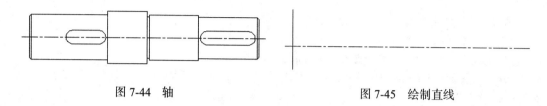

图 7-44　轴　　　　　　　　　　　　　　　　图 7-45　绘制直线

3）单击"默认"选项卡"修改"面板中的"偏移"按钮 ⊆，将水平中心线分别向上偏移 25、26.5、30、35，将竖直线分别向右偏移 2.5、108、163、166、235、315.5、318。然后选择偏移形成的 4 条水平点画线，将其所在图层修改为"轮廓线"图层，将其线型转换成实线，结果如图 7-46 所示。

4）单击"默认"选项卡"修改"面板中的"修剪"按钮 ↘，修剪多余的线段，结果如图 7-47 所示。

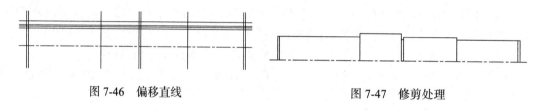

图 7-46　偏移直线　　　　　　　　　　　　图 7-47　修剪处理

5）单击"默认"选项卡"修改"面板中的"倒角"按钮 ╱，将轴的左端倒角。命令行提示与操作如下：

命令：_chamfer

（"修剪"模式）当前倒角距离 1 段线 (P)/ 距 = 0.0000, 距离 2 = 0.0000

选择第一条直线或 [多离 (D)/ 角度 (A)/ 修剪 (T)/ 方式 (M)/ 多个 (U)]: D ↙

指定第一个倒角距离 <0.0000>: 2.5 ↙

指定第二个倒角距离 <2.5000>: ↙

选择第一条直线或 [多段线 (P)/ 距离 (D)/ 角度 (A)/ 修剪 (T)/ 方式 (M)/ 多个 (U)]: (选择最左端的竖直线)

选择第二条直线：(选择与之相交的水平线)

重复上述命令，将右端进行倒角处理，结果如图 7-48 所示。

6）单击"默认"选项卡"修改"面板中的"镜像"按钮 △，将轴的上半部分以中心线为对称轴进行镜像，结果如图 7-49 所示。

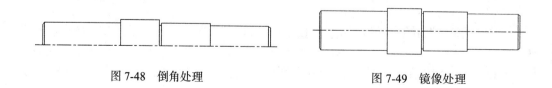

图 7-48　倒角处理　　　　　　　　　　　图 7-49　镜像处理

7）单击"默认"选项卡"修改"面板中的"偏移"按钮，将线段 1 分别向左偏移 12 和 49，将线段 2 分别向右偏移 12 和 69，结果如图 7-50 所示。

8）单击"默认"选项卡"绘图"面板中的"圆"按钮，选择偏移后的线段与水平中心线的交点为圆心，绘制半径为 9 的 4 个圆，结果如图 7-51 所示。

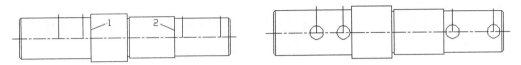

图 7-50 偏移直线 图 7-51 绘制圆

9）单击"默认"选项卡"绘图"面板中的"直线"按钮，绘制与圆相切的 4 条直线，结果如图 7-52 所示。

10）单击"默认"选项卡"修改"面板中的"删除"按钮，将步骤 7）中偏移得到的线段删除，结果如图 7-53 所示。

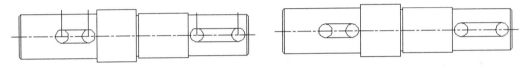

图 7-52 绘制直线 图 7-53 删除线段

11）单击"默认"选项卡"修改"面板中的"修剪"按钮，将多余的线进行修剪，最终结果如图 7-44 所示。

7.1.12 打断命令

【执行方式】

- 命令行：BREAK（快捷命令：BR）。
- 菜单栏：选择菜单栏中的"修改"→"打断"命令。
- 工具栏：单击"修改"工具栏中的"打断"按钮。
- 功能区：单击"默认"选项卡"修改"面板中的"打断"按钮。

【操作步骤】

命令行提示与操作如下：
命令：BREAK ↙
选择对象：（选择要打断的对象）
指定第二个打断点或 [第一点(F)]:（指定第二个断开点或输入"F"，按 Enter 键）

【选项说明】

如果选择"第一点（F）"选项，系统将放弃前面选择的第一个点，重新提示用户指定

163

两个断开点。

7.1.13 实例——删除过长中心线

单击"默认"选项卡"修改"面板中的"打断"按钮 ⌐ ，按命令行提示选择过长的中心线需要打断的位置，如图 7-54a 所示。

这时被选中的中心线变为虚线，如图 7-54b 所示。在中心线的延长线上选择第二点，删除多余的中心线，结果如图 7-54c 所示。

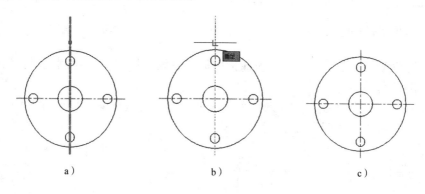

图 7-54　打断对象

7.1.14 打断于点命令

打断于点是指在对象上指定一点，从而把对象在此点拆分成两部分。此命令与打断命令类似。

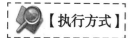【执行方式】

- 命令行：BREAK。
- 工具栏：单击"修改"工具栏中的"打断于点"按钮 ⌐ 。
- 功能区：单击"默认"选项卡"修改"面板中的"打断于点"按钮 ⌐ 。

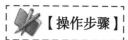【操作步骤】

命令行提示与操作如下：

命令：_breakatpoint
选择对象:(选择要打断的对象)
指定打断点:(选择打断点)

7.1.15 分解命令

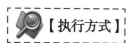【执行方式】

- 命令行：EXPLODE（快捷命令：X）。

- 菜单栏：选择菜单栏中的"修改"→"分解"命令。
- 工具栏：单击"修改"工具栏中的"分解"按钮🗗。
- 功能区：单击"默认"选项卡"修改"面板中的"分解"按钮🗗。

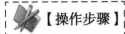

命令行提示与操作如下：

命令：EXPLODE ✓

选择对象：(选择要分解的对象)

选择一个对象后，该对象会被分解。系统继续提示"选择对象"，允许分解多个对象。

技巧荟萃

分解命令是将一个合成图形分解为其部件的工具，如将一个矩形分解成 4 条直线。一个有宽度的直线分解后会失去其宽度属性。

7.1.16 合并命令

使用"合并"命令可以将直线、圆、椭圆弧和样条曲线等独立的图线合并为一个对象，如图 7-55 所示。

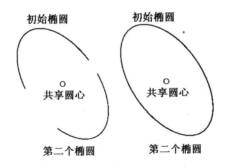

图 7-55 合并对象

【执行方式】

- 命令行：JOIN。
- 菜单栏：选择菜单栏中的"修改"→"合并"命令。
- 工具栏：单击"修改"工具栏中的"合并"按钮➛。
- 功能区：单击"默认"选项卡"修改"面板中的"合并"按钮➛。

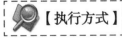

命令行提示与操作如下：

命令：JOIN ✓

选择源对象或要一次合并的多个对象：(选择一个对象)

选择要合并的对象：(选择另一个对象)

找到 1 个

选择要合并的对象：✓

已将 1 条直线合并到源

7.1.17　光顺曲线

使用"光顺曲线"命令可以在两条选定直线或曲线之间的间隙中创建样条曲线。

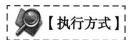
【执行方式】

命令行：BLEND。

菜单栏：选择菜单栏中的"修改"→"光顺曲线"命令。

工具栏：单击"修改"工具栏中的"光顺曲线"按钮 。

【操作步骤】

命令：BLEND ✓

连续性 = 相切

选择第一个对象或 [连续性 (CON)]: CON

输入连续性 [相切 (T)/ 平滑 (S)]< 相切 >:

选择第一个对象或 [连续性 (CON)]:

选择第二个点 :

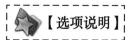
【选项说明】

（1）连续性（CON）　在两种过渡类型中指定一种。

（2）相切（T）　创建一条 3 阶样条曲线，在选定对象的端点处具有相切（G1）连续性。

（3）平滑（S）　创建一条 5 阶样条曲线，在选定对象的端点处具有曲率（G2）连续性。

如果选择"平滑"选项，请勿将显示从控制点切换为拟合点。此操作会将样条曲线更改为 3 阶，改变样条曲线的形状。

7.2　图 案 填 充

当用户需要用一个重复的图案（pattern）填充一个区域时，可以使用"BHATCH"命令，创建一个相关联的填充阴影对象，即所谓的图案填充。

7.2.1　基本概念

1. 图案边界

当进行图案填充时，首先要确定填充图案的边界。定义边界的对象只能是直线、双向射线、单向射线、多义线、样条曲线、圆弧、圆、椭圆、椭圆弧、面域等对象或用这些对

象定义的块，而且作为边界的对象在当前图层上必须全部可见。

2. 孤岛

在进行图案填充时，把位于总填充区域内的封闭区域称为孤岛，如图 7-56 所示。在使用 "BHATCH" 命令填充时，AutoCAD 允许用户以拾取点的方式确定填充边界，即在希望填充的区域内任意拾取一点，系统会自动确定填充边界，同时确定该边界内的孤岛。如果用户以选择对象的方式确定填充边界，则必须确切地选取这些孤岛（有关知识将在 7.2.2 节中介绍）。

3. 填充方式

在进行图案填充时，需要控制填充的范围，AutoCAD 为用户设置了以下 3 种填充方式以实现对填充范围的控制：

1）普通方式。如图 7-57a 所示，该方式从边界开始，从每条填充线或每个填充符号的两端向里填充，遇到内部对象与之相交时，填充线或符号断开，直到遇到下一次相交时再继续填充。采用这种填充方式时，要避免剖面线或符号与内部对象的相交次数为奇数。该方式为系统内部的缺省方式。

2）最外层方式。如图 7-57b 所示，该方式从边界向里填充，只要在边界内部与对象相交，剖面符号就会断开，而不再继续填充。

3）忽略方式。如图 7-57c 所示，该方式忽略边界内的对象，所有内部结构都被剖面符号覆盖。

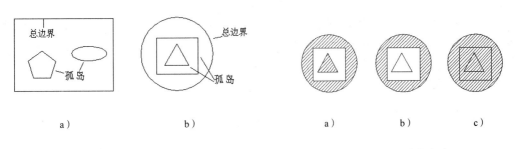

　　　　图 7-56　孤岛　　　　　　　　　　　图 7-57　填充方式

7.2.2　图案填充的操作

【执行方式】

- 命令行：BHATCH（快捷命令：H）。
- 菜单栏：选择菜单栏中的"绘图"→"图案填充"或"渐变色"命令。
- 工具栏：单击"绘图"工具栏中的"图案填充"按钮。
- 功能区：单击"默认"选项卡"绘图"面板中的"图案填充"按钮。

执行上述操作后，系统打开如图 7-58 所示的"图案填充创建"选项卡。

图 7-58　"图案填充创建"选项卡 1

【选项说明】

1. "边界"面板

（1）拾取点 ⊞　通过选择由一个或多个对象形成的封闭区域内的点，确定图案填充边界，如图 5-59 所示。指定内部点时，可以随时在绘图区域中右击以显示包含多个选项的快捷菜单。

a）选择一点　　　　　　　　b）填充区域　　　　　　　　c）填充结果

图 7-59　拾取点确定边界

（2）选择边界对象 ▨　指定基于选定对象的图案填充边界。使用该选项时，系统不会自动检测内部对象，必须选择选定边界内的对象，以按照当前孤岛检测样式填充这些对象，如图 5-60 所示。

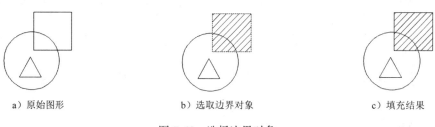

a）原始图形　　　　　　　　b）选取边界对象　　　　　　c）填充结果

图 7-60　选择边界对象

（3）删除边界对象 ▨　从边界定义中删除之前添加的任何对象，如图 7-61 所示。

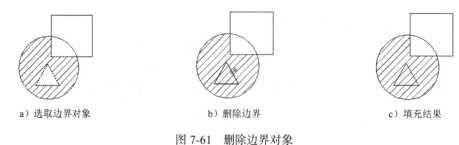

a）选取边界对象　　　　　　b）删除边界　　　　　　　　c）填充结果

图 7-61　删除边界对象

（4）重新创建边界🖳　围绕选定的图案填充或填充对象创建多段线或面域，并使其与图案填充对象相关联（可选）。

（5）显示边界对象▨　选择构成选定关联图案填充对象的边界对象。使用显示的夹点可修改图案填充边界。

（6）保留边界对象▨　指定如何处理图案填充边界对象。包括以下几个选项：

① 不保留边界（仅在图案填充创建期间可用）。不创建独立的图案填充边界对象。

② 保留边界 - 多段线（仅在图案填充创建期间可用）。创建封闭图案填充对象的多段线。

③ 保留边界 - 面域（仅在图案填充创建期间可用）。创建封闭图案填充对象的面域对象。

（7）选择新边界集🖳　指定对象的有限集（称为边界集），以便通过创建图案填充时的拾取点进行计算。

2.“图案”面板

显示所有预定义和自定义图案的预览图像。

3.“特性”面板

（1）图案填充类型　指定是使用纯色、渐变色、图案还是用户定义的对象来填充。

（2）图案填充颜色　替代实体填充和填充图案的当前颜色。

（3）背景色　指定填充图案背景的颜色。

（4）图案填充透明度　设定新图案填充或填充的透明度，替代当前对象的透明度。

（5）图案填充角度　指定图案填充或填充的角度。

（6）填充图案比例　放大或缩小预定义或自定义填充图案。

（7）相对于图纸空间（仅在布局中可用）　相对于图纸空间单位缩放填充图案。使用此选项很容易做到以适合布局的比例显示填充图案。

（8）交叉线（仅当“图案填充类型”设定为“用户定义”时可用）　绘制第二组直线，与原始直线成 90° 角，从而构成交叉线。

（9）ISO 笔宽（仅对于预定义的 ISO 图案可用）　基于选定的笔宽缩放 ISO 图案。

4.“原点”面板

（1）设定原点▨　直接指定新的图案填充原点。

（2）左下▨　将图案填充原点设定在图案填充边界矩形范围的左下角。

（3）右下▨　将图案填充原点设定在图案填充边界矩形范围的右下角。

（4）左上▨　将图案填充原点设定在图案填充边界矩形范围的左上角。

（5）右上▨　将图案填充原点设定在图案填充边界矩形范围的右上角。

（6）中心▨　将图案填充原点设定在图案填充边界矩形范围的中心。

（7）使用当前原点▨　将图案填充原点设定在 HPORIGIN 系统变量中存储的默认位置。

（8）存储为默认原点🖳　将新图案填充原点的值存储在 HPORIGIN 系统变量中。

5.“选项”面板

（1）关联▨　指定图案填充或填充为关联图案填充。关联的图案填充或填充在用户修改其边界对象时将会更新。

（2）注释性 ⚞ 指定图案填充为注释性。此特性会自动完成缩放注释过程，从而使注释能够以正确的大小在图纸上打印或显示。

（3）特性匹配

① 使用当前原点 ▧：使用选定图案填充对象（除图案填充原点外）设定图案填充的特性。

② 使用源图案填充的原点 ▧：使用选定图案填充对象（包括图案填充原点）设定图案填充的特性。

（4）允许的间隙 设定将对象用作图案填充边界时可以忽略的最大间隙。默认值为 0，此值指定对象必须封闭区域而没有间隙。

（5）创建独立的图案填充 用于控制当指定了几个单独的闭合边界时，是创建单个图案填充对象，还是创建多个图案填充对象。

（6）孤岛检测

① 普通孤岛检测 ▨：从外部边界向内填充。如果遇到内部孤岛，填充将关闭，直到遇到孤岛中的另一个孤岛。

② 外部孤岛检测 ▨：从外部边界向内填充。此选项仅填充指定的区域，不会影响内部孤岛。

③ 忽略孤岛检测 ▨：忽略所有内部的对象，填充图案时将通过这些对象。

④ 无孤岛检测 ▨：关闭已使用传统孤岛检测方法。

（7）绘图次序 为图案填充或填充指定绘图次序。选项包括不指定、后置、前置、置于边界之后和置于边界之前。

7.2.3 渐变色的操作

 【执行方式】

- 命令行：GRADIENT。
- 菜单栏：选择菜单栏中的"绘图"→"渐变色"命令。
- 工具栏：单击"绘图"工具栏中的"渐变色"按钮 ▥。
- 功能区：单击"默认"选项卡"绘图"面板中的"渐变色"按钮 ▥。

执行上述操作后，系统打开如图 7-62 所示的"图案填充创建"选项卡。各面板中的按钮含义与图案填充的类似，这里不再赘述。

图 7-62 "图案填充创建"选项卡 2

7.2.4 边界的操作

【执行方式】

● 命令行：BOUNDARY。
● 功能区：单击"默认"选项卡"绘图"面板中的"边界"按钮口。
执行上述操作后，系统打开如图 7-63 所示的"边界创建"对话框。

图 7-63 "边界创建"对话框

【选项说明】

（1）拾取点 根据围绕指定点构成封闭区域的现有对象来确定边界。
（2）孤岛检测 控制 BOUNDARY 命令是否检测内部闭合边界。该边界称为孤岛。
（3）对象类型 控制新边界对象的类型。BOUNDARY 将边界作为面域或多段线对象创建。
（4）边界集 定义通过指定点定义边界时，BOUNDARY 要分析的对象集。

7.2.5 实例——足球的绘制

本例绘制的足球如图 7-64 所示。
1）单击"默认"选项卡"绘图"面板中的"多边形"按钮⬠，
绘制正六边形。命令行提示与操作如下：

命令：_polygon
输入侧面数 <4>: 6 ✓
指定正多边形的中心点或 [边 (E)]: 240, 120 ✓
输入选项 [内接于圆 (I)/ 外切于圆 (C)] <I>: ✓
指定圆的半径：20 ✓

图 7-64 足球

2）单击"默认"选项卡"修改"面板中的"镜像"按钮⬥，将正六边形镜像。命令行提示与操作如下：

命令：_mirror
选择对象：✓ (用鼠标左键点取正六边形上的一点)

选择对象：✓（按 Enter 键结束选择）

指定镜像线的第一点：< 对象捕捉 开 >（捕捉正六边形下边的顶点）

指定镜像线的第二点：(方法同上)

要删除源对象吗 [是 (Y)/ 否 (N)] < 否 >：(不删除源对象)

结果如图 7-65 所示。

3）单击"默认"选项卡"修改"面板中的"环形阵列"按钮⁑，选择图 7-65 下面的正六边形进行阵列。命令行提示与操作如下：

命令：_arraypolar

选择对象：(选择图 7-65 下面的正六边形)

选择对象：✓

类型 = 极轴　关联 = 是

指定阵列的中心点或 [基点 (B)/ 旋转轴 (A)]: 120, 120

选择夹点以编辑阵列或 [关联 (AS)/ 基点 (B)/ 项目 (I)/ 项目间角度 (A)/ 填充角度 (F)/ 行 (ROW)/ 层 (L)/ 旋转项目 (ROT)/ 退出 (X)] < 退出 >: I ✓

输入阵列中的项目数或 [表达式 (E)] <6>: 6 ✓

选择夹点以编辑阵列或 [关联 (AS)/ 基点 (B)/ 项目 (I)/ 项目间角度 (A)/ 填充角度 (F)/ 行 (ROW)/ 层 (L)/ 旋转项目 (ROT)/ 退出 (X)] < 退出 >: F ✓

指定填充角度 (+= 逆时针、-= 顺时针) 或 [表达式 (EX)] <360>: 360 ✓

选择夹点以编辑阵列或 [关联 (AS)/ 基点 (B)/ 项目 (I)/ 项目间角度 (A)/ 填充角度 (F)/ 行 (ROW)/ 层 (L)/ 旋转项目 (ROT)/ 退出 (X)] < 退出 >: ✓

生成如图 7-66 所示的图形。

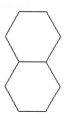

图 7-65　镜像正六边形

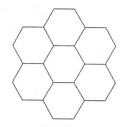

图 7-66　环形阵列六边形

4）单击"默认"选项卡"绘图"面板中的"圆"按钮⊙，绘制圆。命令行提示与操作如下：

命令：_circle

指定圆的圆心或 [三点 (3P)/ 两点 (2P)/ 切点、切点、半径 (T)]: 250, 115 ✓

指定圆的半径或 [直径 (D)]: 35 ✓

绘制完此步后的图形如图 7-67 所示。

5）单击"默认"选项卡"修改"面板中的"修剪"按钮，修剪图形，结果如图 7-68 所示。

6）单击"默认"选项卡"绘图"面板中的"图案填充"按钮，系统打开如图 7-69 所示的"图案填充创建"选项卡，设置填充图案为"SOLID"。用鼠标指定三个将要填充的区域，进行图案填充，结果如图 7-64 所示。

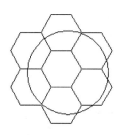

图 7-67　绘制圆

图 7-68　修剪图形

图 7-69　"图案填充创建"选项卡

7.2.6　编辑填充的图案

利用 HATCHEDIT 命令可以编辑已经填充的图案。

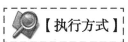【执行方式】

- 命令行：HATCHEDIT（快捷命令：HE）。
- 菜单栏：选择菜单栏中的"修改"→"对象"→"图案填充"命令。
- 工具栏：单击"修改 II"工具栏中的"编辑图案填充"按钮 。
- 功能区：单击"默认"选项卡"修改"面板中的"编辑图案填充"按钮 。
- 快捷菜单：选中填充的图案，右击，在打开的快捷菜单中选择"图案填充编辑"命令。
- 快捷方法：直接选择填充的图案，打开"图案填充编辑器"选项卡，如图 7-70 所示。

图 7-70　"图案填充编辑器"选项卡

该对话框中各项的含义与图 7-58 所示的"图案填充创建"对话框中各项的含义相同。利用该对话框，可以对已填充的图案进行编辑修改。

7.2.7 实例——阀盖零件图的绘制

本实例绘制的阀盖零件图如图 7-71 所示。

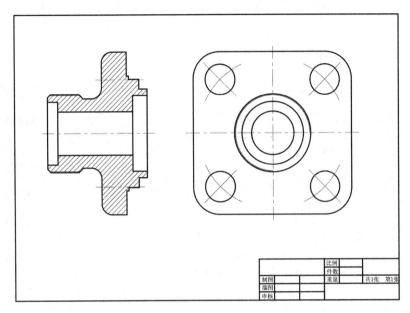

图 7-71 阀盖零件图

1）打开第 2 章绘制的 A3 样板图。

2）绘制视图。

① 新建"中心线"图层，并将"中心线"图层设置为当前图层。单击"默认"选项卡"绘图"面板中的"直线"按钮 ╱，绘制水平和竖直对称中心线，坐标点为 {（50，160），（350，160）}、{（270，80），（270，240）}、{（190，240），（350，80）} 和 {（350，240），（190，80）}。

② 单击"默认"选项卡"绘图"面板中的"圆"按钮 ⊙，以坐标点（270，160）为圆心，绘制 ϕ140 中心线圆。

③ 单击"默认"选项卡"绘图"面板中的"直线"按钮 ╱，分别以 ϕ140 圆与斜线的交点为起点绘制两条水平中心线，结果如图 7-72 所示。

3）绘制主视图上半部分轮廓线。

① 新建"粗实线"图层，并将"粗实线"图层设置为当前图层。单击"默认"选项卡"绘图"面板中的"直线"按钮 ╱，绘制主视图的轮廓线，坐标点依次为 {（55，160），（55，189），（65，189），（65，180），（137，180），（137，195），（151，195），（151，160）}、{（65，180），（65，160）}、{（137，180），（137，160）}、{（55，189），（55，193），（58，196），（85，196），（89，192），（107，192），（107，235），（131，235），（131，213），（133，213），（133，210），（143，210），（143，201），（151，201），（151，195）}。

② 单击"默认"选项卡"修改"面板中的"圆角"按钮 ╭，设置圆角半径为 10，对图中相应的部位进行圆角处理。

③ 绘制螺纹牙底线。新建"细实线"图层，并将"细实线"图层设置为当前图层。单击"默认"选项卡"绘图"面板中的"直线"按钮 ∕，绘制坐标点为 {（57，195）和（86，195）} 的直线，结果如图 7-73 所示。

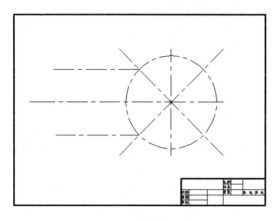

图 7-72　绘制中心线

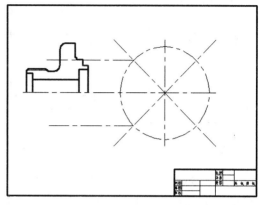

图 7-73　主视图上半部分轮廓线

④ 单击"默认"选项卡"修改"面板中的"镜像"按钮 ⚏，镜像主视图上半部分的轮廓线，结果如图 7-74 所示。

4）新建"填充线"图层，并将"填充线"图层设置为当前图层。单击"默认"选项卡"绘图"面板中的"图案填充"按钮 ▨，打开如图 7-75 所示的"图案填充创建"选项卡，选择填充图案为"ANSI31"，单击"拾取点"按钮 ⊞，选择要填充的区域，填充结果如图 7-76 所示。

5）绘制左视图。

① 新建"辅助线"图层，并将"辅助

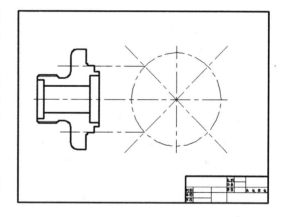

图 7-74　镜像处理

线"图层设置为当前图层。单击"默认"选项卡"绘图"面板中的"构造线"按钮 ✎，绘制水平构造线，以保证主视图与左视图对应的"高平齐"关系。绘制构造线后的图形如图 7-77 所示。

图 7-75　"图案填充创建"选项卡

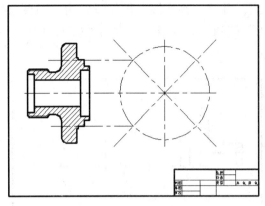

图 7-76　填充主视图

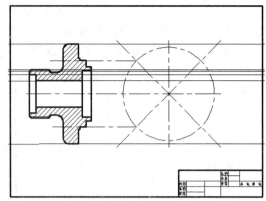

图 7-77　绘制构造线

② 将"粗实线"图层设置为当前图层。单击"默认"选项卡"绘图"面板中的"圆"按钮⊙，绘制左视图中的圆。以点（270，160）为圆心，拾取水平辅助线与竖直中心线的交点为圆上一点，绘制三个圆；拾取中心线圆与斜点画线的一个交点为圆心，绘制半径为 14 的圆。

③ 环形阵列操作。单击"默认"选项卡"修改"面板中的"环形阵列"按钮🔅，将半径为 14 的圆进行阵列。命令行提示与操作如下：

命令：_arraypolar

选择对象：(选择上一步绘制的半径为 14 的圆)

选择对象：✓

类型 = 极轴　关联 = 是

指定阵列的中心点或 [基点 (B)/ 旋转轴 (A)]：(拾取图 7-77 中左视图的中心点)

选择夹点以编辑阵列或 [关联 (AS)/ 基点 (B)/ 项目 (I)/ 项目间角度 (A)/ 填充角度 (F)/ 行 (ROW)/ 层 (L)/ 旋转项目 (ROT)/ 退出 (X)] < 退出 >：I ✓

输入阵列中的项目数或 [表达式 (E)] <6>：4 ✓

选择夹点以编辑阵列或 [关联 (AS)/ 基点 (B)/ 项目 (I)/ 项目间角度 (A)/ 填充角度 (F)/ 行 (ROW)/ 层 (L)/ 旋转项目 (ROT)/ 退出 (X)] < 退出 >：F ✓

指定填充角度 (+= 逆时针、−= 顺时针) 或 [表达式 (EX)] <360>：360 ✓

选择夹点以编辑阵列或 [关联 (AS)/ 基点 (B)/ 项目 (I)/ 项目间角度 (A)/ 填充角度 (F)/ 行 (ROW)/ 层 (L)/ 旋转项目 (ROT)/ 退出 (X)] < 退出 >：

④ 单击"默认"选项卡"绘图"面板中的"直线"按钮╱，绘制坐标点分别为（345，235）、（345，85）、（195，85）、（195，235）的闭合曲线。

⑤ 单击"默认"选项卡"修改"面板中的"圆角"按钮╭，对左视图中的 4 个角进行圆角处理，圆角半径为 25。

⑥ 将"细实线"图层设置为当前图层。单击"默认"选项卡"绘图"面板中的"圆"按钮⊙，以点（270，160）为圆心，拾取从主视图螺纹牙底线引出的水平辅助线与竖直中心线的交点为圆上的一点，绘制圆，结果如图 7-78 所示。

⑦ 单击"默认"选项卡"修改"面板中的"修剪"按钮🍸和"删除"按钮╱，删除和修剪视图中多余的辅助线，完成视图的绘制，结果如图 7-79 所示。

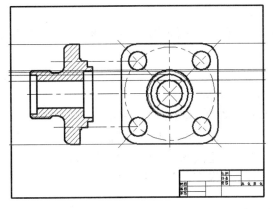

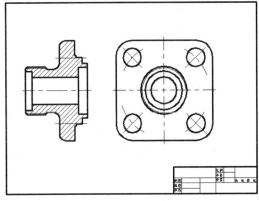

图 7-78　绘制左视图　　　　　　　　　　图 7-79　删除辅助线

7.3　上机操作

【实例 1】绘制如图 7-80 所示的绞套。

1. 目的要求

本例所绘制的图形看起来图线缠绕在一起，比较复杂，实际上利用"偏移"命令和"修剪"命令就可以完成绘制。本例要求读者掌握修剪命令的使用方法。

2. 操作提示

1）利用"矩形"命令绘制初步轮廓。

2）利用"偏移"命令将矩形进行偏移。

3）利用"修剪"命令将图线进行修剪处理。

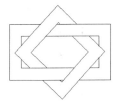

图 7-80　绞套

【实例 2】绘制如图 7-81 所示的小屋。

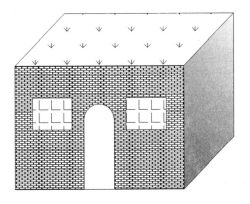

图 7-81　小屋

1. 目的要求

本例绘制的是一个写意小屋,其中有 4 处图案填充。本例要求读者掌握不同图案填充的设置和绘制方法。

2. 操作提示

1) 利用"直线""矩形""多段线"命令绘制小屋框架。

2) 利用"图案填充"命令填充屋顶,选择预定义的"GRASS"图案。

3) 利用"图案填充"命令填充窗户,选择预定义的"ANGLE"图案。

4) 利用"图案填充"命令填充正面墙壁,选择预定义的"BRSTONE"图案。

5) 利用"图案填充"命令填充侧面墙壁,选择"渐变色"图案。

 【实例 3】绘制如图 7-82 所示的均布结构图形。

1. 目的要求

本例绘制的图形是一个机械零件。在绘制的过程中,除了要用到"直线""圆"等基本绘图命令外,还要用到"剪切"和"阵列"编辑命令。本例要求读者熟练掌握"剪切"和"阵列"编辑命令的用法。

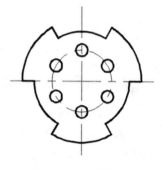

2. 操作提示

1) 设置新图层。

2) 绘制中心线和基本轮廓。

3) 进行阵列编辑。

4) 进行剪切编辑。

图 7-82　均布结构图形

 【实例 4】绘制如图 7-83 所示的圆锥滚子轴承。

1. 目的要求

本例绘制的是一个圆锥滚子轴承的剖视图。在绘制的过程中,除了要用到一些基本的绘图命令外,还要用到"图案填充"命令以及"旋转""镜像""剪切"等编辑命令。通过对本例图形的绘制,可使读者进一步熟悉常见编辑命令以及"图案填充"命令的使用。

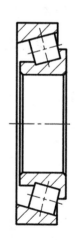

2. 操作提示

1) 新建图层。

2) 绘制中心线及矩形。

3) 旋转滚子。

4) 绘制半个轴承轮廓线。

5) 对绘制的图形进行剪切。

6) 镜像图形。

7) 分别对轴承外圈和内圈进行图案填充。

图 7-83　圆锥滚子轴承

第8章 尺寸标注

知识导引

尺寸标注是绘图设计过程中非常重要的一个环节。因为图形的主要作用是表达物体的形状，而物体各部分的真实大小和各部分之间的确切位置只能通过尺寸标注来表达，因此没有正确的尺寸标注，绘制出的图样对于加工制造就没什么意义。AutoCAD 2024 提供了方便、准确标注尺寸的功能。

本章将介绍 AutoCAD 2024 的尺寸标注功能，主要包括尺寸标注和 QDIM 功能等。

内容要点

➢ 尺寸样式
➢ 标注尺寸
➢ 引线标注
➢ 几何公差标注

8.1 尺寸样式

组成尺寸标注的尺寸线、尺寸界线、尺寸文本和尺寸箭头可以采用多种形式，尺寸标注以什么形态出现，取决于当前所采用的尺寸标注样式。标注样式决定尺寸标注的形式，包括尺寸线、尺寸界线、尺寸箭头和中心标记的形式，尺寸文本的位置，特性等。在 AutoCAD 2024 中，用户可以利用"标注样式管理器"对话框方便地设置自己需要的尺寸标注样式。

8.1.1 新建或修改尺寸样式

在进行尺寸标注前，先要创建尺寸标注的样式。如果用户不创建尺寸样式而直接进行标注，则系统使用默认名称为 standard 的样式。如果用户认为使用的标注样式某些设置不合适，也可以修改标注样式。

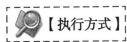【执行方式】

- 命令行：DIMSTYLE（快捷命令：D）。
- 菜单栏：选择菜单栏中的"格式"→"标注样式"命令或"标注"→"标注样式"命令。
- 工具栏：单击"标注"工具栏中的"标注样式"按钮🛏️。

● 功能区：单击"默认"选项卡"注释"面板中的"标注样式"按钮⊨。

执行上述操作后，系统打开"标注样式管理器"对话框，如图8-1所示。利用此对话框可方便直观地设置和浏览尺寸标注样式，包括创建新的标注样式、修改已存在的标注样式、设置当前尺寸标注样式、样式重命名以及删除已有标注样式等。

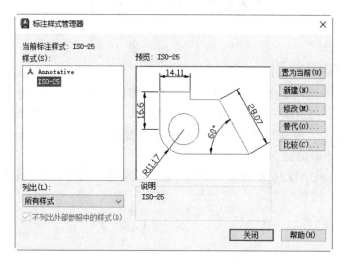

图 8-1　"标注样式管理器"对话框

【选项说明】

（1）"置为当前"按钮　单击此按钮，可以把在"样式"列表框中选择的样式设置为当前标注样式。

（2）"新建"按钮　创建新的尺寸标注样式。单击此按钮，系统打开"创建新标注样式"对话框，如图8-2所示。利用此对话框可创建一个新的尺寸标注样式。其中各项的功能说明如下：

1）"新样式名"文本框：为新的尺寸标注样式命名。

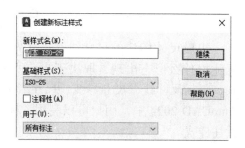

图 8-2　"创建新标注样式"对话框

2）"基础样式"下拉列表框：选择创建新样式所基于的标注样式。"基础样式"下拉列表中列出了当前已有的样式列表，可从中选择一个作为定义新样式的基础。新的样式是在所选样式的基础上修改一些特性得到的。

3）"用于"下拉列表框：指定新样式应用的尺寸类型。此下拉列表中列出了尺寸类型列表。如果新建样式应用于所有尺寸，则选择"所有标注"选项；如果新建样式只应用于特定的尺寸标注（如只在标注直径时使用此样式），则选择相应的尺寸类型。

4）"继续"按钮：各选项设置好以后，单击"继续"按钮，系统打开"新建标注样式"对话框，如图8-3所示。利用此对话框可对新标注样式的各项特性进行设置。该对话框中各部分的含义和功能将在后面介绍。

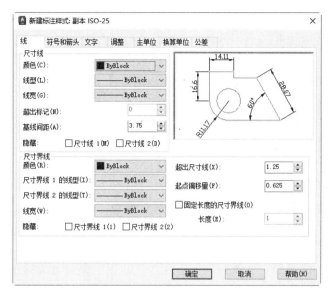

图 8-3 "新建标注样式"对话框

（3）"修改"按钮 修改一个已存在的尺寸标注样式。单击此按钮，系统打开"修改标注样式"对话框。该对话框中的各选项与"新建标注样式"对话框中的完全相同，可以对已有标注样式进行修改。

（4）"替代"按钮 设置临时覆盖尺寸标注样式。单击此按钮，系统打开"替代当前样式"对话框。该对话框中的各选项与"新建标注样式"对话框中的完全相同，用户可改变选项的设置以覆盖原来的设置，但这种修改只对指定的尺寸标注起作用，而不影响当前其他尺寸变量的设置。

（5）"比较"按钮 比较两个尺寸标注样式在参数上的区别，或浏览一个尺寸标注样式的参数设置。单击此按钮，系统打开"比较标注样式"对话框，如图 8-4 所示。可以把比较结果复制到剪贴板上，然后再粘贴到其他的 Windows 应用软件上。

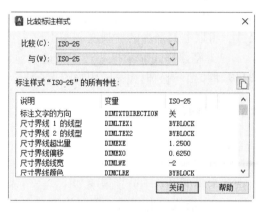

图 8-4 "比较标注样式"对话框

8.1.2 线

在"新建标注样式"对话框中，第一个选项卡是"线"选项卡，如图 8-3 所示。该选项卡可用于设置尺寸线、尺寸界线的形式和特性。现对该选项卡中的各选项分别说明如下。

（1）"尺寸线"选项组 用于设置尺寸线的特性。其中各选项的含义如下：

1）"颜色"下拉列表框：用于设置尺寸线的颜色。可直接输入颜色名字，也可从下拉列表中选择。如果选择"选择颜色"选项，系统打开"选择颜色"对话框供用户选择其他颜色。

2）"线型"下拉列表框：用于设置尺寸线的线型。

3）"线宽"下拉列表框：用于设置尺寸线的线宽。下拉列表中列出了各种线宽的名称和宽度。

4）"超出标记"微调框：当尺寸箭头设置为短斜线、短波浪线等，或尺寸线上无箭头时，可利用此微调框设置尺寸线超出尺寸界线的距离。

5）"基线间距"微调框：设置以基线方式标注尺寸时，相邻两尺寸线之间的距离。

6）"隐藏"复选框组：确定是否隐藏尺寸线及相应的箭头。勾选"尺寸线 1"复选框，表示隐藏第一段尺寸线；勾选"尺寸线 2"复选框，表示隐藏第二段尺寸线。

（2）"尺寸界线"选项组　用于确定尺寸界线的形式。其中各选项的含义如下：

1）"颜色"下拉列表框：用于设置尺寸界线的颜色。

2）"尺寸界线 1 的线型"下拉列表框：用于设置第一条尺寸界线的线型（DIMLTEX1系统变量）。

3）"尺寸界线 2 的线型"下拉列表框：用于设置第二条尺寸界线的线型（DIMLTEX2系统变量）。

4）"线宽"下拉列表框：用于设置尺寸界线的线宽。

5）"超出尺寸线"微调框：用于确定尺寸界线超出尺寸线的距离。

6）"起点偏移量"微调框：用于确定尺寸界线的实际起始点相对于指定尺寸界线起始点的偏移量。

7）"隐藏"复选框组：确定是否隐藏尺寸界线。勾选"尺寸界线 1"复选框，表示隐藏第一段尺寸界线；勾选"尺寸界线 2"复选框，表示隐藏第二段尺寸界线。

8）"固定长度的尺寸界线"复选框：勾选该复选框，系统以固定长度的尺寸界线标注尺寸，可以在其下面的"长度"文本框中输入长度值。

（3）尺寸样式显示框　在"新建标注样式"对话框的右上方有一个尺寸样式显示框，该显示框以样例的形式显示用户设置的尺寸样式。

8.1.3　符号和箭头

在"新建标注样式"对话框中，第二个选项卡是"符号和箭头"选项卡，如图 8-5 所示。该选项卡可用于设置箭头、圆心标记、弧长符号和半径标注折弯的形式和特性。现对该选项卡中的各选项分别说明如下。

（1）"箭头"选项组　用于设置尺寸箭头的形式。AutoCAD 提供了多种箭头形状，列在"第一个"和"第二个"下拉列表中。另外，还允许采用用户自定义的箭头形状。两个尺寸箭头可以采用相同的形式，也可采用不同的形式。

1）"第一个"下拉列表框：用于设置第一个尺寸箭头的形式。在此下拉列表中列出了各类箭头的形状（即名称）。一旦选择了第一个箭头的类型，第二个箭头则自动与其匹配，要想第二个箭头取不同的形状，可在"第二个"下拉列表中设定。

如果在下拉列表中选择了"用户箭头"选项，则打开如图 8-6 所示的"选择自定义箭头块"对话框。用户可以事先把自定义的箭头存成一个图块，在此对话框中输入该图块名即可。

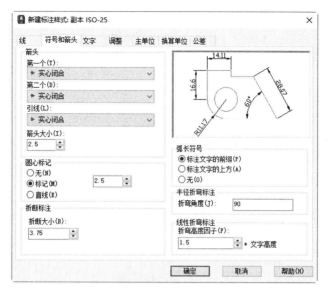

图 8-5　"符号和箭头"选项卡

2）"第二个"下拉列表框：用于设置第二个
尺寸箭头的形式。第二个尺寸可与第一个尺寸的
箭头形式不同。

3）"引线"下拉列表框：确定引线箭头的形
式。与"第一个"设置类似。

4）"箭头大小"微调框：用于设置尺寸箭头
的大小。

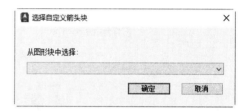

图 8-6　"选择自定义箭头块"对话框

（2）"圆心标记"选项组　用于设置半径标注、直径标注和中心标注中的中心标记和
中心线形式。其中各项含义如下：

1）"无"单选按钮：点选该单选按钮，既不产生中心标记，也不产生中心线。

2）"标记"单选按钮：点选该单选按钮，中心标记为一个点记号。

3）"直线"单选按钮：点选该单选按钮，中心标记采用中心线的形式。

4）"大小"微调框：用于设置中心标记和中心线的大小和粗细。

（3）"折断标注"选项组　用于控制折断标注的间距宽度。

（4）"弧长符号"选项组　用于控制弧长标注中圆弧符号的显示。其中 3 个单选按钮的
含义如下：

1）"标注文字的前缀"单选按钮：点选该单选按钮，将弧长符号放在标注文字的左侧，
如图 8-7a 所示。

2）"标注文字的上方"单选按钮：点选该单选按钮，将弧长符号放在标注文字的上方，
如图 8-7b 所示。

3）"无"单选按钮：点选该单选按钮，不显示弧长符号，如图 8-7c 所示。

（5）"半径折弯标注"选项组　用于控制折弯（Z 字形）半径标注的显示。折弯半径标
注通常在中心点位于页面外部时创建。在"折弯角度"文本框中可以输入连接半径标注的

尺寸界线和尺寸线的横向直线角度，如图8-8所示。

（6）"线性折弯标注"选项组　用于控制折弯线性标注的显示。当标注不能精确表示实际尺寸时，常将折弯线添加到线性标注中。通常，实际尺寸比所需值小。

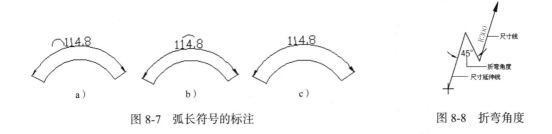

图8-7　弧长符号的标注

图8-8　折弯角度

8.1.4　文字

在"新建标注样式"对话框中，第3个选项卡是"文字"选项卡，如图8-9所示。该选项卡可用于设置尺寸文本文字的形式、布置和对齐方式等。现对该选项卡中的各选项分别说明如下。

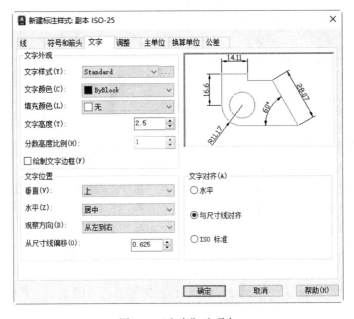

图8-9　"文字"选项卡

（1）"文字外观"选项组

1）"文字样式"下拉列表框：用于选择当前尺寸文本采用的文字样式。可以从此下拉列表中选择一种文字样式，也可单击右侧的按钮 ，打开"文字样式"对话框，以创建新的文字样式或对文字样式进行修改。

2）"文字颜色"下拉列表框：用于设置尺寸文本的颜色。其操作方法与设置尺寸线颜色的方法相同。

3）"填充颜色"下拉列表框：用于设置标注中文字背景的颜色。如果选择"选择颜色"选项，则系统打开"选择颜色"对话框，可以从 255 种 AutoCAD 索引（ACI）颜色、真彩色和配色系统颜色中选择颜色。

4）"文字高度"微调框：用于设置尺寸文本的字高。如果选用的文本样式中已设置了具体的字高（不是 0），则此处的设置无效；如果文本样式中设置的字高为 0，则以此处设置为准。

5）"分数高度比例"微调框：用于确定尺寸文本的比例系数。

6）"绘制文字边框"复选框：勾选此复选框，AutoCAD 在尺寸文本的周围加上边框。

（2）"文字位置"选项组

1）"垂直"下拉列表框：用于确定尺寸文本相对于尺寸线在垂直方向的对齐方式。可从此下拉列表中选择的对齐方式有以下 5 种：

① 居中：将尺寸文本放在尺寸线的中间。

② 上：将尺寸文本放在尺寸线的上方。

③ 外部：将尺寸文本放在远离第一条尺寸界线起点的位置，即和所标注的对象分列于尺寸线的两侧。

④ 下：将尺寸文本放在尺寸线的下方。

⑤ JIS：使尺寸文本的放置符合 JIS（日本工业标准）规则。

其中 4 种文本布置方式如图 8-10 所示。

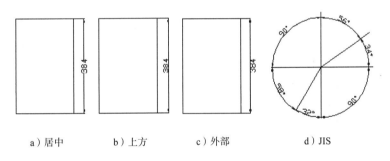

　　a）居中　　　　b）上方　　　　c）外部　　　　d）JIS

图 8-10　尺寸文本在垂直方向的放置

2）"水平"下拉列表框：用于确定尺寸文本相对于尺寸线和尺寸界线在水平方向的对齐方式。可从此下拉列表中选择的对齐方式有居中、第一条尺寸界线、第二条尺寸界线、第一条尺寸界线上方、第二条尺寸界线上方 5 种，如图 8-11 所示。

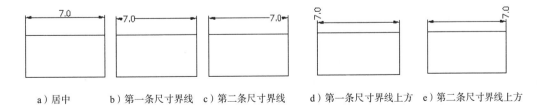

　a）居中　　　b）第一条尺寸界线　c）第二条尺寸界线　　d）第一条尺寸界线上方　e）第二条尺寸界线上方

图 8-11　尺寸文本在水平方向的放置

3）"观察方向"下拉列表框：用于控制标注文字的观察方向（可用DIMTXTDIREC-TION系统变量设置）。"观察方向"包括以下两个选项：

① 从左到右：按从左到右阅读的方式放置文字。

② 从右到左：按从右到左阅读的方式放置文字。

4）"从尺寸线偏移"微调框：当尺寸文本放在断开的尺寸线中间时，此微调框用来设置尺寸文本与尺寸线之间的距离。

（3）"文字对齐"选项组　用于控制尺寸文本的排列方向。

1）"水平"单选按钮：点选该单选按钮，尺寸文本沿水平方向放置。不论标注什么方向的尺寸，尺寸文本总保持水平。

2）"与尺寸线对齐"单选按钮：点选该单选按钮，尺寸文本沿尺寸线方向放置。

3）"ISO标准"单选按钮：点选该单选按钮，当尺寸文本在尺寸界线之间时，沿尺寸线方向放置；在尺寸界线之外时，沿水平方向放置。

8.1.5　调整

在"新建标注样式"对话框中，第4个选项卡是"调整"选项卡，如图8-12所示。在该选项卡中可根据两条尺寸界线之间的空间，设置将尺寸文本、尺寸箭头放置在两尺寸界线内还是外。如果空间允许，AutoCAD总是把尺寸文本和箭头放置在尺寸界线的里面；如果空间不够，则根据在本选项卡中的各项设置放置。现对该选项卡中的各选项分别说明如下。

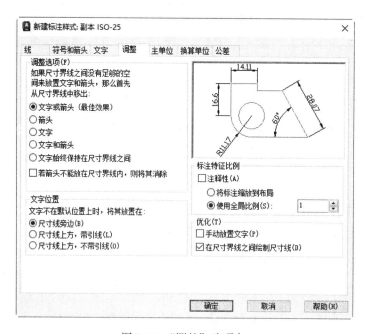

图8-12　"调整"选项卡

（1）"调整选项"选项组

1）"文字或箭头"单选按钮：点选此单选按钮，如果空间允许，则把尺寸文本和箭头

都放置在两尺寸界线之间；如果两尺寸界线之间只够放置尺寸文本，则把尺寸文本放置在尺寸界线之间，而把箭头放置在尺寸界线之外；如果只够放置箭头，则把箭头放在尺寸界线里面，把尺寸文本放在尺寸界线外面；如果两尺寸界线之间既放不下文本，也放不下箭头，则把二者均放在尺寸界线外面。

2）"箭头"单选按钮：点选此单选按钮，如果空间允许，则把尺寸文本和箭头都放置在两尺寸界线之间；如果空间只够放置箭头，则把箭头放在尺寸界线之间，把文本放在尺寸界线外面；如果尺寸界线之间的空间放不下箭头，则把箭头和文本均放在尺寸界线外面。

3）"文字"单选按钮：点选此单选按钮，如果空间允许，则把尺寸文本和箭头都放置在两尺寸界线之间，否则把文本放在尺寸界线之间，把箭头放在尺寸界线外面；如果尺寸界线之间放不下尺寸文本，则把文本和箭头都放在尺寸界线外面。

4）"文字和箭头"单选按钮：点选此单选按钮，如果空间允许，则把尺寸文本和箭头都放置在两尺寸界线之间；否则把文本和箭头都放在尺寸界线外面。

5）"文字始终保持在尺寸界线之间"单选按钮：点选此单选按钮，AutoCAD 总是把尺寸文本放在两条尺寸界线之间。

6）"若箭头不能放在尺寸界线内，则将其消除"复选框：勾选此复选框，尺寸界线之间的空间不够时省略尺寸箭头。

（2）"文字位置"选项组 用于设置尺寸文本的位置。其中 3 个单选按钮的含义如下：

1）"尺寸线旁边"单选按钮：点选此单选按钮，把尺寸文本放在尺寸线的旁边，如图 8-13a 所示。

2）"尺寸线上方，带引线"单选按钮：点选此单选按钮，把尺寸文本放在尺寸线的上方，并用引线与尺寸线相连，如图 8-13b 所示。

3）"尺寸线上方，不带引线"单选按钮：点选此单选按钮，把尺寸文本放在尺寸线的上方，中间无引线，如图 8-13c 所示。

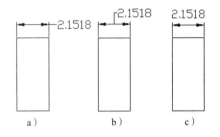

图 8-13 尺寸文本的位置

（3）"标注特征比例"选项组

1）"将标注缩放到布局"单选按钮：根据当前模型空间视口和图纸空间之间的比例确定比例因子。当在图纸空间而不是模型空间视口中工作时，或当 TILEMODE 被设置为 1 时，将使用默认的比例因子 1.0。

2）"使用全局比例"单选按钮：确定尺寸的整体比例系数。其后面的"比例值"微调框可以用来设置需要的比例。

（4）"优化"选项组 用于设置附加的尺寸文本布置选项。包含以下两个选项：

1）"手动放置文字"复选框：勾选此复选框，标注尺寸时由用户确定尺寸文本的放置位置，忽略前面的对齐设置。

2）"在尺寸界线之间绘制尺寸线"复选框：勾选此复选框，不论尺寸文本在尺寸界线里面还是外面，AutoCAD 均在两尺寸界线之间绘出一尺寸线；否则当尺寸界线内放不下尺寸文本而将其放在外面时，尺寸界线之间无尺寸线。

8.1.6 主单位

在"新建标注样式"对话框中，第 5 个选项卡是"主单位"选项卡，如图 8-14 所示。该选项卡可用来设置尺寸标注的主单位和精度，以及为尺寸文本添加固定的前缀或后缀。在本选项卡中可分别对长度型标注和角度型标注进行设置。现对该选项卡中的各选项分别说明如下。

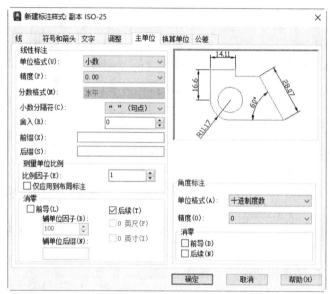

图 8-14 "主单位"选项卡

（1）"线性标注"选项组 用来设置标注长度型尺寸时采用的单位和精度。

1）"单位格式"下拉列表框：用于确定标注尺寸时使用的单位制（角度型尺寸除外）。AutoCAD 2024 提供了"科学""小数""工程""建筑""分数"和"Windows 桌面"6 种单位制，可根据需要选择。

2）"精度"下拉列表框：用于确定标注尺寸时的精度，也就是精确到小数点后几位。

3）"分数格式"下拉列表框：用于设置分数的形式。AutoCAD 2024 提供了"水平""对角"和"非堆叠"3 种形式供用户选用。

4）"小数分隔符"下拉列表框：用于确定十进制单位（Decimal）的分隔符。Auto-CAD 2024 提供了句点（.）、逗点（,）和空格 3 种形式。

5）"舍入"微调框：用于设置除角度之外的尺寸测量圆整规则。在其中如果输入 1，则所有测量值均圆整为整数。

6）"前缀"文本框：为尺寸标注设置固定前缀。可以输入文本，也可以利用控制符产生特殊字符，这些文本将被加在所有尺寸文本之前。

7）"后缀"文本框：为尺寸标注设置固定后缀。

8）"测量单位比例"选项组：用于确定 AutoCAD 自动测量尺寸时的比例因子。其中"比例因子"微调框可用来设置除角度之外所有尺寸测量的比例因子。例如，用户确定比例因子为 2，AutoCAD 则把实际测量为 1 的尺寸标注为 2。如果勾选"仅应用到布局标注"

复选框，则设置的比例因子只适用于布局标注。

9）"消零"选项组：用于设置是否省略标注尺寸时的 0。

①"前导"复选框：勾选此复选框，省略尺寸值处于高位的 0。例如，0.50000 标注为 .50000。

②"后续"复选框：勾选此复选框，省略尺寸值小数点后末尾的 0。例如，8.5000 标注为 8.5，30.0000 标注为 30。

③"0 英尺"复选框：勾选此复选框，采用"工程"和"建筑"单位制时，如果尺寸值小于 1ft，则省略英尺。例如，0'-6 1/2" 标注为 6 1/2"。

④"0 英寸"复选框：勾选此复选框，采用"工程"和"建筑"单位制时，如果尺寸值是整数英尺，则省略英寸。例如，1'-0" 标注为 1'。

（2）"角度标注"选项组　用于设置标注角度时采用的角度单位。

1）"单位格式"下拉列表框：用于设置角度单位制。AutoCAD 2024 提供了"十进制度数""度 / 分 / 秒""百分度"和"弧度"4 种角度单位。

2）"精度"下拉列表框：用于设置角度型尺寸标注的精度。

3）"消零"选项组：用于设置是否省略标注角度时的 0。

8.1.7　换算单位

在"新建标注样式"对话框中，第 6 个选项卡是"换算单位"选项卡，如图 8-15 所示。该选项卡可用于换算单位的设置。现对该选项卡中的各选项分别说明如下。

图 8-15　"换算单位"选项卡

（1）"显示换算单位"复选框　勾选此复选框，则换算单位的尺寸值也同时显示在尺寸文本上。

（2）"换算单位"选项组　用于设置换算单位。其中各选项的含义如下：

1）"单位格式"下拉列表框：用于选择换算单位采用的单位制。

2）"精度"下拉列表框：用于设置换算单位的精度。

3）"换算单位倍数"微调框：用于指定主单位和换算单位的转换因子。

4）"舍入精度"微调框：用于设定换算单位的圆整规则。

5）"前缀"文本框：用于设置换算单位文本的固定前缀。

6）"后缀"文本框：用于设置换算单位文本的固定后缀。

（3）"消零"选项组

1）"前导"复选框：勾选此复选框，不输出所有十进制标注中的前导 0。例如，0.5000 标注为 .5000。

2）"辅单位因子"微调框：将辅单位的数量设置为一个单位。它用于在距离小于一个单位时以辅单位为单位计算标注距离。例如，如果后缀为 m，而辅单位后缀以 cm 显示，则输入 100。

3）"辅单位后缀"文本框：用于设置标注值辅单位中包含的后缀。可以输入文字或使用控制代码显示特殊符号。例如，输入 cm 可将 .96m 显示为 96cm。

4）"后续"复选框：勾选此复选框，不输出所有十进制标注的后续零。例如，12.5000 标注为 12.5，30.0000 标注为 30。

5）"0 英尺"复选框：勾选此复选框，如果长度小于 1ft，则消除"英尺 - 英寸"标注中的英尺部分。例如，0'-6 1/2" 标注为 6 1/2"。

6）"0 英寸"复选框：勾选此复选框，如果长度为整英尺数，则消除"英尺 - 英寸"标注中的英寸部分。例如，1'-0" 标注为 1'。

（4）"位置"选项组　用于设置换算单位尺寸标注的位置。

1）"主值后"单选按钮：点选该单选按钮，把换算单位尺寸标注放在主单位标注的后面。

2）"主值下"单选按钮：点选该单选按钮，把换算单位尺寸标注放在主单位标注的下面。

8.1.8　公差

在"新建标注样式"对话框中，第 7 个选项卡是"公差"选项卡，如图 8-16 所示。该选项卡可用于确定标注公差的方式。现对该选项卡中的各选项分别说明如下。

（1）"公差格式"选项组　用于设置公差的标注方式。

1）"方式"下拉列表框：用于设置公差标注的方式。AutoCAD 提供了 5 种标注公差的方式，分别是"无""对称""极限偏差""极限尺寸"和"基本尺寸"，其中"无"表示不标注公差，其余 4 种标注情况如图 8-17 所示。

2）"精度"下拉列表框：用于确定公差标注的精度。

3）"上偏差"微调框：用于设置尺寸的上极限偏差。

4）"下偏差"微调框：用于设置尺寸的下极限偏差。

5）"高度比例"微调框：用于设置公差文本的高度比例，即公差文本的高度与一般尺寸文本的高度之比。

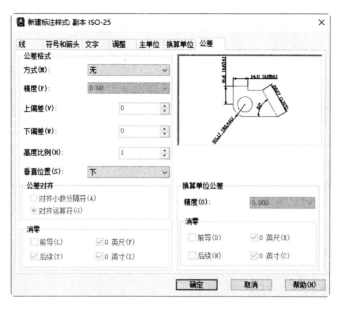

图 8-16 "公差"选项卡

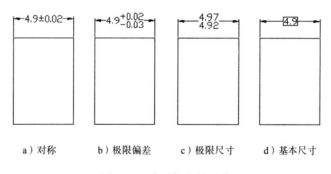

| a）对称 | b）极限偏差 | c）极限尺寸 | d）基本尺寸 |

图 8-17 公差标注的形式

6）"垂直位置"下拉列表框：用于控制"对称"和"极限偏差"形式公差标注的文本对齐方式，如图 8-18 所示。

① 上：公差文本的顶部与一般尺寸文本的顶部对齐。

② 中：公差文本的中线与一般尺寸文本的中线对齐。

③ 下：公差文本的底线与一般尺寸文本的底线对齐。

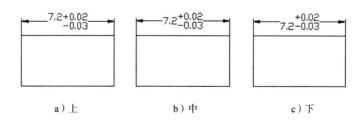

| a）上 | b）中 | c）下 |

图 8-18 公差文本的对齐方式

（2）"公差对齐"选项组　用于在堆叠时，控制上极限偏差值和下极限偏差值的对齐。

1）"对齐小数分隔符"单选按钮：点选该单选按钮，通过值的小数分割符堆叠值。

2）"对齐运算符"单选按钮：点选该单选按钮，通过值的运算符堆叠值。

（3）"消零"选项组　用于控制是否禁止输出前导 0 和后续 0 以及 0 英尺和 0 英寸部分（可用 DIMTZIN 系统变量设置）。消零设置也会影响由 AutoLISP® rtos 和 angtos 函数执行的实数到字符串的转换。

1）"前导"复选框：勾选此复选框，不输出所有十进制公差标注中的前导 0。例如，0.5000 标注为 .5000。

2）"后续"复选框：勾选此复选框，不输出所有十进制公差标注的后续 0。例如，12.5000 标注为 12.5，30.0000 标注为 30。

3）"0 英尺"复选框：勾选此复选框，如果长度小于一英尺，则消除"英尺 - 英寸"标注中的英尺部分。例如，0'-6 1/2" 标注为 6 1/2"。

4）"0 英寸"复选框：勾选此复选框，如果长度为整英尺数，则消除"英尺 - 英寸"标注中的英寸部分。例如，1'-0" 标注为 1'。

（4）"换算单位公差"选项组　用于对几何公差标注的换算单位进行设置。各项的设置方法与前面相同。

8.2　标注尺寸

正确地进行尺寸标注是设计绘图工作中非常重要的一个环节。AutoCAD 2024 提供了方便快捷的尺寸标注方法，可通过执行命令实现，也可利用菜单或工具按钮实现。本节将重点介绍如何对各种类型的尺寸进行标注。

8.2.1　长度型尺寸标注

【执行方式】

- 命令行：DIMLINEAR（缩写名：DIMLIN，快捷命令：DLI）。
- 菜单栏：选择菜单栏中的"标注"→"线性"命令。
- 工具栏：单击"标注"工具栏中的"线性"按钮⊢｜。
- 快捷键：D+L+I。
- 功能区：单击"默认"选项卡"注释"面板中的"线性"按钮⊢｜或单击"注释"选项卡"标注"面板中的"线性"按钮⊢｜。

【操作步骤】

命令行提示与操作如下：

命令：DIMLIN✓

指定第一个尺寸界线原点或 < 选择对象 >:

1. 直接按 Enter 键

光标变为拾取框，并在命令行提示如下：

选择标注对象：(用拾取框选择要标注尺寸的线段)

指定尺寸线位置或 [多行文字 (M)/文字 (T)/角度 (A)/水平 (H)/垂直 (V)/旋转 (R)]:

2. 选择对象

指定第一个与第二条尺寸界线的起始点。

 【选项说明】

（1）指定尺寸线位置　用于确定尺寸线的位置。用户可移动鼠标选择适当的尺寸线位置，然后按 Enter 键或单击，AutoCAD 则自动测量要标注线段的长度并标注出相应的尺寸。

（2）多行文字（M）　用多行文字编辑器确定尺寸文本。

（3）文字（T）　用于在命令行提示下输入或编辑尺寸文本。选择此选项后，命令行提示如下：

输入标注文字 <默认值>:

其中的"默认值"是 AutoCAD 自动测量得到的被标注线段的长度，直接按 Enter 键即可采用此长度值，也可输入其他数值代替默认值。当尺寸文本中包含默认值时，可使用尖括号 <> 表示默认值。

（4）角度（A）　用于确定尺寸文本的倾斜角度。

（5）水平（H）　水平标注尺寸。不论标注什么方向的线段，尺寸线总保持水平放置。

（6）垂直（V）　垂直标注尺寸。不论标注什么方向的线段，尺寸线总保持垂直放置。

（7）旋转（R）　输入尺寸线旋转的角度值，旋转标注尺寸。

 提示与点拨

线性标注有水平、垂直和对齐放置方式。使用对齐标注时，尺寸线将平行于两尺寸界线原点之间的直线（想象或实际）。基线（或平行）和连续（或链）标注是一系列基于线性标注的连续标注，连续标注是首尾相连的多个标注。在创建基线或连续标注之前，必须创建线性、对齐或角度标注。可从当前任务最近创建的标注中以增量方式创建基线标注。

8.2.2　实例——标注螺栓尺寸

标注如图 8-19 所示的螺栓尺寸。

1）单击"默认"选项卡"注释"面板中的"标注样式"按钮，系统打开"标注样式管理器"对话框，如图 8-20 所示。

由于系统中的标注样式有些不符合要求，因此需要根据图 8-19 中的标注样式，对角度、直径、半径标注样

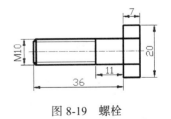

图 8-19　螺栓

式进行设置。单击"新建"按钮，打开如图 8-21 所示的"创建新标注样式"对话框，在"用于"下拉列表框中选择"线性标注"选项，然后单击"继续"按钮，打开"新建标注样式"对话框，选择"文字"选项卡，设置文字高度为 5，其他选项采用默认设置，单击"确定"按钮，返回"标注样式管理器"对话框，单击"置为当前"按钮，将设置的标注样式设置为当前标注样式，再单击"关闭"按钮。

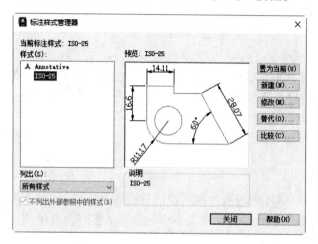

图 8-20 "标注样式管理器"对话框

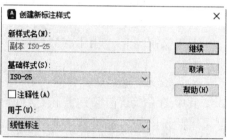

图 8-21 "创建新标注样式"对话框

2）单击"默认"选项卡"注释"面板中的"线性"按钮┠┤，标注尺寸。命令行提示与操作如下：

命令：_dimlinear

指定第一个尺寸界线原点或 <选择对象>:（捕捉标注为"11"的边的一个端点，作为第一条尺寸界线的原点）

指定第二条尺寸界线原点:（捕捉标注为"11"的边的另一个端点，作为第二条尺寸界线的原点）

指定尺寸线位置或 [多行文字 (M)/ 文字 (T)/ 角度 (A)/ 水平 (H)/ 垂直 (V)/ 旋转 (R)]: T✓（系统在命令行显示尺寸的自动测量值，可以对尺寸值进行修改）

输入标注文字 <11>: ✓（采用尺寸的自动测量值"11"）

指定尺寸线位置或 [多行文字 (M)/ 文字 (T)/ 角度 (A)/ 水平 (H)/ 垂直 (V)/ 旋转 (R)]:（指定尺寸线的位置，拖动鼠标，将出现动态的尺寸标注，在适当的位置单击，确定尺寸线的位置）

标注文字 = 11

3）单击"默认"选项卡"注释"面板中的"线性"按钮┠┤，标注其他水平与竖直方向的尺寸。

8.2.3 对齐标注

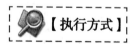【执行方式】

- 命令行：DIMALIGNED（快捷命令：DAL）。
- 菜单栏：选择菜单栏中的"标注"→"对齐"命令。
- 工具栏：单击"标注"工具栏中的"对齐"按钮。

- 功能区：单击"默认"选项卡"注释"面板中的"对齐"按钮，或单击"注释"选项卡"标注"面板中的"已对齐"按钮。

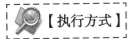

命令行提示与操作如下：

命令：DIMALIGNED✓

指定第一个尺寸界线原点或 <选择对象>：

这种命令标注的尺寸线与所标注的轮廓线平行，标注的是起始点到终点之间的距离尺寸。

8.2.4 角度型尺寸标注

【执行方式】

- 命令行：DIMANGULAR（快捷命令：DAN）。
- 菜单栏：选择菜单栏中的"标注"→"角度"命令。
- 工具栏：单击"标注"工具栏中的"角度"按钮。
- 功能区：单击"默认"选项卡"注释"面板中的"角度"按钮，或者单击"注释"选项卡"标注"面板中的"角度"按钮。

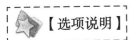

命令行提示与操作如下：

命令：DIMANGULAR✓

选择圆弧、圆、直线或 <指定顶点>：

【选项说明】

（1）选择圆弧 标注圆弧的中心角。当用户选择一段圆弧后，命令行提示如下：

指定标注弧线位置或 [多行文字 (M)/ 文字 (T)/ 角度 (A)/ 象限点 (Q)]：

在此提示下确定尺寸线的位置，系统按自动测量得到的值标注出相应的角度。在此之前用户可以选择"多行文字""文字"或"角度"选项，通过多行文本编辑器或命令行来输入或设置尺寸文本，以及指定尺寸文本的倾斜角度。

（2）选择圆 标注圆上某段圆弧的中心角。当用户选择圆上的一点后，命令行提示如下：

指定角的第二个端点：(选择另一点。该点可在圆上 , 也可不在圆上)

指定标注弧线位置或 [多行文字 (M)/ 文字 (T)/ 角度 (A)/ 象限点 (Q)]：

在此提示下确定尺寸线的位置，系统标注出一个角度值。该角度以圆心为顶点，两条尺寸界线通过所选取的两点，第二点可以不必在圆周上。用户还可以选择"多行文字""文字"或"角度"选项，编辑其尺寸文本或指定尺寸文本的倾斜角度，如图 8-22 所示。

（3）选择直线 标注两条直线间的夹角。当用户选择一条直线后，命令行提示与操作如下：

选择第二条直线：(选择另一条直线)

指定标注弧线位置或 [多行文字(M)/文字(T)/角度(A)/象限点(Q)]:

在此提示下确定尺寸线的位置，系统自动标注出两条直线之间的夹角。该角以两条直线的交点为顶点，以两条直线为尺寸界线，所标注角度取决于尺寸线的位置，如图 8-23 所示。用户还可以选择"多行文字""文字"或"角度"选项，编辑其尺寸文本或指定尺寸文本的倾斜角度。

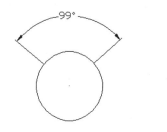

图 8-22 标注角度

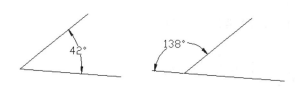

图 8-23 标注两直线的夹角

（4）指定顶点 直接按 Enter 键，命令行提示与操作如下：

指定角的顶点：(指定顶点)

指定角的第一个端点：(输入角的第一个端点)

指定角的第二个端点：(输入角的第二个端点，创建无关联的标注)

指定标注弧线位置或 [多行文字(M)/文字(T)/角度(A)/象限点(Q)]: (输入一点作为角的顶点)

在此提示下确定尺寸线的位置，AutoCAD 根据指定的三点标注出角度，如图 8-24 所示。另外，用户还可以选择"多行文字""文字"或"角度"选项，编辑其尺寸文本或指定尺寸文本的倾斜角度。

（5）指定标注弧线位置 指定尺寸线的位置并确定绘制延伸线的方向。指定位置之后，DIMANGU-LAR 命令将结束。

（6）多行文字（M） 显示在位文字编辑器，可用它来编辑标注文字。可在生成的测量值前后输入前缀或后缀。可用控制码和 Unicode 字符串来输入特殊字符或符号（请参见第 5 章介绍的常用控制码）。

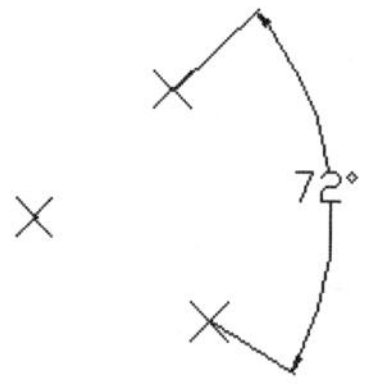

图 8-24 根据指定的三点标注角度

（7）文字（T） 自定义标注文字，生成的标注测量值显示在尖括号 < > 中。命令行提示与操作如下：

输入标注文字 < 当前 >:

输入标注文字，或按 Enter 键接受生成的测量值。需要用尖括号 < > 表示生成的测量值。

（8）角度（A） 修改标注文字的角度。

（9）象限点（Q） 指定标注应锁定到的象限。选择此选项指定象限点的位置后，在将标注文字放置在角度标注外时，尺寸线会延伸超过延伸线。

 提示与点拨

　　角度标注可以测量指定的象限点，该象限点是在直线或圆弧的端点、圆心或两个
顶点之间对角度进行标注时形成的。创建角度标注时，可以测量 4 个可能的角度。通过
指定象限点，使用户可以确保标注的角度正确。指定象限点后，放置角度标注时，用
户可以将标注文字放置在标注的尺寸界线之外，尺寸线将自动延长。

8.2.5　直径标注

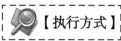 【执行方式】

- 命令行：DIMDIAMETER（快捷命令：DDI）。
- 菜单栏：选择菜单栏中的"标注"→"直径"命令。
- 工具栏：单击"标注"工具栏中的"直径"按钮◯。
- 功能区：单击"默认"选项卡"注释"面板中的"直径"按钮◯或单击"注释"
  选项卡"标注"面板中的"直径"按钮◯。

 【操作步骤】

　　命令行提示与操作如下：

命令：DIMDIAMETER ↙
选择圆弧或圆：(选择要标注直径的圆或圆弧)
指定尺寸线位置或 [多行文字 (M)/ 文字 (T)/ 角度 (A)]：(确定尺寸线的位置或选择某一选项)

　　用户可以选择"多行文字""文字"或"角度"选项来输入、编辑尺寸文本或确定尺
寸文本的倾斜角度，也可以直接确定尺寸线的位置，标注出指定圆或圆弧的直径。

 【选项说明】

　　尺寸线位置　确定尺寸线的角度和标注文字的位置。如果未将标注文字放置在圆弧上
而导致标注指向圆弧外，则 AutoCAD 会自动绘制圆弧延伸线。
　　半径标注与直径标注类似，这里不再赘述。

8.2.6　实例——标注曲柄

　　标注如图 8-25 所示的曲柄尺寸。
　　1）打开随书网盘中的文件"源文件 \ 原始文件 \ 第 8 章 \ 曲柄 .dwg"，进行局部修改，
得到如图 8-25 所示的图形。
　　2）设置绘图环境。
　　① 单击"默认"选项卡"图层"面板中的"图层特性"按钮，打开"图层特性管理
器"选项板，新建"BZ"图层，并将其设置为当前图层。

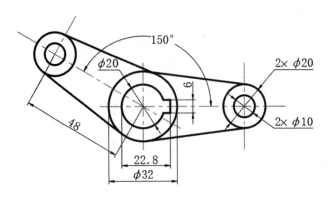

图 8-25   曲柄

　　② 单击"默认"选项卡"注释"面板中的"标注样式"按钮，打开"标注样式管理器"对话框，分别进行线性、角度、直径标注样式的设置。单击"新建"按钮，在打开的"创建新标注样式"对话框中的"新样式名"中输入"机械制图"，单击"继续"按钮，打开"新建标注样式：机械制图"对话框，分别如图 8-26 ~ 图 8-29 所示进行设置，然后返回"标注样式管理器"对话框，单击"置为当前"按钮，将"机械制图"标注样式设置为当前标注样式。

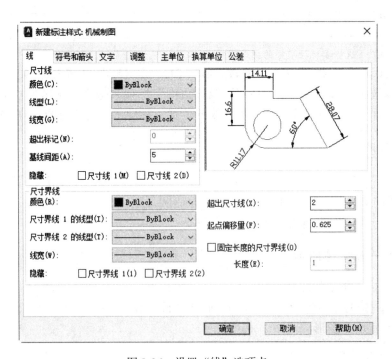

图 8-26   设置"线"选项卡

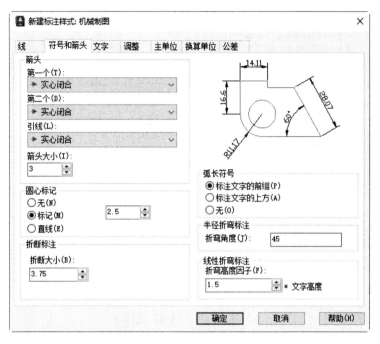

图 8-27　设置"符号和箭头"选项卡

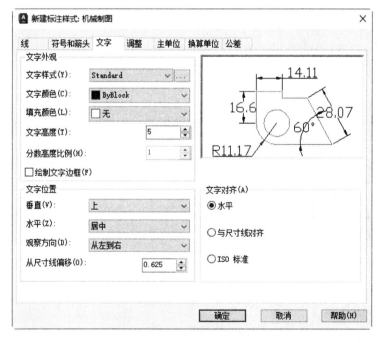

图 8-28　设置"文字"选项卡

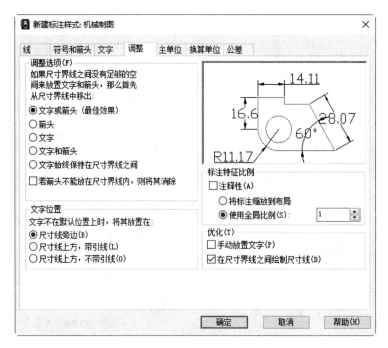

图 8-29 设置"调整"选项卡

3）单击"默认"选项卡"注释"面板中的"线性"按钮 ├┤，标注线性尺寸"ϕ32"。
命令行提示与操作如下：

命令：_dimlinear

指定第一个尺寸界线原点或 <选择对象>：

_int 于（捕捉 ϕ32 圆与水平中心线的左交点，作为第一条尺寸界线的起点）

指定第二条尺寸界线原点：

_int 于（捕捉 ϕ32 圆与水平中心线的右交点，作为第二条尺寸界线的起点）

指定尺寸线位置或 [多行文字 (M)/ 文字 (T)/ 角度 (A)/ 水平 (H)/ 垂直 (V)/ 旋转 (R)]：T ✓

输入标注文字 <32>：%%c32 ✓ （输入标注文字。如果直接按 Enter 键，则取默认值，但是没有直径符号"ϕ"）

指定尺寸线位置或 [多行文字 (M)/ 文字 (T)/ 角度 (A)/ 水平 (H)/ 垂直 (V)/ 旋转 (R)]：（指定尺寸线位置）

标注文字 = 32

采用同样方法，标注线性尺寸 22.8 和 6。

4）单击"默认"选项卡"注释"面板中的"对齐"按钮 ╲，标注对齐尺寸"48"。
命令行提示与操作如下：

命令：DIMALIGNED ✓

指定第一个尺寸界线原点或 <选择对象>：

_int 于（捕捉倾斜部分中心线的交点，作为第二条尺寸界线的起点）

指定第二条尺寸界线原点：

_int 于（捕捉中间中心线的交点，作为第二条尺寸界线的起点）

指定尺寸线位置或 [多行文字 (M)/ 文字 (T)/ 角度 (A)]：（指定尺寸线位置）

标注文字 = 48

5）在"标注样式管理器"对话框中单击"新建"按钮，在打开的"创建新标注样式"对话框中的"新样式名"中输入"直径"，在"用于"下拉列表中选择"直径标注"，单击"继续"按钮，打开"修改标注样式"对话框，在"文字"选项卡的"文字对齐"选项组中选择"ISO 标准"选项，在"调整"选项卡的"文字位置"选项组中选择"尺寸线上方，带引线"选项，其他选项卡的设置保持不变。方法同前，设置"角度"标注样式，用于角度标注，在"文字"选项卡的"文字对齐"选项组中选择"水平"单选项。

单击"默认"选项卡"注释"面板中的"直径"按钮◌，标注直径尺寸"$2 \times \phi 10$"。命令行提示与操作如下：

命令 : _dimaligned

选择圆弧或圆 : (选择右边 $\phi 10$ 小圆)

标注文字 = 10

指定尺寸线位置或 [多行文字 (M)/ 文字 (T)/ 角度 (A)]: M ✓　（ 按 Enter 键后打开多行文字编辑器，其中 "◇" 表示测量值，即 "$\phi 10$"，在前面输入 "2 –"，即为 "2 – ◇"）

指定尺寸线位置或 [多行文字 (M)/ 文字 (T)/ 角度 (A)]: (指定尺寸线位置)

采用同样方法，标注直径尺寸 $\phi 20$ 和 $2 \times \phi 20$。

6）单击"默认"选项卡"注释"面板中的"角度"按钮△，标注角度尺寸"150°"。命令行提示与操作如下：

命令 : _dimangular

选择圆弧、圆、直线或 < 指定顶点 >: (选择标注为 "150°" 角的一条边)

选择第二条直线 : (选择标注为 "150°" 角的另一条边)

指定标注弧线位置或 [多行文字 (M)/ 文字 (T)/ 角度 (A) / 象限点 (Q)]: (指定尺寸线位置)

标注文字 = 150

结果如图 8-25 所示。

8.2.7　基线标注

基线标注用于产生一系列基于同一尺寸界线的尺寸标注，适用于长度尺寸、角度和坐标标注。在使用基线标注方式之前，应该先标注出一个相关的尺寸作为基线标准。

【执行方式】

● 命令行 : DIMBASELINE（快捷命令 : DBA）。
● 菜单栏 : 选择菜单栏中的"标注"→"基线"命令。
● 工具栏 : 单击"标注"工具栏中的"基线"按钮╠。
● 功能区 : 单击"注释"选项卡"标注"面板中的"基线"按钮╠。

【操作步骤】

命令行提示与操作如下：

命令 : DIMBASELINE ✓

指定第二个尺寸界线原点或 [选择 (S)/ 放弃 (U)] < 选择 >:

【选项说明】

（1）指定第二个尺寸界线原点　直接确定另一个尺寸的第二条尺寸界线的起点，Auto-CAD 以上次标注的尺寸为基准标注，标注出相应尺寸。

（2）选择（S）　在上述提示下直接按 Enter 键，命令行提示如下：

选择基准标注：(选择作为基准的尺寸标注)

8.2.8　连续标注

连续标注又叫尺寸链标注，用于产生一系列连续的尺寸标注，后一个尺寸标注均把前一个标注的第二条尺寸界线作为它的第一条尺寸界线，适用于长度尺寸、角度和坐标标注。在使用连续标注方式之前，应该先标注出一个相关的尺寸。

【执行方式】

- 命令行：DIMCONTINUE（快捷命令：DCO）。
- 菜单栏：选择菜单栏中的"标注"→"连续"命令。
- 工具栏：单击"标注"工具栏中的"连续"按钮｜┼┼｜。
- 功能区：单击"注释"选项卡"标注"面板中的"连续"按钮｜┼┼｜。

【操作步骤】

命令行提示与操作如下：

命令：DIMCONTINUE ↙

选择连续标注：

指定第二个尺寸界线原点或 [选择 (S)/ 放弃 (U)] <选择 >：

此提示下的各选项与基线标注的完全相同，此处不再赘述。

提示与点拨

AutoCAD 允许用户利用基线标注方式和连续标注方式进行角度标注，如图 8-30所示。

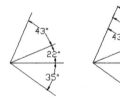

图 8-30　角度的基线标注和连续标注

8.2.9 实例——标注挂轮架

标注如图 8-31 所示的挂轮架尺寸。

1）打开随书网盘中的文件"源文件\原始文件\第 8 章\挂轮架 .dwg"。

2）单击"默认"选项卡"图层"面板中的"图层特性"按钮 📇，打开"图层特性管理器"选项板，创建一个新图层"BZ"，并将其设置为当前图层。

3）选择菜单栏中的"格式"→"标注样式"命令，打开"标注样式"对话框，方法同前，设置"机械制图"标注样式，并在此基础上设置"直径"标注样式、"半径"标注样式及"角度"标注样式，其中"半径"标注样式与"直径"标注样式设置一样。

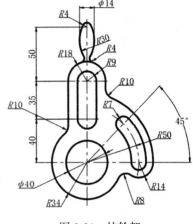

图 8-31 挂轮架

4）单击"默认"选项卡"注释"面板中的"半径"按钮 ⟋、"线性"按钮 ⊢ 和"连续"按钮 ⊩，标注挂轮架中的半径尺寸、连续尺寸及线性尺寸。命令行提示与操作如下：

命令：_dimradius(标注图中的半径尺寸"R8")

选择圆弧或圆 : (选择挂轮架下部的"R8"圆弧)

标注文字 = 8

指定尺寸线位置或 [多行文字 (M)/ 文字 (T)/ 角度 (A)]: (指定尺寸线位置)

……

(方法同前, 分别标注图中的半径尺寸)

命令：_dimlinear(标注图中的线性尺寸"ϕ14")

指定第一条尺寸界线原点或 < 选择对象 >:

_qua 于 (捕捉左边 R30 圆弧的象限点)

指定第二个尺寸界线原点 :

_qua 于 (捕捉右边 R30 圆弧的象限点)

指定尺寸线位置或 [多行文字 (M)/ 文字 (T)/ 角度 (A)/ 水平 (H)/ 垂直 (V)/ 旋转 (R)]: T ✓

输入标注文字 <14>: %%c14 ✓

指定尺寸线位置或 [多行文字 (M)/ 文字 (T)/ 角度 (A)/ 水平 (H)/ 垂直 (V)/ 旋转 (R)]: (指定尺寸线位置)

标注文字 = 14

……

(方法同前, 分别标注图中的线性尺寸)

命令：_dimcontinue   (标注图中的连续尺寸)

指定第二个尺寸界线原点或 [选择 (S)/ 放弃 (U)] < 选择 >: (按 Enter 键, 选择作为基准的尺寸标注)

选择连续标注 : (选择线性尺寸"40"作为基准标注)

指定第二个尺寸界线原点或 [选择 (S)/ 放弃 (U)] < 选择 >:

_endp 于 (捕捉上边的水平中心线端点, 标注尺寸"35")

标注文字 = 35

指定第二个尺寸界线原点或 [选择 (S)/ 放弃 (U)] < 选择 >:

_endp 于 (捕捉最上边的 R4 圆弧的端点, 标注尺寸"50")

标注文字 = 50

指定第二个尺寸界线原点或 [选择 (S)/放弃 (U)] <选择>: ✓

选择连续标注: ✓

5）单击"默认"选项卡"注释"面板中的"直径"按钮◯和"角度"按钮△，标注直径尺寸及角度尺寸。命令行提示与操作如下：

命令: _dimdiameter　（标注图中的直径尺寸"φ40"）

选择圆弧或圆: (选择中间 φ40 圆)

标注文字 = 40

指定尺寸线位置或 [多行文字 (M)/文字 (T)/角度 (A)]: (指定尺寸线位置)

命令: _dimangular　（标注图中的角度尺寸"45°"）

选择圆弧、圆、直线或 <指定顶点>: (选择标注为"45°"角的一条边)

选择第二条直线: (选择标注为"45°"角的另一条边)

指定标注弧线位置或 [多行文字 (M)/文字 (T)/角度 (A)/象限点 (Q)]: (指定尺寸线位置)

标注文字 = 45

结果如图 8-31 所示。

8.2.10　快速尺寸标注

快速尺寸标注命令"QDIM"使用户可以交互、动态、自动化地进行尺寸标注。利用"QDIM"命令可以同时选择多个圆或圆弧标注直径或半径，也可同时选择多个对象进行基线标注和连续标注，选择一次即可完成多个标注，既节省时间，又可提高工作效率。

【执行方式】

- 命令行: QDIM。
- 菜单栏: 选择菜单栏中的"标注"→"快速标注"命令。
- 工具栏: 单击"标注"工具栏中的"快速标注"按钮。
- 功能区: 单击"注释"选项卡"标注"面板中的"快速"按钮

【操作步骤】

命令行提示与操作如下：

命令: QDIM ✓

关联标注优先级 = 端点

选择要标注的几何图形: (选择要标注尺寸的多个对象, 按 Enter 键)

指定尺寸线位置或 [连续 (C)/并列 (S)/基线 (B)/坐标 (O)/半径 (R)/直径 (D)/基准点 (P)/编辑 (E)/设置 (T)] <连续>:

【选项说明】

（1）指定尺寸线位置　直接确定尺寸线的位置，系统在该位置按默认的尺寸标注类型标注出相应的尺寸。

（2）连续（C）　产生一系列连续标注的尺寸。在命令行输入"C"，系统提示用户选择

要进行标注的对象，选择完成后按 Enter 键，返回上面的提示，给定尺寸线位置，则完成连续尺寸标注。

（3）并列（S） 产生一系列交错的尺寸标注，如图 8-32 所示。

（4）基线（B） 产生一系列基线标注尺寸。后面的"坐标（O）""半径（R）""直径（D）"含义与此类同。

（5）基准点（P） 为基线标注和连续标注指定一个新的基准点。

（6）编辑（E） 对多个尺寸标注进行编辑。AutoCAD 允许对已存在的尺寸标注添加或移去标注点。选择此选项，命令行提示如下：

指定要删除的标注点或 [添加 (A)/ 退出 (X)] < 退出 >:

在此提示下确定要移去的标注点后按 Enter 键，系统对尺寸标注进行更新，如图 8-33 所示为图 8-32 中删除中间标注点后的尺寸标注。

另外还有坐标尺寸标注、弧长标注、折弯标注、圆心标记和中心线标注等，这里不再详细讲述，读者可以自行练习。

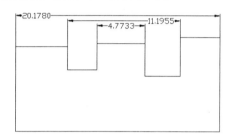

图 8-32　交错尺寸标注

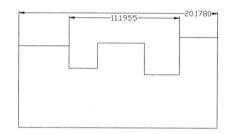

图 8-33　删除中间标注点后的尺寸标注

8.3　引 线 标 注

AutoCAD 提供了引线标注功能，利用该功能不仅可以标注特定的尺寸，如圆角、倒角等，还可以实现在图中添加多行旁注、说明。在引线标注中，指引线可以是折线，也可以是曲线，指引线端部可以有箭头，也可以没有箭头。

8.3.1　利用 LEADER 命令进行引线标注

利用 LEADER 命令可以创建灵活多样的引线标注形式，可根据需要把指引线设置为折线或曲线。指引线可带箭头，也可不带箭头。注释文本可以是多行文本，也可以是几何公差，可以从图形其他部位复制，也可以是一个图块。

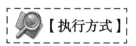【执行方式】

命令行：LEADER（快捷命令：LEAD）。

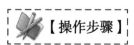【操作步骤】

命令行提示与操作如下：

命令：LEADER ✓

指定引线起点：(输入指引线的起始点)

指定下一点：(输入指引线的另一点)

指定下一点或 [注释 (A)/ 格式 (F)/ 放弃 (U)] < 注释 >：

【选项说明】

（1）指定下一点　直接输入一点，AutoCAD 根据前面的点绘制出折线作为指引线。

（2）注释（A）　输入注释文本。该选项为默认项。在此提示下直接按 Enter 键，命令行提示如下：

输入注释文字的第一行或 < 选项 >：

1）输入注释文字。在此提示下输入第一行文字后按 Enter 键，用户可继续输入第二行文字，如此反复进行，直到输入全部注释文字，然后在此提示下直接按 Enter 键，Auto-CAD 会在指引线终端标注出所输入的多行文本文字，并结束 LEADER 命令。

2）直接按 Enter 键。如果在上面的提示下直接按 Enter 键，命令行提示如下：

输入注释选项 [公差 (T)/ 副本 (C)/ 块 (B)/ 无 (N)/ 多行文字 (M)] < 多行文字 >：

在此提示下可选择一个注释选项或直接按 Enter 键默认选择"多行文字"选项。各选项的含义如下：

① 公差（T）：标注几何公差。几何公差的标注见 8.4 节。

② 副本（C）：把已利用 LEADER 命令创建的注释文本复制到当前指引线的末端。选择该选项，命令行提示如下：

选择要复制的对象：

在此提示下选择一个已创建的注释文本，则 AutoCAD 把它复制到当前指引线的末端。

③ 块（B）：插入块，把已经定义好的图块插入到指引线的末端。选择该选项，命令行提示如下：

输入块名或 [?]：

在此提示下输入一个已定义好的图块名，AutoCAD 可把该图块插入到指引线的末端；或输入"？"列出当前已有图块，用户可从中选择。

④ 无（N）：不进行注释，没有注释文本。

⑤ 多行文字（M）：用多行文字编辑器标注注释文本，并设置文本格式。该选项为默认选项。

（3）格式（F）　确定指引线的形式。选择该选项，命令行提示如下：

输入引线格式选项 [样条曲线 (S)/ 直线 (ST)/ 箭头 (A)/ 无 (N)] < 退出 >：

选择指引线形式，或直接按 Enter 键返回上一级提示。

1）样条曲线（S）：设置指引线为样条曲线。

2）直线（ST）：设置指引线为折线。

3）箭头（A）：在指引线的起始位置画箭头。

4）无（N）：在指引线的起始位置不画箭头。

5）退出：此选项为默认选项。选择该选项，退出"格式（F）"选项，返回"指定下一点或 [注释（A）/ 格式（F）/ 放弃（U）]< 注释 >"提示，并且指引线形式按默认方式设置。

8.3.2　利用 QLEADER 命令进行引线标注

利用 QLEADER 命令可快速生成指引线及注释，而且可以通过命令行优化对话框进行用户自定义，由此可以消除不必要的命令行提示，获得较高的工作效率。

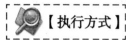
【执行方式】

命令行：QLEADER（快捷命令：LE）。

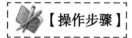
【操作步骤】

命令行提示与操作如下：

命令：QLEADER ✓
指定第一个引线点或 [设置 (S)] < 设置 >:

【选项说明】

（1）指定第一个引线点　在上面的提示下确定一点作为指引线的第一点。命令行提示如下：

指定下一点：(输入指引线的第二点)
指定下一点：(输入指引线的第三点)

AutoCAD 提示用户输入点的数目由"引线设置"对话框（见图 8-34）确定。输入完指引线的点后，命令行提示如下：

指定文字宽度 <0.0000>:(输入多行文本文字的宽度)
输入注释文字的第一行 < 多行文字 (M)>:

此时，有两种命令可选择：

1）输入注释文字的第一行：在命令行输入第一行文本文字。命令行提示如下：

输入注释文字的下一行：(输入另一行文本文字)
输入注释文字的下一行：(输入另一行文本文字或按 Enter 键)

2）多行文字（M）：打开多行文字编辑器，输入编辑多行文字。

输入全部注释文本后，在此提示下直接按 Enter 键，AutoCAD 结束 QLEADER 命令，并把多行文本标注在指引线的末端附近。

（2）设置　在上面的提示下直接按 Enter 键或输入"S"，系统打开如图 8-34 所示的"引线设置"对话框，在其中可对引线标注进行设置。该对话框包含"注释""引线和箭头""附着"3个选项卡，下面分别进行介绍。

1）"注释"选项卡（见图 8-34）：用于设置引线标注中注释文本的类型、多行文本的格式并

图 8-34　"引线设置"对话框

确定注释文本是否多次使用。

2）"引线和箭头"选项卡（见图 8-35）：用于设置引线标注中指引线和箭头的形式。其中，"点数"选项组用于设置执行 QLEADER 命令时输入点的数目。例如，设置点数为 3，执行 QLEADER 命令时，当用户在提示下指定 3 个点后，系统自动提示用户输入注释文本。注意，设置的点数要比用户希望的指引线段数多 1 可利用微调框进行设置。如果勾选"无限制"复选框，则 AutoCAD 会一直提示用户输入点，直到连续按 Enter 键两次为止。"角度约束"选项组可用于设置第一段和第二段指引线的角度约束。

3）"附着"选项卡（见图 8-36）：用于设置注释文本和指引线的相对位置。如果最后一段指引线指向右边，则 AutoCAD 自动把注释文本放在右侧；如果最后一段指引线指向左边，则 AutoCAD 自动把注释文本放在左侧。利用该选项卡左侧和右侧的单选按钮可分别设置位于左侧和右侧的注释文本与最后一段指引线的相对位置，二者可相同也可不相同。

图 8-35 "引线和箭头"选项卡

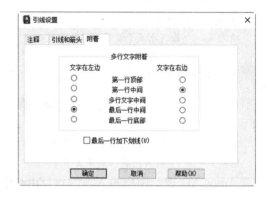

图 8-36 "附着"选项卡

8.3.3 实例——标注止动垫圈尺寸

标注如图 8-37 所示的止动垫圈尺寸。

1）选择菜单栏中的"格式"→"文字样式"命令，设置文字样式，为后面尺寸标注输入文字做准备。

2）选择菜单栏中的"格式"→"标注样式"命令，设置标注样式。

3）在命令行中输入"QLEADER"命令，利用"引线"命令标注止动垫圈上部圆角半径。例如，标注上端 $\delta 2$，操作方法如下：

命令：QLEADER ✓
指定第一个引线点或 [设置 (S)] <设置 >: S ✓（对引线类型进行设置）
指定第一个引线点或 [设置 (S)] <设置 >:（在标注的位置指定一点）
指定下一点 :（在标注的位置指定第二点）
指定下一点 :（在标注的位置指定第三点）
指定文字宽度 <5>: ✓
输入注释文字的第一行 <多行文字 (M)>: $\delta 2$ ✓
输入注释文字的下一行 : ✓

使用该标注方式标注的结果如图 8-38 所示。

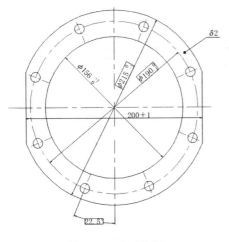

图 8-37 止动垫圈

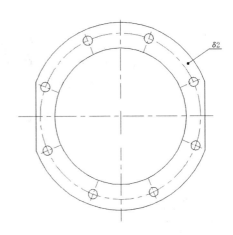

图 8-38 引线标注

4）用"线性""直径"和"角度"标注命令标注止动垫圈视图中的其他尺寸。在标注公差的过程中，同样要先设置替代尺寸样式，在替代样式中逐个设置公差。标注结果如图 8-37 所示。

8.4 几何公差标注

为方便机械设计工作，AutoCAD 提供了标注几何公差的功能。几何公差的标注形式如图 8-39 所示，包括指引线、特征符号、公差值和附加符号、基准代号及附加符号。

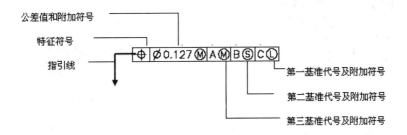

图 8-39 几何公差标注

【执行方式】

- 命令行：TOLERANCE（快捷命令：TOL）。
- 菜单栏：选择菜单栏中的"标注"→"公差"命令。
- 工具栏：单击"标注"工具栏中的"公差"按钮⊞1。
- 功能区：单击"注释"选项卡"标注"面板中的"公差"按钮⊞1。

执行上述操作后，系统打开如图 8-40 所示的"形位公差"对话框，可通过此对话框对几何公差标注进行设置。

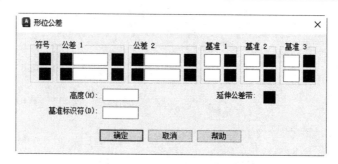

图 8-40 "形位公差"对话框

【选项说明】

（1）符号 用于设定或改变公差代号。单击下面的黑块，系统打开如图 8-41 所示的"特征符号"列表框，可从中选择需要的公差代号。

（2）公差 1、公差 2 用于产生第一、二个公差的公差值及"附加符号"符号。白色文本框左侧的黑块控制是否在公差值之前加一个直径符号，单击它，则出现一个直径符号，再单击则又消失。白色文本框用于确定公差值，可在其中输入一个具体数值。右侧黑块用于插入"包容条件"符号，单击它，系统打开如图 8-42 所示的"附加符号"列表框，用户可从中选择所需符号。

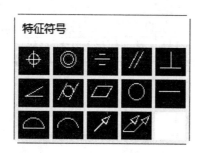

图 8-41 "特征符号"列表框

图 8-42 "附加符号"列表框

（3）基准 1、基准 2、基准 3 用于确定第一、二、三个基准代号及材料状态符号。可在白色文本框中输入一个基准代号。单击其右侧的黑块，系统打开"包容条件"列表框，可从中选择适当的"包容条件"符号。

（4）"高度"文本框 用于确定标注复合几何公差的高度。

（5）延伸公差带 单击此黑块，可在复合公差带后面加一个复合公差符号，如图 8-43d 所示。几何公差标注示例如图 8-43 所示。

（6）"基准标识符"文本框 用于产生一个标识符号，用一个字母表示。

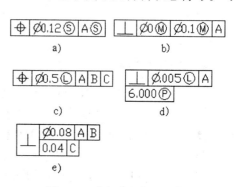

图 8-43 几何公差标注示例

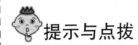
提示与点拨

　　在"形位公差"对话框中有两行可以同时对几何公差进行设置，可实现复合几何公差的标注。如果两行中输入的公差代号相同，则得到如图 8-43e 所示的形式。

8.5　综合实例——完成阀盖零件图尺寸标注

标注如图 8-44 所示阀盖零件图的尺寸。

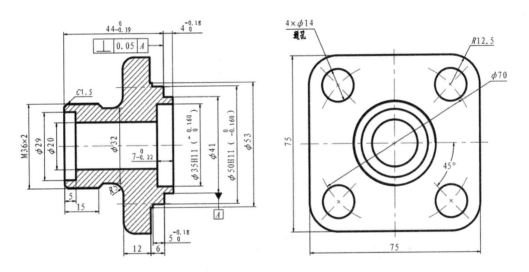

图 8-44　阀盖零件图

　　1）打开文件。打开第 7 章保存的阀盖零件图文件。

　　2）创建标注样式。单击"默认"选项卡"注释"面板中的"标注样式"按钮，打开"标注样式管理器"对话框。单击"新建"按钮，打开"创建新标注样式"对话框，创建新的标注样式并命名为"机械设计"，用于标注图样中的尺寸；再单击"继续"按钮，打开"新建标注样式:机械设计"对话框，设置选项卡如图 8-45 和图 8-46 所示。设置完成后，单击"确定"按钮，返回"标注样式管理器"对话框。

　　3）设置标注样式。在"样式"列表框中选取"机械设计"选项，单击"新建"按钮，分别设置直径、半径及角度标注样式。其中，在直径及半径标注样式的"调整"选项卡中选中"手动放置文字"复选框，如图 8-47 所示；在角度标注样式的"文字"选项卡的"文字对齐"选项组中选中"水平"单选按钮，如图 8-48 所示；其他选项卡的设置均采用默认设置。

　　4）设置当前标注样式。在"标注样式管理器"对话框"样式"列表框中选取"机械设计"标注样式，单击"置为当前"按钮，将其设置为当前标注样式。

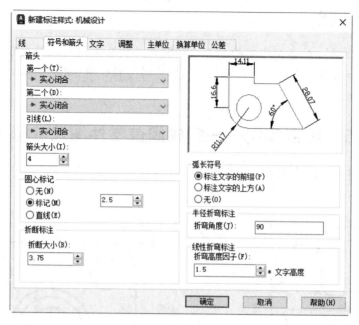

图 8-45　"符号和箭头"选项卡

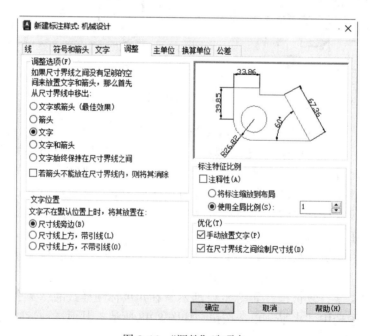

图 8-46　"调整"选项卡

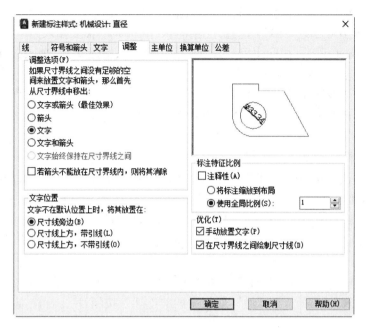

图 8-47 直径及半径标注样式的"调整"选项卡

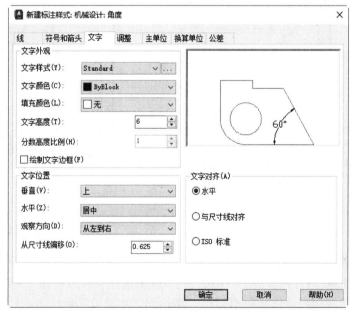

图 8-48 角度标注样式的"文字"选项卡

5）标注阀盖主视图中的竖直线性尺寸。单击"默认"选项卡"注释"面板中的"线性"按钮，从左至右，依次标注阀盖主视图中的竖直线性尺寸"M36×2""ϕ29""ϕ20""ϕ32""ϕ35""ϕ41""ϕ50"及"ϕ53"。注意，在标注尺寸ϕ35时，需要输入标注文字"%%C35H11（{\H0.7x;\S+ 0.160^0;}）"；在标注尺寸ϕ50时，需要输入标注文字"%%C50H11（{\H0.7x;\S0^-0.160;}）"。结果如图8-49所示。

6）标注阀盖主视图中的水平线性尺寸。

① 单击"默认"选项卡"注释"面板中的"线性"按钮，标注阀盖主视图上部的线性尺寸44。

② 单击"注释"选项卡"标注"面板中的"连续"按钮，标注连续尺寸4。

③ 单击"默认"选项卡"注释"面板中的"线性"按钮，标注阀盖主视图中部的线性尺寸7和阀盖主视图下部左边的线性尺寸5。

④ 单击"注释"选项卡"标注"面板中的"基线"按钮，标注基线尺寸15。

⑤ 单击"默认"选项卡"注释"面板中的"线性"按钮，标注阀盖主视图下部右边的线性尺寸5。

⑥ 单击"注释"选项卡"标注"面板中的"基线"按钮，标注基线尺寸6。

⑦ 单击"注释"选项卡"标注"面板中的"连续"按钮，标注连续尺寸12。结果如图8-50所示。

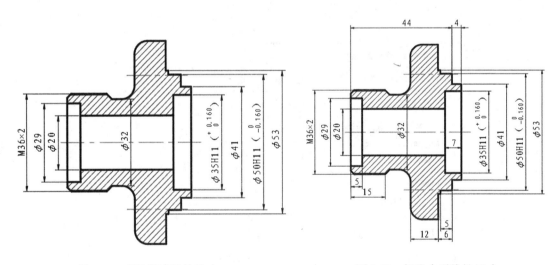

图8-49　标注竖直线性尺寸　　　　　　图8-50　标注水平线性尺寸

7）设置标注样式。单击"默认"选项卡"注释"面板中的"标注样式"按钮，打开"标注样式管理器"对话框，在"样式"列表框中选择"机械设计"选项，单击"替代"按钮，系统打开"替代当前样式"对话框。切换到"主单位"选项卡，将"线性标注"选项组中的"精度"值设置为0.00；切换到"公差"选项卡，在"公差格式"选项组中将"方式"设置为"极限偏差"，设置"上偏差"为0、"下偏差"为0.39、"高度比例"为0.7。设置完成后单击"确定"按钮。

单击"注释"选项卡"标注"面板中的"更新"按钮，选取主视图上的线性尺寸44，即可为该尺寸添加尺寸偏差。

采用同样的方法分别为主视图中的线性尺寸 4、7 及 5 添加尺寸偏差。结果如图 8-51 所示。

8）标注阀盖主视图中的倒角及圆角半径。

① 在命令行中输入"QLEADER"命令，标注主视图中的倒角尺寸"C1.5"。

② 单击"默认"选项卡"注释"面板中的"半径"按钮，标注主视图中的半径尺寸"R5"。

9）标注阀盖左视图中的尺寸。

① 单击"默认"选项卡"注释"面板中的"线性"按钮，标注阀盖左视图中的线性尺寸 75。

② 单击"默认"选项卡"注释"面板中的"直径"按钮，标注阀盖左视图中的直径尺寸 $\phi70$ 及 $4\times\phi14$。注意，在标注尺寸"$4\times\phi14$"时，需要输入标注文字"$4\times<>$"。

③ 单击"默认"选项卡"注释"面板中的"半径"按钮，标注左视图中的半径尺寸"R12.5"。

④ 单击"默认"选项卡"注释"面板中的"角度"按钮，标注左视图中的角度尺寸"45°"。

⑤ 单击"默认"选项卡"注释"面板中的"文字样式"按钮，创建新文字样式"HZ"，设置该标注样式的"字体名"为"仿宋_GB2312"、"宽度比例"为 0.7，用于书写汉字。

在命令行中输入"TEXT"，设置文字样式为"HZ"，在尺寸"$4\times\phi14$"的引线下部输入文字"通孔"。结果如图 8-52 所示。

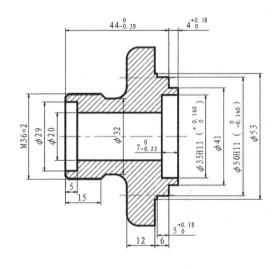

图 8-51 标注尺寸偏差

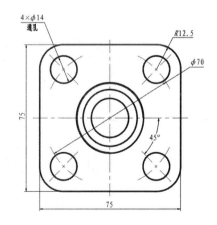

图 8-52 标注左视图中的尺寸

10）在命令行中输入"QLEADER"命令，标注阀盖主视图中的几何公差。命令行提示与操作如下：

命令：QLEADER ↙

指定第一个引线点或 [设置 (S)] < 设置 >：↙ (按 Enter 键，在打开的"引线设置"对话框中设置各个选项卡如图 8-53 和图 8-54 所示。设置完成后，单击"确定"按钮)

指定第一个引线点或 [设置 (S)] < 设置 >：(捕捉阀盖主视图尺寸 44 右端延伸线上的最近点)

指定下一点：(向左移动鼠标，在适当位置处单击，打开"形位公差"对话框，对其进行设置，如图 8-55所示。单击"确定"按钮)

图 8-53 "注释"选项卡

图 8-54 "引线和箭头"选项卡

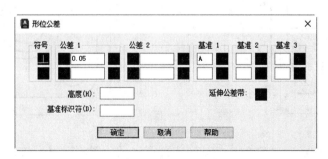

图 8-55 "形位公差"对话框

11）利用绘图命令绘制基准符号，结果如图 8-56 所示。

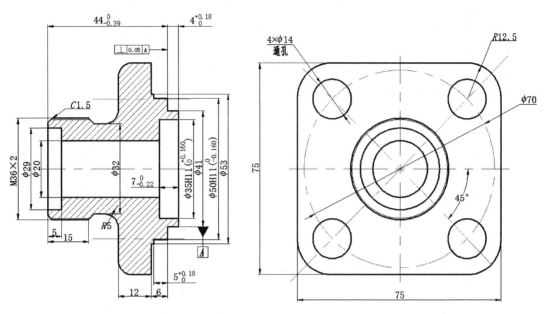

图 8-56　绘制基准符号

12）保存文件。在命令行输入"QSAVE"命令，或选择菜单栏中的"文件"→"保存"命令，或单击"标准"工具栏中的"保存"按钮，保存标注的图形文件。

8.6　上机操作

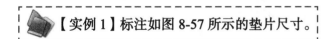

【实例 1】标注如图 8-57 所示的垫片尺寸。

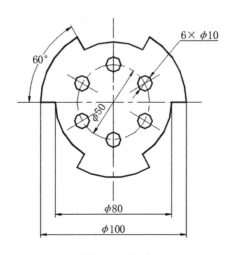

图 8-57　垫片

1. 目的要求

本例有线性、直径、角度 3 种尺寸需要标注，由于具体尺寸的要求不同，需要重新设置和转换尺寸标注样式。本例要求读者掌握各种标注尺寸的基本方法。

2. 操作提示

1）单击"默认"选项卡"注释"面板中的"文字样式"按钮 ，设置文字样式和标注样式，为后面的尺寸标注输入文字做准备。

2）单击"默认"选项卡"注释"面板中的"线性"按钮 ⊢¬，标注垫片图形中的线性尺寸。

3）单击"默认"选项卡"注释"面板中的"直径"按钮 ⊘，标注垫片图形中的直径尺寸（注意需要重新设置标注样式）。

4）单击"默认"选项卡"注释"面板中的"角度"按钮 △，标注垫片图形中的角度尺寸（注意需要重新设置标注样式）。

【实例 2】为如图 8-58 所示的轴尺寸设置标注样式并标注。

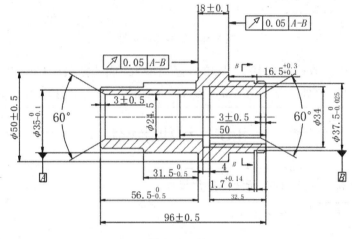

图 8-58　轴

1. 目的要求

设置标注样式是标注尺寸的首要工作。一般可以根据图形的复杂程度和尺寸类型的多少，决定设置几种尺寸标注样式。本例需要针对图 8-58 所示的轴设置 3 种尺寸标注样式，分别用于普通线性标注、带公差的线性标注以及角度标注。本例要求读者掌握尺寸标注的一般方法。

2. 操作提示

1）设置尺寸标注样式。

2）标注一般尺寸。

3）标注带公差尺寸。

4）标注几何公差。

第9章 辅助绘图工具

知识导引

在设计绘图过程中经常会用到一些重复出现的图形，如机械设计中的螺钉、螺母，建筑设计中的桌椅、门窗等，如果每次都重新绘制这些图形，不仅造成大量的重复工作，而且存储这些图形及其信息也要占据很大的磁盘空间。图块解决了模块化作图的问题，利用它不仅可以避免大量的重复工作，提高绘图速度，而且可以大大节省磁盘空间。AutoCAD 2024 设计中心也提供了观察和重用设计内容的强大工具，利用它可以浏览系统内部的资源，还可以从 Internet 上下载有关内容。本章主要介绍图块及其属性以及设计中心的应用、工具选项板的使用等知识。

内容要点

➤ 图块操作
➤ 图块属性
➤ 设计中心
➤ 工具选项板

9.1 图 块 操 作

图块也称块，它是由一组图形对象组成的集合，一组对象一旦被定义为图块，它们将成为一个整体，选中图块中任意一个图形对象即可选中构成图块的所有对象。AutoCAD 把一个图块作为一个对象进行编辑修改等操作，用户可根据绘图需要把图块插入到图中指定的位置，在插入时还可以指定不同的缩放比例和旋转角度。如果需要对组成图块的单个图形对象进行修改，还可以利用"分解"命令把图块分解成若干个对象。图块还可以重新定义，一旦被重新定义，整个图中基于该块的对象都将随之改变。

9.1.1 定义图块

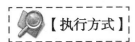

● 命令行：BLOCK（快捷命令：B）。
● 菜单栏：选择菜单栏中的"绘图"→"块"→"创建"命令。
● 工具栏：单击"绘图"工具栏中的"创建块"按钮。

● 功能区：单击"默认"选项卡"块"面板中的"创建"按钮 或单击"插入"选项卡"块定义"面板中的"创建块"按钮 。

执行上述操作后，系统打开如图9-1所示的"块定义"对话框，利用该对话框可定义图块并为之命名。

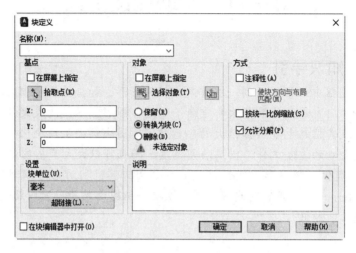

图9-1 "块定义"对话框

【选项说明】

（1）"基点"选项组 确定图块的基点。默认值是点（0，0，0），也可以在下面的X、Y、Z文本框中输入块的基点坐标值。单击"拾取点"按钮 ，系统临时切换到绘图区，在绘图区选择一点后，返回"块定义"对话框中，即可把选择的点作为图块的放置基点。

（2）"对象"选项组 用于选择制作图块的对象，以及设置图块对象的相关属性。如图9-2所示，把图9-2a中的正五边形定义为图块，图9-2b所示为点选"删除"单选按钮的结果，图9-2c所示为点选"保留"单选按钮的结果。

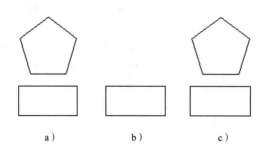

a） b） c）

图9-2 设置图块对象

（3）"设置"选项组 指定从AutoCAD设计中心拖动图块时用于测量图块的单位，以及缩放、分解和超链接等设置。

（4）"在块编辑器中打开"复选框 勾选此复选框，可以在块编辑器中定义动态块

（后面将详细介绍）。

（5）"方式"选项组　指定块的行为。勾选"注释性"复选框，指定在图纸空间中块参照的方向与布局方向匹配；勾选"按统一比例缩放"复选框，指定块参照按统一比例缩放；勾选"允许分解"复选框，指定块参照可以被分解。

9.1.2　图块的存盘

利用 BLOCK 命令定义的图块保存在其所属的图形当中，该图块只能在该图形中插入，而不能插入到其他的图形中。有些图块在许多图形中要经常用到，这时可以用 WBLOCK 命令把图块以图形文件的形式（扩展名为 .dwg）存入磁盘。图形文件可以在任意图形中用 INSERT 命令插入。

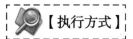

- 命令行：WBLOCK（快捷命令：W）。
- 功能区：单击"插入"选项卡"块定义"面板中的"写块"按钮 。

执行上述操作后，系统打开"写块"对话框，如图 9-3 所示。利用此对话框可把图形对象保存为图形文件或把图块转换成图形文件。

图 9-3　"写块"对话框

（1）"源"选项组　确定要保存为图形文件的图块或图形对象。点选"块"单选按钮，在右侧的下拉列表中选择一个图块，可将其保存为图形文件；点选"整个图形"单选按钮，则把当前的整个图形保存为图形文件；点选"对象"单选按钮，则把不属于图块的图形对象保存为图形文件。对象的选择可通过"对象"选项组来完成。

（2）"目标"选项组　用于指定图形文件的名称、保存路径和插入单位。

9.1.3 实例——将图形定义为图块

将如图 9-4 所示的图形定义为图块，命名为 HU3，并保存。

1）单击"默认"选项卡"块"面板中的"创建"按钮，打开"块定义"对话框。

2）在"名称"下拉列表框中输入"HU3"。

3）单击"拾取点"按钮，切换到绘图区，选择圆心为插入基点，返回"块定义"对话框。

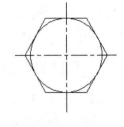

4）单击"选择对象"按钮，切换到绘图区，选择如图 9-4 所示的对象，按 Enter 键返回"块定义"对话框。

图 9-4　定义图块

5）单击"确定"按钮，关闭对话框。

6）在命令行输入"WBLOCK"，按 Enter 键，系统打开"写块"对话框，在"源"选项组中点选"块"单选按钮，在右侧的下拉列表中选择"HU3"块，单击"确定"按钮，即可把图形定义为"HU3"图块。

9.1.4 图块的插入

在 AutoCAD 绘图过程中，可根据需要随时把已经定义好的图块或图形文件插入到当前图形的任意位置，在插入的同时还可以改变图块的大小、旋转一定角度或把图块分解等。插入图块的方法有多种，下面逐一进行介绍。

【执行方式】

- 命令行：INSERT（快捷命令：I）。
- 菜单栏：选择菜单栏中的"插入"→"块"命令。
- 工具栏：单击"插入点"工具栏中的"插入块"按钮或单击"绘图"工具栏中的"插入块"按钮。
- 功能区：单击"默认"选项卡"块"面板中的"插入"下拉按钮，或者单击"插入"选项卡"块"面板中的"插入"下拉按钮，在打开的下拉列表中选择相应的选项。

执行上述操作后，系统打开如图 9-5 所示的"块"选项板，可以指定要插入的图块及插入位置。

图 9-5　"块"选项板

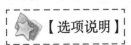【选项说明】

（1）"路径"显示框　显示图块的保存路径。

（2）"插入点"选项组　指定插入点，插入图块时该点与图块的基点重合。可以在绘图区指定该点，也可以在下面的文本框中输入坐标值。

（3）"比例"选项组　确定插入图块时的缩放比例。图块被插入到当前图形中时，可以以任意比例放大或缩小。如图 9-6 所示，图 9-6a 所示为被插入的图块；图 9-6b 所示为按比例系数 1.5 插入该图块的结果；图 9-6c 所示为按比例系数 0.5 插入的结果，X 轴方向和 Y 轴方向的比例系数也可以不同；图 9-6d 所示为插入的图块 X 轴方向的比例系数为 1，Y 轴方向的比例系数为 1.5。另外，比例系数还可以是一个负数，当它为负数时表示插入图块的镜像，其效果如图 9-7 所示。

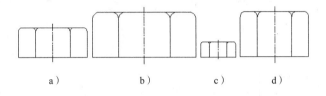

a）　　　　b）　　　　c）　　　　d）

图 9-6　取不同比例系数插入图块的效果

a）X 比例 = 1，Y 比例 = 1　　b）X 比例 = -1，Y 比例 = 1　　c）X 比例 = 1，Y 比例 = -1　　d）X 比例 = -1，Y 比例 = -1

图 9-7　以不同比例系数插入图块的效果

（4）"旋转"选项组　指定插入图块时的旋转角度。图块被插入到当前图形中时，可以绕其基点旋转一定的角度，角度可以是正数（表示沿逆时针方向旋转），也可以是负数（表示沿顺时针方向旋转）。如图 9-8 所示，图 9-8a 所示为被插入的图块，图 9-8b 所示为将该图块旋转 30° 后插入的效果，图 9-8c 所示为将该图块旋转 -30° 后插入的效果。

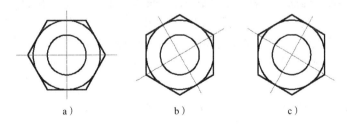

a）　　　　　　b）　　　　　　c）

图 9-8　以不同旋转角度插入图块的效果

如果勾选"旋转"复选框，则系统切换到绘图区，在绘图区选择一点，系统将自动测量插入点与该点连线和 X 轴正方向之间的夹角，并把它作为块的旋转角。也可以在"角度"文本框中直接输入插入图块时的旋转角度。

（5）"分解"复选框　勾选此复选框，则在插入块的同时把其分解，插入到图形中的组成块对象不再是一个整体，可对每个对象单独进行编辑操作。

9.1.5　实例——标注阀体表面粗糙度

标注图 9-9 所示图形中的表面粗糙度符号。

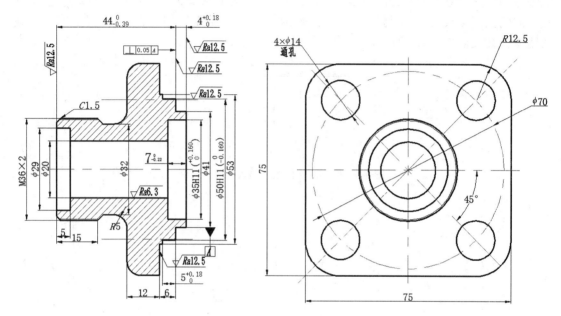

图 9-9　标注表面粗糙度

1）单击"默认"选项卡"绘图"面板中的"直线"按钮 ，绘制如图 9-10 所示的表面粗糙度符号。

2）在命令行中输入"WBLOCK"命令，打开"写块"对话框，拾取图 9-10 所示图形的下尖点为基点，以该图形为对象，输入图块名称并指定路径，确认后退出。

图 9-10　绘制表面粗糙度符号

3）单击"默认"选项卡"块"面板中的"插入"下拉按钮，在打开的下拉列表中选择"最近使用的块"选项，打开"块"选项板，单击"浏览"按钮 ，找到刚才保存的图块，在屏幕上指定插入点、比例和旋转角度，将该图块插入到图 9-9 所示的图形中。

4）选择菜单栏中的"绘图"→"文字"→"单行文字"命令，标注文字。标注时注意对文字进行旋转。

5）同样利用插入图块的方法标注其他表面粗糙度。

9.1.6　动态块

动态块具有灵活性和智能性的特点，用户可以轻松地更改图形中的动态块参照，通过自定义夹点或自定义特性来操作动态块参照中的几何图形，根据需要在位调整块，而不用搜索另一个块以插入或重定义现有的块。

例如，在图形中插入一个门块参照，编辑图形时可能需要更改门的大小，如果该块是动态的，并且定义为可调整大小，那么只需拖动自定义夹点或在"特性"选项板中设置选项就可以修改门的大小，如图 9-11 所示。用户可能还需要修改门的打开角度，如图 9-12 所示。该门块还可能会包含对齐夹点，使用对齐夹点可以轻松地将门块参照与图形中的其他几何图形对齐，如图 9-13 所示。

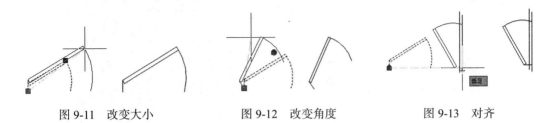

图 9-11　改变大小　　　　图 9-12　改变角度　　　　图 9-13　对齐

可以使用块编辑器创建动态块。块编辑器是一个专门的编写区域，可用于添加能够使块成为动态块的元素。用户可以创建新的块，也可以向现有的块定义中添加动态行为，还可以像在绘图区中创建几何图形一样。

【执行方式】

- 命令行：BEDIT（快捷命令：BE）。
- 菜单栏：选择菜单栏中的"工具"→"块编辑器"命令。
- 工具栏：单击"标准"工具栏中的"块编辑器"按钮 。
- 功能区：单击"插入"选项卡"块定义"面板中的"块编辑器"按钮 。
- 快捷菜单：选择一个块参照，在绘图区右击，选择快捷菜单中的"块编辑器"命令。

执行上述操作后，系统打开"编辑块定义"对话框，如图 9-14 所示。在"要创建或编辑的块"文本框中输入图块名或在列表框中选择已定义的块或当前图形，确认后系统打开"块编写选项板"和"块编辑器"选项卡，如图 9-15 所示。

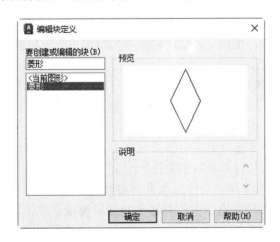

图 9-14　"编辑块定义"对话框

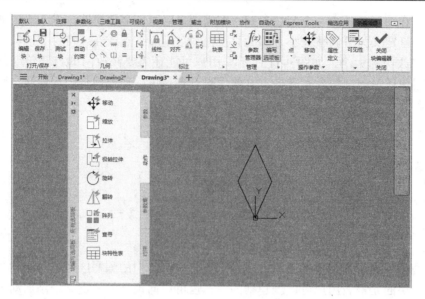

图 9-15 "块编写选项板"和"块编辑器"选项卡

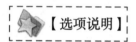

1. 块编写选项板

该选项板有 4 个选项卡，分别介绍如下。

（1）"参数"选项卡 提供用于向块编辑器的动态块定义中添加参数的工具。参数用于指定几何图形在块参照中的位置、距离和角度。将参数添加到动态块定义中时，该参数将定义块的一个或多个自定义特性。此选项卡也可以通过 BPARAMETER 命令打开。

1）点：向当前动态块定义中添加点参数，并定义块参照的自定义 X 和 Y 特性。可以将移动或拉伸动作与点参数相关联。

2）线性：向当前动态块定义中添加线性参数，并定义块参照的自定义距离特性。可以将移动、缩放、拉伸或阵列动作与线性参数相关联。

3）极轴：向当前的动态块定义中添加极轴参数，并定义块参照的自定义距离和角度特性。可以将移动、缩放、拉伸、极轴拉伸或阵列动作与极轴参数相关联。

4）XY：向当前动态块定义中添加 XY 参数，并定义块参照的自定义水平距离和垂直距离特性。可以将移动、缩放、拉伸或阵列动作与 XY 参数相关联。

5）旋转：向当前动态块定义中添加旋转参数，并定义块参照的自定义角度特性。只能将一个旋转动作与一个旋转参数相关联。

6）对齐：向当前的动态块定义中添加对齐参数。因为对齐参数影响整个块，所以不需要（或不可能）将动作与对齐参数相关联。

7）翻转：向当前的动态块定义中添加翻转参数，并定义块参照的自定义翻转特性。翻转参数用于翻转对象。在块编辑器中，翻转参数显示为投影线，可以围绕这条投影线翻转对象。翻转参数将显示一个值，该值显示块参照是否已被翻转。可以将翻转动作与翻转参数相关联。

8）可见性：向动态块定义中添加一个可见性参数，并定义块参照的自定义可见性特性。可见性参数允许用户创建可见性状态并控制对象在块中的可见性。可见性参数总是应用于整个块，并且无需与任何动作相关联。在图形中单击夹点可以显示块参照中所有可见性状态的列表。在块编辑器中，可见性参数显示为带有关联夹点的文字。

9）查寻：向动态块定义中添加一个查寻参数，并定义块参照的自定义查寻特性。查寻参数用于定义自定义特性，用户可以指定或设置该特性，以便从定义的列表或表格中计算出某个值。该参数可以与单个查寻夹点相关联，在块参照中单击该夹点，可以显示可用值的列表。在块编辑器中，查寻参数显示为文字。

10）基点：向动态块定义中添加一个基点参数。基点参数用于定义动态块参照相对于块中几何图形的基点。点参数无法与任何动作相关联，但可以属于某个动作的选择集。在块编辑器中，基点参数显示为带有十字光标的圆。

（2）"动作"选项卡　提供用于向块编辑器的动态块定义中添加动作的工具。动作定义了在图形中操作块参照的自定义特性时，动态块参照的几何图形将如何移动或变化。应将动作与参数相关联。此选项卡也可以通过 BACTIONTOOL 命令打开。

1）移动：在用户将移动动作与点参数、线性参数、极轴参数或 XY 参数关联时，将该动作添加到动态块定义中。移动动作类似于 MOVE 命令。在动态块参照中，移动动作将使对象移动指定的距离和角度。

2）查寻：向动态块定义中添加一个查寻动作。将查寻动作添加到动态块定义中，并将其与查寻参数相关联时，创建一个查寻表。可以使用查寻表指定动态块的自定义特性和值。

其他动作与上述两项类似，此处不再赘述。

（3）"参数集"选项卡　提供用于在块编辑器向动态块定义中添加一个参数和至少一个动作的工具。将参数集添加到动态块中时，动作将自动与参数相关联。将参数集添加到动态块中后，可双击黄色警示图标（或使用 BACTIONSET 命令），然后按照命令行中的提示将动作与几何图形选择集相关联。此选项卡也可以通过 BPARAMETER 命令打开。

1）点移动：向动态块定义中添加一个点参数，系统自动添加与该点参数相关联的移动动作。

2）线性移动：向动态块定义中添加一个线性参数，系统自动添加与该线性参数的端点相关联的移动动作。

3）可见性集：向动态块定义中添加一个可见性参数并允许定义可见性状态，无需添加与可见性参数相关联的动作。

4）查寻集：向动态块定义中添加一个查寻参数，系统自动添加与该查寻参数相关联的查寻动作。

其他参数集与上述 4 项类似，此处不再赘述。

（4）"约束"选项卡　可将几何对象关联在一起，或指定固定的位置或角度。

1）水平：使直线或点对位于与当前坐标系 X 轴平行的位置。默认选择类型为对象。

2）竖直：使直线或点对位于与当前坐标系 Y 轴平行的位置。

3）垂直：使选定的直线位于彼此垂直的位置。垂直约束在两个对象之间应用。

4）平行：使选定的直线位于彼此平行的位置。平行约束在两个对象之间应用。

5）相切：将两条曲线约束为保持彼此相切或其延长线保持彼此相切的状态。相切约束在两个对象之间应用。圆可以与直线相切，即使该圆与该直线不相交。

6）平滑：将样条曲线约束为连续，并与其他样条曲线、直线、圆弧或多段线保持连续性。

7）重合：约束两个点使其重合，或约束一个点使其位于曲线（或曲线的延长线）上。可以使对象上的约束点与某个对象重合，也可以使其与另一对象上的约束点重合。

8）同心：将两个圆弧、圆或椭圆约束到同一个中心点。与将重合约束应用于曲线的中心点所产生的效果相同。

9）共线：使两条或多条直线段沿同一直线方向。

10）对称：使选定对象受对称约束，相对于选定直线对称。

11）相等：将选定圆弧和圆的尺寸重新调整为半径相同，或将选定直线的尺寸重新调整为长度相等。

12）固定：将点和曲线锁定在位。

2.“块编辑器”选项卡

该选项卡提供了在块编辑器中使用、创建动态块以及设置可见性状态的工具。

（1）“编辑块”按钮 单击该按钮，打开“编辑块定义”对话框。

（2）“保存块”按钮 保存当前块定义。

（3）“将块另存为”按钮 单击该按钮，打开“将块另存为”对话框，可以在其中用一个新名称保存当前块定义的副本。

（4）“测试块”按钮 运行 BTESTBLOCK 命令，可从块编辑器中打开一个外部窗口以测试动态块。

（5）“自动约束”按钮 运行 AUTOCONSTRAIN 命令，可根据对象相对于彼此的方向将几何约束应用于对象的选择集。

（6）“显示/隐藏约束”按钮 运行 CONSTRAINTBAR 命令，可显示或隐藏对象上的可用几何约束。

（7）“块表”按钮 运行 BTABLE 命令，可打开一个对话框以定义块的变量。

（8）“参数管理器”按钮 参数管理器处于未激活状态时执行 PARAMETERS 命令；否则，执行 PARAMETERSCLOSE 命令。

（9）“编写选项板”按钮 编写选项板处于未激活状态时执行 BAUTHORPALETTE 命令；否则，执行 BAUTHORPALETTECLOSE 命令。

（10）“属性定义”按钮 单击该按钮，打开“属性定义”对话框，从中可以定义模式、属性标记、提示、值、插入点和属性的文字选项。

（11）“可见性模式”按钮 设置 BVMODE 系统变量，可以使当前可见性状态下不可见的对象变暗或隐藏。

（12）“使可见”按钮 运行 BVSHOW 命令，可以使对象在当前可见性状态或所有可见性状态下均可见。

（13）“使不可见”按钮 运行 BVHIDE 命令，可以使对象在当前可见性状态或所有可见性状态下均不可见。

（14）"可见性状态"按钮 🔲 单击该按钮，打开"可见性状态"对话框，从中可以创建、删除、重命名和设置当前可见性状态。在列表框中选择一种状态，右击，在打开的快捷菜单中选择"新状态"命令，打开"新建可见性状态"对话框，可以设置可见性状态。

（15）"关闭块编辑器"按钮 ✔ 运行 BCLOSE 命令，可关闭块编辑器，并提示用户保存或放弃对当前块定义所做的任何更改。

 技巧荟萃

　　在动态块中，由于属性的位置包括在动作的选择集中，因此必须将其锁定。

9.1.7 实例——利用动态块功能标注阀体表面粗糙度

利用动态块功能标注阀体图形中图 9-10 所示的表面粗糙度符号。

1）单击"默认"选项卡"绘图"面板中的"直线"按钮 ✏，绘制表面粗糙度符号，如图 9-10 所示。

2）在命令行中输入"WBLOCK"命令，打开"写块"对话框，拾取表面粗糙度符号图形下尖点为基点，以该图形为对象，输入图块名称并指定路径，确认后退出。

3）单击"默认"选项卡"块"面板中的"插入"下拉按钮，在打开的下拉列表中选择"最近使用的块"选项，系统打开"块"选项板，勾选"插入点"和"比例"复选框，单击"浏览"按钮找到刚才保存的图块，在屏幕上指定插入点和比例，将该图块插入到阀体图形中，结果如图 9-16 所示。

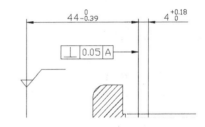

图 9-16　插入表面粗糙度符号

4）选择菜单栏中的"工具"→"块编辑器"命令，选择刚才保存的块，打开"块编辑器"选项卡和"块编写选项板"，在"块编写选项板"的"参数"选项卡中选择"旋转"项，命令行提示与操作如下：

命令：_BParameter

指定基点或 [名称 (N)/ 标签 (L)/ 链 (C)/ 说明 (D)/ 选项板 (P)/ 值集 (V)]:(指定表面粗糙度图块下角点为基点)

指定参数半径：(指定适当半径)

指定默认旋转角度或 [基准角度 (B)] <0>: 0(指定适当角度)

指定标签位置：(指定适当夹点数)

在"块编写选项板"的"动作"选项卡中选择"旋转"项，命令行提示与操作如下：

命令：_BActionTool

选择参数：(选择刚设置的旋转参数)

指定动作的选择集

选择对象：(选择表面粗糙度图块)

5）关闭块编辑器。

6）在当前图形中选择刚才标注的图块，系统显示图块的动态旋转标记，选中该标记，按住鼠标拖动，旋转图块，如图 9-17 所示，直到图块旋转到满意的位置为止，如图 9-18 所示。

7）选择菜单栏中的"绘图"→"文字"→"单行文字"命令，标注文字。标注时注意对文字进行旋转。

8）同样利用插入图块的方法标注其他表面粗糙度符号。

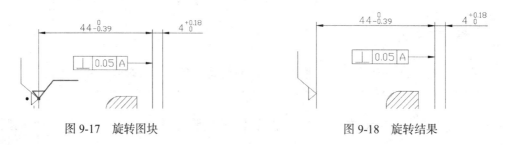

图 9-17　旋转图块　　　　　　　　　　　　　图 9-18　旋转结果

9.2　图块属性

图块除了包含图形对象以外，还可以具有非图形信息，如把一个椅子的图形定义为图块后，还可把椅子的号码、材料、重量、价格以及说明等文本信息一并加入到图块当中。图块的这些非图形信息叫作图块的属性，它是图块的一个组成部分，与图形对象一起构成一个整体，在插入图块时 AutoCAD 会把图形对象连同属性一起插入到图形中。

9.2.1　定义图块属性

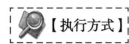【执行方式】

- 命令行：ATTDEF（快捷命令：ATT）。
- 菜单栏：选择菜单栏中的"绘图"→"块"→"定义属性"命令。
- 功能区：单击"默认"选项卡"块"面板中的"定义属性"按钮🖉或单击"插入"选项卡"块定义"面板中的"定义属性"按钮🖉。

执行上述操作后，打开"属性定义"对话框，如图 9-19 所示。

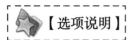【选项说明】

（1）"模式"选项组　用于确定属性的模式。

1）"不可见"复选框：勾选此复选框，属性为不可见显示方式，即插入图块并输入属性值后，属性值在图中并不显示出来。

2）"固定"复选框：勾选此复选框，属性值为常量，即属性值在属性定义时给定，在插入图块时系统不再提示输入属性值。

3）"验证"复选框：勾选此复选框，当插入图块时，系统重新显示属性值提示用户验证该值是否正确。

图 9-19　"属性定义"对话框

4）"预设"复选框：勾选此复选框，当插入图块时，系统自动把事先设置好的默认值赋予属性，而不再提示输入属性值。

5）"锁定位置"复选框：勾选此复选框，可锁定块参照中属性的位置。取消勾选，属性可以相对于使用夹点编辑块的其他部分移动，并且可以调整多行文字属性的大小。

6）"多行"复选框：勾选此复选框，可以指定属性值包含多行文字，可以指定属性的边界宽度。

（2）"属性"选项组　用于设置属性值。在每个文本框中，AutoCAD 允许输入不超过256 个字符。

1）"标记"文本框：输入属性标签。属性标签可由除空格和感叹号以外的所有字符组成，系统自动把小写字母改为大写字母。

2）"提示"文本框：输入属性提示。属性提示是插入图块时系统要求输入属性值的提示，如果不在此文本框中输入文字，则以属性标签作为提示。如果在"模式"选项组中勾选"固定"复选框，即设置属性值为常量，则不需设置属性提示。

3）"默认"文本框　设置默认的属性值。可把使用次数较多的属性值作为默认值，也可不设默认值。

（3）"插入点"选项组　用于确定属性文本的位置。可以在插入时由用户在图形中确定属性文本的位置，也可在 X、Y、Z 文本框中直接输入属性文本的位置坐标。

（4）"文字设置"选项组　用于设置属性文本的对齐方式、文字样式、字高和倾斜角度。

（5）"在上一个属性定义下对齐"复选框　勾选此复选框，表示把属性标签直接放在前一个属性的下面，而且该属性继承前一个属性的文字样式、字高和倾斜角度等特性。

技巧荟萃

在动态块中，由于属性的位置包含在动作的选择集中，因此必须将其锁定。

9.2.2 修改属性的定义

在定义图块之前，可以对属性的定义加以修改，不仅可以修改属性标签，还可以修改属性提示和属性默认值。

【执行方式】

- 命令行：DDEDIT（快捷命令：ED）。
- 菜单栏：选择菜单栏中的"修改"→ "对象"→ "文字"→ "编辑"命令。

执行上述操作后，打开"编辑属性定义"对话框，可在各文本框中对各项进行修改，如图 9-20 所示为要修改属性的标记为"文字"，提示为"数值"，无默认值。

图 9-20 "编辑属性定义"对话框

9.2.3 图块属性编辑

在属性被定义到图块当中，甚至图块被插入到图形当中之后，用户还可以对图块属性进行编辑。利用 ATTEDIT 命令可以通过打开的"编辑属性"对话框对指定图块的属性值进行修改，利用 ATTEDIT 命令不仅可以修改属性值，而且可以对属性的位置、文本等其他设置进行编辑。

【执行方式】

- 命令行：ATTEDIT（快捷命令：ATE）。
- 菜单栏：选择菜单栏中的"修改"→ "对象"→ "属性"→ "单个"命令。
- 工具栏：单击"修改 II"工具栏中的"编辑属性"按钮 。
- 功能区：单击"默认"选项卡"块"面板中的"编辑属性"按钮 。

【操作步骤】

命令行提示与操作如下：

命令：ATTEDIT ✓

选择块参照：

执行上述命令后，光标变为拾取框，选择要修改属性的图块，系统打开如图 9-21 所示的"编辑属性"对话框。该对话框中显示出所选图块中包含的前 8 个属性的值，用户可对这些属性值进行修改。如果该图块中还有其他的属性，可单击"上一个"和"下一个"按

钮对它们进行观察和修改。

　　当用户通过菜单栏或工具栏执行上述命令时，系统打开"增强属性编辑器"对话框，如图 9-22 所示。在该对话框中不仅可以编辑属性值，还可以编辑属性的文字选项和图层、线型、颜色等特性值。

　　另外，还可以通过"块属性管理器"对话框来编辑属性。选择菜单栏中的"修改"→"对象"→"属性"→"块属性管理器"命令，系统打开"块属性管理器"对话框，如图 9-23 所示。单击"编辑"按钮，系统打开如图 9-24 所示的"编辑属性"对话框，可以通过该对话框编辑属性。

图 9-21　"编辑属性"对话框 1

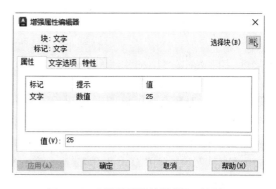

图 9-22　"增强属性编辑器"对话框

图 9-23　"块属性管理器"对话框

图 9-24　"编辑属性"对话框 2

9.2.4 实例——利用属性功能标注阀体表面粗糙度

将 9.1.5 节中标注的阀体表面粗糙度数值设置成图块属性，并重新标注。

1）单击"默认"选项卡的"绘图"面板中的"直线"按钮 ╱，绘制表面粗糙度符号图形。

2）选择菜单栏中的"绘图"→"块"→"定义属性"命令，系统打开"属性定义"对话框，进行如图 9-25 所示的设置，其中插入点为表面粗糙度符号水平线中点，确认后退出。

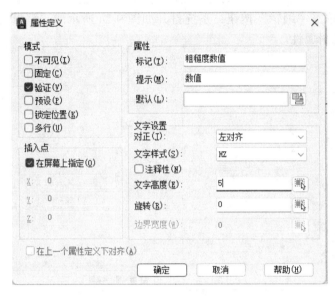

图 9-25 "属性定义"对话框

3）在命令行中输入"WBLOCK"命令，打开"写块"对话框，拾取表面粗糙度符号图形下尖点为基点，以该图形为对象，输入图块名称并指定路径，确认后退出。

4）单击"默认"选项卡"块"面板中的"插入"下拉按钮，在打开的下拉列表中选择"最近使用的块"选项，打开"块"选项板，单击"浏览"按钮 ，找到保存的表面粗糙度符号图块，在屏幕上指定插入点、比例和旋转角度，将该图块插入到图 9-9 所示的图形中。这时，命令行会提示输入属性，并要求验证属性值，此时输入表面粗糙度数值 1.6，即可完成一个表面粗糙度的标注。

5）继续插入表面粗糙度图块，输入不同属性值作为表面粗糙度数值，完成所有表面粗糙度的标注。

9.3 设 计 中 心

使用 AutoCAD 设计中心，用户可以很容易地组织设计内容，并把它们拖动到自己的图形中。在 AutoCAD 设计中心中可以观察 AutoCAD 设计中心资源管理器中列出的浏览资源的细目，如图 9-26 所示。在该图中，左侧方框为 AutoCAD 设计中心的资源管理器，右侧方框为 AutoCAD 设计中心的内容显示框，其中上面窗口为文件显示框，中间窗口为图形预览显示框，下面窗口为说明文本显示框。

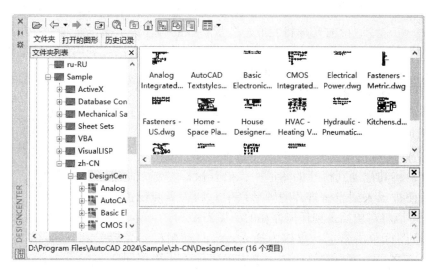

图 9-26　AutoCAD 设计中心的资源管理器和内容显示区

9.3.1　启动设计中心

【执行方式】

- 命令行：ADCENTER（快捷命令：ADC）。
- 菜单栏：选择菜单栏中的"工具"→"选项板"→"设计中心"命令。
- 工具栏：单击"标准"工具栏中的"设计中心"按钮▦。
- 功能区：单击"视图"选项卡"选项板"面板中的"设计中心"按钮▦。
- 快捷键：按 Ctrl+2 键。

执行上述操作后，系统打开"设计中心"选项板。第一次启动设计中心时，默认打开的选项卡为"文件夹"选项卡，右边的内容显示区采用大图标显示，左边的资源管理器采用树状方式显示系统的树形结构，浏览资源的同时，在内容显示区显示所浏览资源的有关细目或内容，如图 9-26 所示。

可以利用鼠标拖动边框的方法来改变 AutoCAD 设计中心资源管理器和内容显示区以及 AutoCAD 绘图区的大小，但内容显示区的最小尺寸应能显示两列大图标。

如果要改变 AutoCAD 设计中心的位置，可以按住鼠标左键拖动它，松开鼠标左键后，AutoCAD 设计中心便处于当前位置。改变位置后，仍可用鼠标改变各窗口的大小。也可以单击设计中心边框左上方的"自动隐藏"按钮◀来自动隐藏设计中心。

9.3.2　插入图块

在利用 AutoCAD 绘制图形时，可以将图块插入到图形当中。当一个图块插入到图形中时，块定义将被复制到图形数据库中。在一个图块被插入图形之后，如果原来的图块被修改，则插入到图形当中的图块也随之改变。

当其他命令正在执行时，不能插入图块到图形当中。例如，如果在插入块时，在提示行正在执行一个命令，此时光标将变成一个带斜线的圆，提示操作无效。另外，一次只能插入一个图块。AutoCAD 设计中心提供了插入图块的两种方法：利用鼠标指定比例和旋转方式和精确指定坐标、比例和旋转角度方式。

1. 利用鼠标指定比例和旋转方式插入图块

系统根据鼠标拖拽出的线段长度、角度确定比例与旋转角度。插入图块的步骤如下：

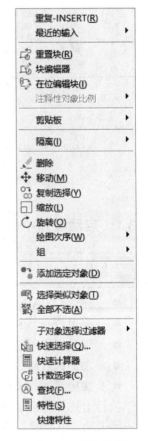

1）从文件夹列表或查找结果列表中选择要插入的图块，按住鼠标左键，将其拖动到打开的图形中，松开鼠标左键，此时选择的对象便被插入到当前打开的图形当中。利用当前设置的捕捉方式，可以将对象插入到任何存在的图形当中。

2）在绘图区单击指定一点作为插入点，移动鼠标，光标位置与插入点之间距离为缩放比例，单击确定比例。采用同样的方法移动鼠标，光标位置和插入点的连线与水平线的夹角为旋转角度。被选择的对象将根据指定的比例和角度插入到图形当中。

2. 精确指定坐标、比例和旋转角度方式插入图块

利用该方法可以设置插入图块的参数。插入图块的步骤如下：

1）从文件夹列表或查找结果列表中选择要插入的对象，拖动对象到打开的图形中。

2）右击，选择快捷菜单中的"缩放""旋转"等命令，如图 9-27 所示。

3）在相应的命令行提示下输入比例和旋转角度等数值。被选择的对象将根据指定的参数插入到图形当中。

9.3.3 图形复制

图 9-27 快捷菜单

1. 在图形之间复制图块

利用 AutoCAD 设计中心可以浏览和装载需要复制的图块，方法是将图块复制到剪贴板中，再利用剪贴板将图块粘贴到图形当中。具体操作步骤如下：

1）在"设计中心"选项板中选择需要复制的图块，右击，选择快捷菜单中的"复制"命令。

2）将图块复制到剪贴板上，然后通过"粘贴"命令粘贴到当前图形上。

2. 在图形之间复制图层

利用 AutoCAD 设计中心可以将任何一个图形的图层复制到其他图形。如果已经绘制了一个包含设计所需的所有图层的图形，在绘制新图形的时候，可以新建一个图形，并通过 AutoCAD 设计中心将已有的图层复制到新的图形当中，这样可以节省时间，并保证图

形间的一致性。现对图形之间复制图层的两种方法介绍如下。

1）拖动图层到已打开的图形。确认要复制图层的目标图形文件已被打开，并且是当前的图形文件。在"设计中心"选项板中选择要复制的一个或多个图层，按住鼠标左键拖动图层到打开的图形文件，松开鼠标后被选择的图层即被复制到打开的图形当中。

2）复制或粘贴图层到打开的图形。确认要复制图层的图形文件已被打开，并且是当前的图形文件。在"设计中心"选项板中选择要复制的一个或多个图层，右击，选择快捷菜单中的"复制"命令。如果要粘贴图层，需要确认要粘贴图层的目标图形文件已被打开，并为当前文件。

9.4　工具选项板

"工具选项板"中的选项卡提供了组织、共享和放置块及填充图案的有效方法。"工具选项板"还可以包含由第三方开发人员提供的自定义工具。

9.4.1　打开工具选项板

【执行方式】

- 命令行：TOOLPALETTES（快捷命令：TP）。
- 菜单栏：选择菜单栏中的"工具"→"选项板"→"工具选项板"命令。
- 工具栏：单击"标准"工具栏中的"工具选项板窗口"按钮。
- 功能区：单击"视图"选项卡"选项板"面板中的"工具选项板"按钮。
- 快捷键：按 Ctrl+3 键。

执行上述操作后，系统自动打开"工具选项板"，如图 9-28 所示。

在"工具选项板"中，系统设置了一些常用图形选项卡，这些常用图形可以方便用户绘图。

图 9-28　工具选项板

 技巧荟萃

在绘图中还可以将常用命令添加到"工具选项板"中。打开"自定义"对话框后，就可以将工具按钮从工具栏拖到"工具选项板"中，或将工具从"自定义用户界面（CUI）"编辑器拖到"工具选项板"中。

9.4.2 新建工具选项板

用户可以创建新的工具选项板，这样有利于个性化作图，也能够满足特殊作图需要。

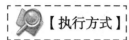【执行方式】

- 命令行：CUSTOMIZE。
- 菜单栏：选择菜单栏中的"工具"→"自定义"→"工具选项板"命令。
- 工具选项板：单击"工具选项板"中的"特性"按钮❖，在打开的快捷菜单中选择"自定义选项板"（或"新建选项板"）命令。

执行上述操作后，系统打开"自定义"对话框，如图 9-29 所示。在"选项板"列表框中右击，打开快捷菜单，选择"新建选项板"命令，如图 9-30 所示，在"选项板"列表框中出现一个"新建选项板"。可以为新建的工具选项板命名，确定后，"工具选项板"中就增加了一个新的选项卡，如图 9-31 所示。

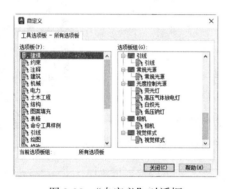

图 9-29 "自定义"对话框

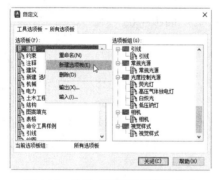

图 9-30 选择"新建选项板"命令

图 9-31 新建选项板

9.4.3 向工具选项板中添加内容

可以将图形、块和图案填充从"设计中心"拖动到"工具选项板"中。例如，在 DesignCenter 文件夹上右击，系统打开快捷菜单，选择"创建块的工具选项板"命令，如图 9-32a 所示，"设计中心"中储存的图元就会出现在"工具选项板"中新建的"Design-Center"选项卡上，如图 9-32b 所示，这样就可以将"设计中心"与"工具选项板"结合起

来，创建一个快捷方便的工具选项板。将"工具选项板"中的图形拖动到另一个图形中时，图形将作为块插入。

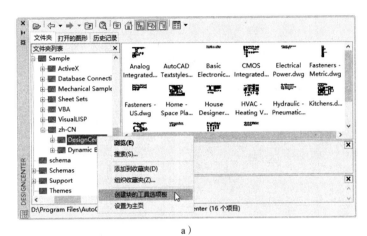

图 9-32　将储存图元添加到"工具选项板"

9.4.4　实例——绘制居室布置平面图

利用设计中心绘制如图 9-33 所示的居室布置平面图。

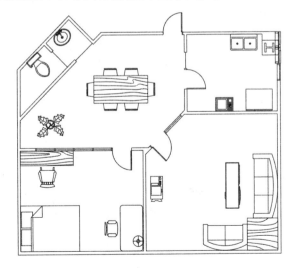

图 9-33　居室布置平面图

1）利用前面学过的绘图命令与编辑命令绘制住房结构截面图。其中，进门为餐厅，左手边为厨房，右手边为卫生间，正对面为客厅，客厅旁边为寝室。

2）单击"视图"选项卡"选项板"面板中的"工具选项板"按钮📰，打开"工具选项板"。在"工具选项板"中右击，选择快捷菜单中的"新建选项板"命令，创建新的工具选项板选项卡并命名为"住房"。

3）单击"视图"选项卡"选项板"面板中的"设计中心"按钮📑，打开"设计中心"选项板，将"设计中心"中的"Kitchens""House Designer""Home Space Planner"图块拖动到"工具选项板"的"住房"选项卡中，如图 9-34 所示。

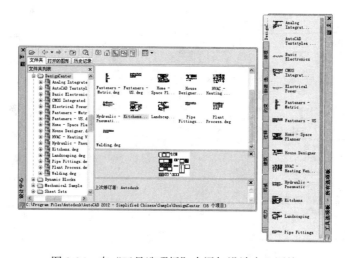

图 9-34 向"工具选项板"中添加设计中心图块

4）布置餐厅。将"工具选项板"中的"Home Space Planner"图块拖动到当前图形中，利用缩放命令调整图块与当前图形的相对大小，如图 9-35 所示。对该图块进行分解操作，将"Home Space Planner"图块分解成单独的小图块集。将图块集中的"饭桌"和"植物"图块拖动到餐厅适当的位置，如图 9-36 所示。

5）采用相同的方法，布置居室其他房间。

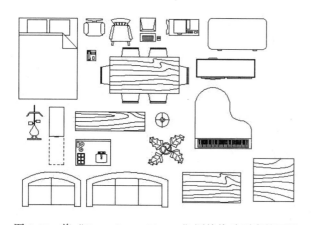

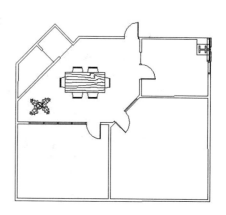

图 9-35 将"Home Space Planner"图块拖动到当前图形

图 9-36 布置餐厅

9.5 上机操作

【实例1】标注如图9-37所示穹顶展览馆立面图形的标高符号。

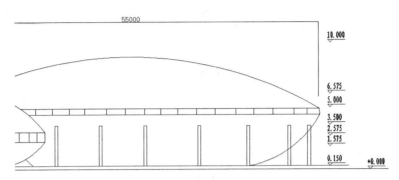

图 9-37 标注标高符号

1. 目的要求

在实际绘图过程中，会经常用到重复性的图形单元。解决这类问题最简单快捷的办法是将重复性的图形单元制作成图块，然后将图块插入图形。本例通过标高符号的标注，使读者掌握图块相关的操作。

2. 操作提示

1）利用"直线"命令绘制标高符号。

2）定义标高符号的属性，将标高值设置为其中需要验证的标记。

3）将绘制的标高符号及其属性定义成图块。

4）保存图块。

5）在建筑图形中插入标高图块，每次插入时输入不同的标高值作为属性值。

【实例2】将如图9-38a所示的轴、轴承、盖板和螺钉图形作为图块插入到图9-38b所示的箱体零件图中，完成箱体组装图。

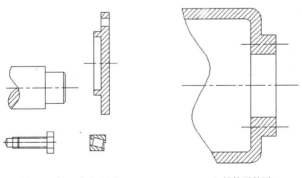

a）轴、轴承、盖板和螺钉图形   b）箱体零件图

图 9-38 箱体组装零件图

1. 目的要求

组装图是机械制图中最重要也是最复杂的图形。为了保持零件图与组装图的一致性，同时减少常用零件的重复绘制，经常采用图块插入的形式来完成常用零件的绘制。本例通过组装箱体，使读者掌握图块相关命令的使用方法与技巧。

2. 操作提示

1）将图 9-38a 中的盖板零件图定义为图块并保存。

2）打开绘制好的箱体零件图，如图 9-38b 所示。

3）执行"插入块"命令，将步骤 1）中定义好的图块插入到箱体零件图中。绘制完成的箱体组装图如图 9-39 所示。

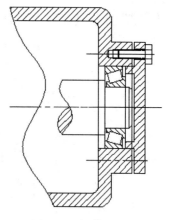

图 9-39 箱体组装图

 【实例 3】利用工具选项板绘制如图 9-40 所示的图形。

1. 目的要求

"工具选项板"最大的优点是简捷、方便、集中，用户可以在某个专门工具选项板上组织需要的素材，快速简便地绘制图形。通过本例图形的绘制，使读者掌握怎样灵活利用"工具选项板"进行快速绘图。

2. 操作提示

1）打开"工具选项板"，在"工具选项板"的"机械"选项卡中选择"滚珠轴承"图块，插入到新建空白图形，通过快捷菜单进行缩放。

2）利用"图案填充"命令对图形剖面进行填充。

 【实例 4】利用"设计中心"创建一个常用机械零件工具选项板，并利用该选项板绘制如图 9-41 所示的盘盖组装图。

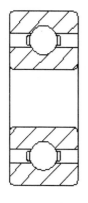

图 9-40 绘制图形

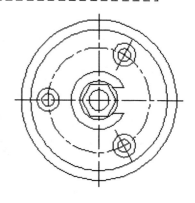

图 9-41 盘盖组装图

1. 目的要求

"设计中心"与"工具选项板"的优点是能够建立一个完整的图形库,并且能够快速简捷地绘制图形。本例通过盘盖组装图的绘制,使读者掌握利用"设计中心"创建"工具选项板"绘图的方法。

2. 操作提示

1)打开"设计中心"与"工具选项板"。

2)创建一个新的工具选项板选项卡。

3)在"设计中心"查找已经绘制好的常用机械零件图。

4)将查找到的常用机械零件图拖入到新创建的工具选项板选项卡中。

5)打开一个新图形文件。

6)将需要的图形文件模块从"工具选项板"上拖入到当前图形中,并通过适当的缩放、移动、旋转等操作,完成盘盖组装图的绘制。

第 10 章　基本三维实体绘制

知识导引

随着 AutoCAD 技术的普及，越来越多的工程技术人员在使用 AutoCAD 进行工程设计。虽然在工程设计中，通常都使用二维图形来描述三维实体，但是由于三维图形的效果逼真，可以通过三维立体图直接得到透视图或平面效果图，因此计算机三维设计越来越受到工程技术人员的青睐。

本章主要介绍三维坐标系统、创建三维坐标系、动态观察三维图形、基本三维实体的绘制、布尔运算和由二维图形生成三维实体等知识。

内容要点

- ➤ 三维坐标系统
- ➤ 观察模式
- ➤ 显示形式
- ➤ 创建基本三维实体
- ➤ 布尔运算
- ➤ 由二维图形生成三维实体

10.1　三维坐标系统

AutoCAD 2024 使用的是笛卡儿坐标系。其使用的直角坐标系有两种类型，一种是世界坐标系（WCS），另一种是用户坐标系（UCS）。绘制二维图形时，常用的坐标系，即世界坐标系（WCS）由系统默认提供。世界坐标系又称通用坐标系或绝对坐标系。对于二维绘图来说，世界坐标系足以满足要求。为了方便创建三维模型，AutoCAD 2024 允许用户根据自己的需要设定坐标系，即用户坐标系（UCS）。合理的创建 UCS，可以方便地创建三维模型。

10.1.1　坐标系设置

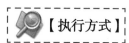
【执行方式】

- ● 命令行：UCSMAN（快捷命令：UC）。
- ● 菜单栏：选择菜单栏中的"工具"→"命名 UCS"命令。
- ● 工具栏：单击"UCS II"工具栏中的"命名 UCS"按钮⏎。

● 功能区：单击"视图"选项卡"坐标"面板中的"UCS，命名 UCS"按钮 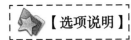。

执行上述操作后，系统打开如图 10-1 所示的"UCS"对话框。

【选项说明】

1."命名 UCS"选项卡

在该选项卡中可显示已有的 UCS 及设置当前坐标系，如图 10-1 所示。

在"命名 UCS"选项卡中，用户可以将 WCS、上一次使用的 UCS 或某一命名的 UCS 设置为当前坐标。具体方法是：从列表框中选择某一坐标系，单击"置为当前"按钮。还可以利用该选项卡中的"详细信息"按钮，了解指定坐标系相对于某一坐标系的详细信息。具体步骤是：单击"详细信息"按钮，系统打开如图 10-2 所示的"UCS 详细信息"对话框，在该对话框中可查看用户所选坐标系的原点及 X、Y 和 Z 轴的方向。

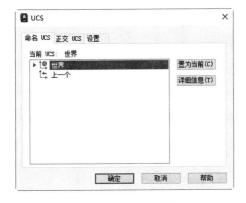

图 10-1　"UCS"对话框

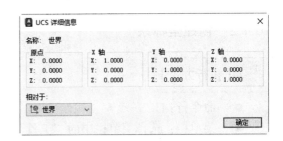

图 10-2　"UCS 详细信息"对话框

2."正交 UCS"选项卡

在该选项卡（见图 10-3）中可将 UCS 设置成正交模式。其中，"深度"列用来定义用户坐标系 XY 平面上的正投影与通过用户坐标系原点平行平面之间的距离。

3."设置"选项卡

在该选项卡中可设置 UCS 图标的显示形式和应用范围等，如图 10-4 所示。

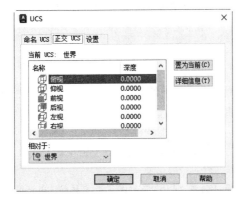

图 10-3　"正交 UCS"选项卡

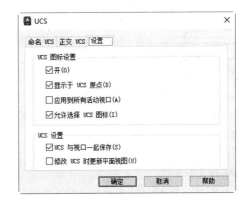

图 10-4　"设置"选项卡

AutoCAD 有两种视图显示方式：模型空间和图纸空间。模型空间使用单一视图显示，用户通常使用的都是这种显示方式；图纸空间能够在绘图区创建图形的多视图，用户可以对其中每一个视图进行单独操作。在默认情况下，当前 UCS 与 WCS 重合。坐标系图标如图 10-5 所示。其中，图 10-5a 所示为模型空间下的 UCS 坐标系图标，通常在绘图区左下角处；若当前 UCS 和 WCS 重合，则出现一个"W"，如图 10-5b 所示；也可以指定 WCS 放在当前 UCS 的实际坐标原点位置，此时出现一个"十"字，如图 10-5c 所示；图 10-5d 所示为图纸空间下的坐标系图标。

a)　　　　　　　 b)　　　　　　　 c)　　　　　　　 d)

图 10-5　坐标系图标

10.1.2　创建坐标系

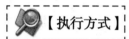

- 命令行：UCS。
- 菜单栏：选择菜单栏中的"工具"→"新建 UCS"命令。
- 工具栏：单击"UCS"工具栏中的"UCS"按钮 ⤴。
- 功能区：单击"视图"选项卡"坐标"面板中的"UCS"按钮 ⤴。

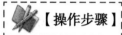

命令行提示与操作如下：

命令：UCS ✓

当前 UCS 名称：* 左视 *

指定 UCS 的原点或 [面 (F)/ 命名 (NA)/ 对象 (OB)/ 上一个 (P)/ 视图 (V)/ 世界 (W)/X/Y/Z/Z 轴 (ZA)] < 世界 >：

（1）指定 UCS 的原点　使用一点、两点或三点定义一个新的 UCS。如果指定单个点 1，当前 UCS 的原点将会移动而不会更改 X、Y 和 Z 轴的方向。选择该选项，命令行提示与操作如下：

指定 X 轴上的点或 < 接受 >：(继续指定 X 轴通过的点 2 或直接按 Enter 键，接受原坐标系 X 轴为新坐标系的 X 轴)

指定 XY 平面上的点或 < 接受 >：(继续指定 XY 平面通过的点 3 以确定 Y 轴，或直接按 Enter 键，接受原坐标系 XY 平面为新坐标系的 XY 平面，根据右手法则，相应的 Z 轴也同时确定)

指定原点示意图如图 10-6 所示。

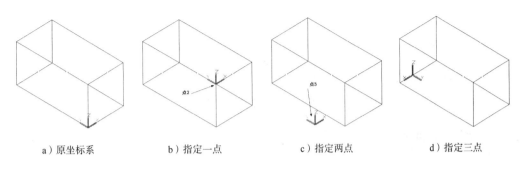

   a）原坐标系   b）指定一点   c）指定两点   d）指定三点

图 10-6　指定原点

（2）面（F）　将 UCS 与三维实体的选定面对齐。要选择一个面，可在此面的边界内或面的边上单击，被选中的面将亮显，UCS 的 X 轴将与找到的第一个面上最近的边对齐。选择该选项，命令行提示与操作如下：

选择实体面、曲面或网格：(选择面)

输入选项 [下一个 (N)/X 轴反向 (X)/Y 轴反向 (Y)] < 接受 >：✓（结果如图 10-7 所示）

如果选择"下一个"选项，系统将 UCS 定位于邻接的面或选定边的后向面。

（3）对象（OB）　根据选定的三维对象定义新的坐标系，如图 10-8 所示。新建 UCS 的拉伸方向（Z 轴正方向）与选定对象的拉伸方向相同。选择该选项，命令行提示与操作如下：

选择对齐 UCS 的对象：(选择对象)

对于大多数对象，新 UCS 的原点位于离选定对象最近的顶点处，并且 X 轴与一条边对齐或相切。对于平面对象，UCS 的 XY 平面与该对象所在的平面对齐。对于复杂对象，将重新定位原点，但是轴的当前方向保持不变。

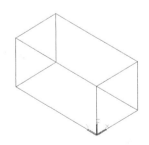

图 10-7　选择面确定坐标系

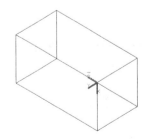

图 10-8　选择对象确定坐标系

（4）视图（V）　以垂直于观察方向（平行于屏幕）的平面为 XY 平面，创建新的坐标系。UCS 原点保持不变。

（5）世界（W）　将当前用户坐标系设置为世界坐标系。WCS 是所有用户坐标系的基准，不能被重新定义。

技巧荟萃

该选项不能用于下列对象：三维多段线、三维网格和构造线。

（6）X、Y、Z 绕指定轴旋转当前 UCS。

（7）Z 轴（ZA） 利用指定的 Z 轴正半轴定义 UCS。

10.1.3 动态坐标系

打开动态坐标系的具体操作方法是单击状态栏中的"动态 UCS"按钮。可以使用动态 UCS 在三维实体的平整面上创建对象，而无须手动更改 UCS 方向。在执行命令的过程中，当将光标移动到面上方时，动态 UCS 会临时将 UCS 的 XY 平面与三维实体的平整面对齐，如图 10-9 所示。

a）原坐标系　　　　　　b）绘制圆柱体时的动态坐标系

图 10-9　动态 UCS

动态 UCS 激活后，指定的点和绘图工具（如极轴追踪和栅格）都将与动态 UCS 建立的临时 UCS 相关联。

10.2　观察模式

AutoCAD 2024 大大增强了图形的观察功能，在增强原有的动态观察功能和相机功能的前提下，又增加了漫游和飞行以及运动路径动画的功能。

10.2.1 动态观察

AutoCAD 2024 提供了具有交互控制功能的三维动态观测器，用户利用三维动态观测器可以实时地控制和改变当前视口中创建的三维视图，以得到期望的效果。动态观察分为 3 类，分别是受约束的动态观察、自由动态观察和连续动态观察，具体介绍如下。

1. 受约束的动态观察

【执行方式】

● 命令行：3DORBIT（快捷命令：3DO）。

- 菜单栏：选择菜单栏中的"视图"→"动态观察"→"受约束的动态观察"命令。
- 快捷菜单：启用交互式三维视图后，在视口中右击，打开快捷菜单，选择"受约束的动态观察"命令，如图10-10所示。
- 工具栏：单击"动态观察"工具栏中的"受约束的动态观察"按钮或"三维导航"工具栏中的"受约束的动态观察"按钮，如图10-11所示。
- 功能区：单击"视图"选项卡"导航"面板中的"动态观察"下拉按钮，在打开的下拉列表中选择"动态观察"选项。

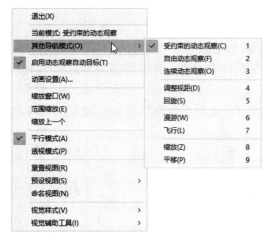

a) 动态观察   b) 三维导航

图10-10 快捷菜单   图10-11 "动态观察"和"三维导航"工具栏

执行上述操作后，视图的目标将保持静止，而视点将围绕目标移动。但是，从用户的视角看起来就像三维模型正在随着光标的移动而旋转。用户可以以此方式指定模型的任意视图。

执行上述操作后，系统显示三维动态观察图标。如果水平拖动鼠标，相机将平行于世界坐标系（WCS）的XY平面移动。如果垂直拖动鼠标，相机将沿Z轴移动，如图10-12所示。

a）原始图形   b）拖动鼠标

图10-12 受约束的三维动态观察

技巧荟萃

3DORBIT 命令处于活动状态时，无法编辑对象。

2. 自由动态观察

【执行方式】

- 命令行：3DFORBIT。
- 菜单栏：选择菜单栏中的"视图"→"动态观察"→"自由动态观察"命令。
- 快捷菜单：启用交互式三维视图后，在视口中右击，打开快捷菜单，如图 10-10 所示，选择"自由动态观察"命令。
- 工具栏：单击"动态观察"工具栏中的"自由动态观察"按钮 或"三维导航"工具栏中的"自由动态观察"按钮 。
- 功能区：单击"视图"选项卡"导航"面板中的"动态观察"下拉按钮，在打开的下拉列表中选择" 自由动态观察"选项。

执行上述操作后，在当前视口中出现一个绿色的大圆，在大圆上有 4 个绿色的小圆，如图 10-13 所示。此时通过拖动鼠标就可以对视图进行旋转观察。

在三维动态观测器中，查看目标的点被固定，用户可以利用鼠标控制相机位置绕观察对象得到动态的观测效果。当光标在绿色大圆的不同位置进行拖动时，光标的表现形式是不同的，视图的旋转方向也不同。视图的旋转由光标的表现形式和其位置决定，光标在不同位置有 、 、 、 几种表现形式，可分别对对象进行不同形式的旋转。

图 10-13　自由动态观察

3. 连续动态观察

【执行方式】

- 命令行：3DCORBIT。
- 菜单栏：选择菜单栏中的"视图"→"动态观察"→"连续动态观察"命令。
- 快捷菜单：启用交互式三维视图后，在视口中右击，打开快捷菜单，如图 10-10 所示，选择"连续动态观察"命令。
- 工具栏：单击"动态观察"工具栏中的"连续动态观察"按钮 或"三维导航"工具栏中的"连续动态观察"按钮 。
- 功能区：单击"视图"选项卡"导航"面板中的"动态观察"下拉按钮，在打开的下拉列表中选择" 连续动态观察"选项。

执行上述操作后，绘图区出现动态观察图标，如图 10-14 所示。

图 10-14　连续动态观察

按住鼠标左键拖动，图形将按鼠标拖动的方向旋转，旋转速度为鼠标拖动的速度。

技巧荟萃

如果设置了相对于当前 UCS 的平面视图，就可以在当前视图用绘制二维图形的方法在三维对象的相应面上绘制图形。

10.2.2　视图控制器

使用视图控制器功能，可以方便地转换方向视图。

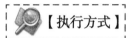【执行方式】

命令行：NAVVCUBE。

【操作步骤】

命令行提示与操作如下：

命令：NAVVCUBE ↙

输入选项 [开 (ON)/ 关 (OFF)/ 设置 (S)] <ON>:

上述命令可用来控制视图控制器的打开与关闭。当打开该功能时，绘图区的右上角自动显示视图控制器，如图 10-15 所示。

单击视图控制器的显示面或指示箭头，图形自动转换到相应的方向视图，如图 10-16 所示为单击控制器"上"面后，系统转换到上视图的情形。单击视图控制器上的按钮 ，系统显示西南等轴测视图。

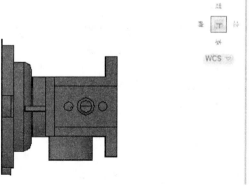

图 10-15　显示视图控制器　　　　图 10-16　单击控制器"上"面后的视图

10.3　显示形式

在 AutoCAD 中，三维实体有多种显示形式，包括二维线框、三维线框、三维消隐、真实、概念和消隐显示等。

10.3.1　消隐

【执行方式】

- 命令行：HIDE（快捷命令：HI）。
- 菜单栏：选择菜单栏中的"视图"→"消隐"命令。
- 工具栏：单击"渲染"工具栏中的"隐藏"按钮🗍。
- 功能区：单击"视图"选项卡"视觉样式"面板中的"隐藏"按钮🖿。

执行上述操作后，系统将被其他对象挡住的图线隐藏起来，以增强三维视觉效果，如图 10-17 所示。

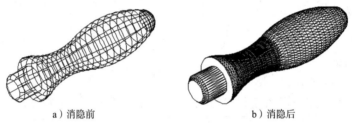

a）消隐前　　　　　　　　　　　　b）消隐后

图 10-17　消隐效果

10.3.2　视觉样式

【执行方式】

- 命令行：VSCURRENT。
- 菜单栏：选择菜单栏中的"视图"→"视觉样式"→"二维线框"命令。
- 工具栏：单击"视觉样式"工具栏中的"二维线框"按钮🗍。
- 功能区：单击"视图"选项卡"视觉样式"面板中的"二维线框"按钮🔳。

【操作步骤】

命令行提示与操作如下：

命令：VSCURRENT↙

输入选项 [二维线框 (2)/ 线框 (W)/ 消隐 (H)/ 真实 (R)/ 概念 (C)/ 着色 (S)/ 带边缘着色 (E)/ 灰度 (G)/ 勾画 (SK)/X 射线 (X)/ 其他 (O)] ＜二维线框 ＞:

【选项说明】

（1）二维线框（2）　用直线和曲线表示对象的边界。光栅和 OLE 对象、线型和线宽都

是可见的。即使将 COMPASS 系统变量的值设置为 1，三维指南针也不会出现在二维线框视图中。图 10-18 所示为 UCS 坐标和手柄二维线框图。

（2）线框（W）　显示对象时利用直线和曲线表示边界，同时显示一个已着色的三维 UCS 图标。光栅和 OLE 对象、线型及线宽不可见。可将 COMPASS 系统变量设置为 1 来查看坐标球，显示应用到对象的材质颜色。图 10-19 所示为 UCS 坐标和手柄三维线框图。

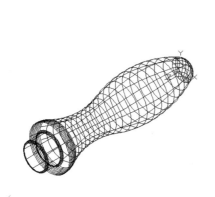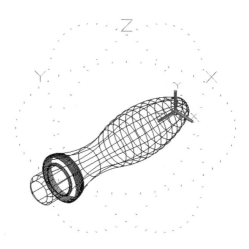

図 10-18　UCS 坐标和手柄的二维线框图　　　　　图 10-19　UCS 坐标和手柄的三维线框图

（3）消隐（H）　显示用三维线框表示的对象并隐藏表示后向面的直线。图 10-20 所示为 UCS 坐标和手柄的消隐图。

（4）真实（R）　着色多边形平面间的对象，并使对象的边平滑化。如果已为对象附着材质，将显示已附着到对象的材质。图 10-21 所示为 UCS 坐标和手柄的真实图。

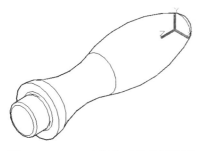

图 10-20　UCS 坐标和手柄的消隐图　　　　　图 10-21　UCS 坐标和手柄的真实图

（5）概念（C）　着色多边形平面间的对象，并使对象的边平滑化。着色使用冷色和暖色之间的过渡，效果缺乏真实感，但是可以更方便地查看模型的细节。图 10-22 所示为 UCS 坐标和手柄的概念图。

（6）着色（S）　产生平滑的着色模型。

（7）带边缘着色（E）　产生平滑、带有可见边的着色模型。

图 10-22　UCS 坐标和手柄的概念图

（8）灰度（G） 使用单色面颜色模式，可以产生灰色效果。

（9）勾画（SK） 使用外伸和抖动产生手绘效果。

（10）X 射线（X） 更改面的不透明度，使整个场景变成部分透明。

（11）其他（O） 选择该选项，命令行提示如下：

输入视觉样式名称 [?]:

可以输入当前图形中的视觉样式名称或输入 "?"，以显示名称列表并重复该提示。

10.3.3　视觉样式管理器

【执行方式】

- 命令行：VISUALSTYLES。
- 菜单栏：选择菜单栏中的"视图"→"视觉样式"→"视觉样式管理器"命令或"工具"→"选项板"→"视觉样式"命令。
- 工具栏：单击"视觉样式"工具栏中的"视觉样式管理器"按钮 。
- 功能区：单击"视图"选项卡"视觉样式"面板中的"视觉样式"下拉按钮，在打开的下拉列表中选择"视觉样式管理器"选项。

执行上述操作后，系统打开"视觉样式管理器"选项板，可以对视觉样式的各参数进行设置，如图 10-23 所示。图 10-24 所示为按图 10-23 所示进行设置的概念图显示结果。读者可以将其与图 10-22 进行比较，感觉它们之间的差别。

图 10-23　"视觉样式管理器"选项板

图 10-24　按图 10-23 所示进行设置的概念图

10.4　创建基本三维实体

10.4.1　创建长方体

【执行方式】

- 命令行：BOX。
- 菜单栏：选择菜单栏中的"绘图"→"建模"→"长方体"命令。
- 工具栏：单击"建模"工具栏中的"长方体"按钮▣。
- 功能区：单击"三维工具"选项卡"建模"面板中的"长方体"按钮▣。

【操作步骤】

命令行提示与操作如下：

命令：BOX↙

指定第一个角点或 [中心 (C)] <0, 0, 0>: (指定第一点或按 Enter 键表示原点是长方体的角点，或输入 "C" 表示中心点)

【选项说明】

（1）指定第一个角点　用于确定长方体的一个顶点位置。选择该选项后，命令行继续提示与操作如下：

指定其他角点或 [立方体 (C)/ 长度 (L)]: (指定第二点或输入选项)

1）角点：用于指定长方体的其他角点。输入另一角点的数值，即可确定该长方体。如果输入的是正值，则沿着当前 UCS 的 X、Y 和 Z 轴的正向绘制长度。如果输入的是负值，则沿着 X、Y 和 Z 轴的负向绘制长度。图 10-25 所示为利用"角点"命令创建的长方体。

2）立方体（C）：用于创建一个长、宽、高相等的长方体。图 10-26 所示为利用"立方体"命令命令创建的长方体。

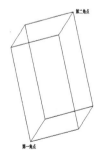
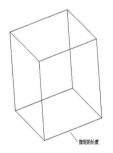

图 10-25　利用"角点"命令创建的长方体　　　图 10-26　利用"立方体"命令创建的长方体

3）长度（L）：按要求输入长、宽、高的值。图 10-27 所示为利用长、宽和高命令创建的长方体。

（2）中心点　利用指定的中心点创建长方体。图 10-28 所示为利用"中心点"命令创建的长方体。

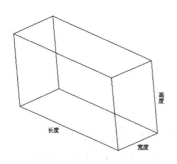

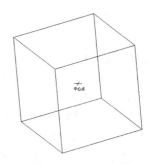

图 10-27　利用长、宽和高命令创建的长方体　　　图 10-28　利用中心点命令创建的长方体

 提示与点拨

如果在创建长方体时选择"立方体"或"长度"选项，则还可以在单击以指定长度时指定长方体在 XY 平面中的旋转角度；如果选择"中心点"选项，则可以利用指定中心点来创建长方体。

10.4.2　圆柱体

 【执行方式】

- 命令行：CYLINDER（快捷命令：CYL）。
- 菜单栏：选择菜单栏中的"绘图"→"建模"→"圆柱体"命令。
- 工具条：单击"建模"工具栏中的"圆柱体"按钮 。
- 功能区：单击"三维工具"选项卡"建模"面板中的"圆柱体"按钮 。

 【操作步骤】

命令行提示与操作如下：

命令：CYLINDER ✓

指定底面的中心点或 [三点 (3P)/ 两点 (2P)/ 切点、切点、半径 (T)/ 椭圆 (E)]<0, 0, 0>:

 【选项说明】

（1）中心点　先输入底面圆心的坐标，然后指定底面的半径和高度。此选项为系统的默认选项。AutoCAD 按指定的高度创建圆柱体，且圆柱体的中心线与当前坐标系的 Z 轴平行，如图 10-29 所示。也可以指定另一个端面的圆心来指定高度，AutoCAD 根据圆柱体两个端面的中心位置来创建圆柱体，该圆柱体的中心线就是两个端面的中心点连线，如

图 10-30 所示。

（2）椭圆（E）　创建椭圆柱体。椭圆端面的绘制方法与平面椭圆一样，创建的椭圆柱体如图 10-31 所示。

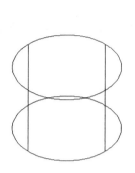

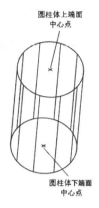

圆柱体上端面
中心点

圆柱体下端面
中心点

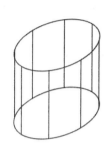

图 10-29　按指定高度
创建圆柱体

图 10-30　指定圆柱体端面的
中心点创建圆柱体

图 10-31　创建椭圆柱体

其他的基本实体，如楔体、圆锥体、球体、圆环体等的创建方法与长方体和圆柱体类似，不再赘述。

 提示与点拨

实体模型具有边和面，还有在其表面内由计算机确定的质量。与线框模型和曲面模型相比，实体模型的信息最完整，创建方式最直接，所以在 AutoCAD 三维绘图中，实体模型应用最为广泛。

10.4.3　实例——绘制凸形平块

本实例绘制的凸形平块如图 10-32 所示。通过本例，读者可掌握"长方体"命令的灵活应用。

1）单击"视图"选项卡"命名视图"面板中的"西南等轴测"按钮，将当前视图切换到西南等轴测视图。

2）单击"三维工具"选项卡"建模"面板中的"长方体"按钮，绘制长方体，如图 10-33 所示。命令行提示与操作如下：

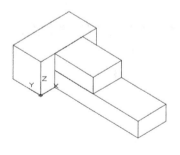

图 10-32　凸形平块

命令: _box
指定第一个角点或 [中心 (C)]: 0, 0, 0 ✓
指定其他角点或 [立方体 (C)/ 长度 (L)]: 100, 50, 50 ✓（注意观察坐标，向右和向上为正值，相反则为负值）

3）单击"三维工具"选项卡"建模"面板中的"长方体"按钮，绘制长方体，如图 10-34 所示。命令行提示与操作如下：

命令：_box

指定第一个角点或 [中心 (C)]: 25, 0, 0 ✓

指定其他角点或 [立方体 (C)/ 长度 (L)]: L ✓

指定长度 <100.0000>: ＜正交 开＞50 ✓ (指定在 X 轴的右侧)

指定宽度 <150.0000>: 150 ✓ (指定在 Y 轴的右侧)

指定高度或 [两点 (2P)] <50.0000>: 25 ✓ (指定在 Z 轴的上侧)

4）单击"三维工具"选项卡"建模"面板中的"长方体"按钮▣，绘制长方体，如图 10-35 所示。命令行提示与操作如下：

命令：_box

指定第一个角点或 [中心 (C)]: (指定点 1)

指定其他角点或 [立方体 (C)/ 长度 (L)]: L ✓

指定长度 <50.0000>: ＜正交 开＞(指定点 2)

指定宽度 <70.0000>: 70 ✓

指定高度或 [两点 (2P)] <50.0000>: 25 ✓

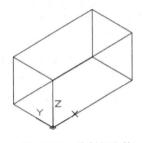

图 10-33 绘制长方体

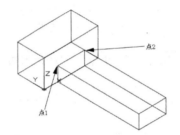

图 10-34 绘制长方体

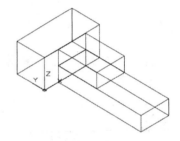

图 10-35 绘制长方体

5）在命令行输入"HIDE"（消隐命令），对图形进行消隐处理，结果如图 10-32 所示。

10.5 布 尔 运 算

10.5.1 布尔运算简介

布尔运算在数学的集合运算中得到广泛应用，AutoCAD 也将该运算应用到了实体的创建过程中，如对三维实体对象进行并集、交集、差集的运算。图 10-36 所示为对 3 个圆柱体进行交集运算。

a）求交集前

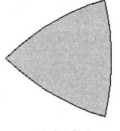

b）求交集后

c）交集的立体图

图 10-36 对 3 个圆柱体进行交集运算

10.5.2 实例——绘制密封圈立体图

本例绘制的密封圈如图 10-37 所示。

1）设置线框密度。线框密度默认设置是 8，有效值的范围为 0 ~ 2047。设置对象上每个曲面的轮廓线数目，命令行中的提示与操作如下：

命令：ISOLINES ✓

输入 ISOLINES 的新值 <8>：10 ✓

2）选择菜单栏中"视图"→"命名视图"→"西南等轴测"命令，将当前视图设置为西南等轴测视图。

3）绘制外形轮廓。单击"三维工具"选项卡"建模"面板中的"圆柱体"按钮 ，绘制底面中心点在坐标原点、直径为 35、高度为 6 的圆柱体，结果如图 10-38 所示。命令行提示与操作如下：

图 10-37　密封圈立体图

命令：_cylinder

指定底面的中心点或 [三点 (3P)/ 两点 (2P)/ 切点、切点、半径 (T)/ 椭圆 (E)]：0, 0, 0 ✓

指定底面半径或 [直径 (D)]：D ✓

指定直径：35 ✓

指定高度或 [两点 (2P)/ 轴端点 (A)] <2002.2753>：6 ✓

4）绘制内部轮廓。

① 单击"三维工具"选项卡"建模"面板中的"圆柱体"按钮 ，绘制底面中心点在坐标原点、直径为 20、高度为 2 的圆柱体，结果如图 10-39 所示。

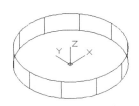

图 10-38　绘制外形轮廓

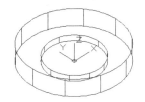

图 10-39　绘制圆柱体

② 单击"三维工具"选项卡"建模"面板中的"球体" ，设置球心为（0，0，19）、半径为 20，绘制密封圈的内部轮廓，结果如图 10-40 所示。命令行提示与操作如下：

命令：_sphere

指定中心点或 [三点 (3P)/ 两点 (2P)/ 切点、切点、半径 (T)]：0, 0, 19 ✓

指定半径或 [直径 (D)] <17.5000>：20 ✓

③ 单击"三维工具"选项卡"实体编辑"面板中的"差集"按钮 ，将外形轮廓和内部轮廓进行差集处理。命令行提示与操作如下：

命令：_subtract

选择要从中减去的实体、曲面和面域 ...

选择对象：(选择大圆柱体)

选择对象：✓

选择要减去的实体、曲面和面域 ...

选择对象：(选择小圆柱体)

选择对象：✓

从大圆柱体中减去小圆柱体。采用相同方法，继续减去球体，结果如图 10-41 所示。

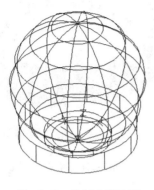

图 10-40　绘制内部轮廓

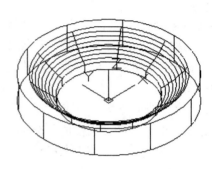

图 10-41　差集处理

10.6　由二维图形生成三维实体

10.6.1　拉伸

【执行方式】

- 命令行：EXTRUDE（快捷命令：EXT）。
- 菜单栏：选择菜单栏中的"绘图"→"建模"→"拉伸"命令。
- 工具栏：单击"建模"工具栏中的"拉伸"按钮▇。
- 功能区：单击"三维工具"选项卡"建模"面板中的"拉伸"按钮▇。

【操作步骤】

命令行提示与操作如下：

命令：EXTRUDE ✓

当前线框密度：ISOLINES = 4, 闭合轮廓创建模式 = 实体

选择要拉伸的对象或 [模式 (MO)]：(选择已绘制的二维对象)

选择要拉伸的对象或 [模式 (MO)]：(可继续选择对象或按 Enter 键结束选择)

指定拉伸的高度或 [方向 (D)/ 路径 (P)/ 倾斜角 (T)/ 表达式 (E)] <6.0000>：

【选项说明】

（1）拉伸高度　按指定的高度拉伸出三维实体对象。输入高度值后，继续指定拉伸的倾斜角度，如果指定的角度为 0，AutoCAD 则把二维对象按指定的高度拉伸成柱体；如果

输入其他角度值，则拉伸后实体截面沿拉伸方向按此角度变化，成为一个棱台或圆台体。如图 10-42 所示为以不同角度拉伸圆的结果。

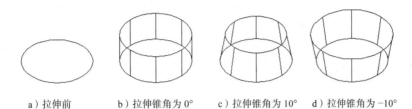

　　a）拉伸前　　　b）拉伸锥角为 0°　　c）拉伸锥角为 10°　　d）拉伸锥角为 −10°

图 10-42　拉伸圆

（2）路径（P）　以现有的图形对象作为拉伸路径创建三维实体对象。图 10-43 所示为沿圆弧曲线路径拉伸圆的结果。

提示与点拨

　　可以使用创建圆柱体的"轴端点"命令确定圆柱体的高度和方向。轴端点是圆柱体顶面的中心点。轴端点可以位于三维空间的任意位置。

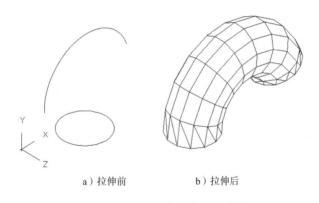

　　　a）拉伸前　　　　　　　b）拉伸后

图 10-43　沿圆弧曲线路径拉伸圆

10.6.2　实例——绘制胶垫立体图

　　本例将利用"拉伸"命令来绘制如图 10-44 所示的胶垫立体图。

　　1）选择菜单栏中的"文件"→"新建"命令，打开"选择样板"对话框，再单击"打开"按钮右侧的下拉按钮▼，以"无样板打开 - 公制"（毫米）方式建立新文件，将新文件命名为"胶垫 .dwg"并保存。

　　2）在命令行中输入"ISOLINES"命令，设置线框

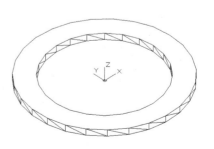

图 10-44　胶垫立体图

密度。线框密度默认值是 4，更改设定值为 10。

3）绘制图形。

① 单击"默认"选项卡"绘图"面板中的"圆"按钮⊙，在坐标原点分别绘制半径 25 和 18.5 的两个圆，如图 10-45 所示。

② 将视图切换为西南等轴测视图。单击"三维工具"选项卡"建模"面板中的"拉伸"按钮▣，设置拉伸高度为 2，将两个圆拉伸，结果如图 10-46 所示。命令行提示与操作如下：

命令：_extrude

当前线框密度： ISOLINES = 10, 闭合轮廓创建模式 = 实体

选择要拉伸的对象或 [模式 (MO)]: (选取两个圆)

选择要拉伸的对象或 [模式 (MO)]: ↙

指定拉伸的高度或 [方向 (D)/ 路径 (P)/ 倾斜角 (T)/ 表达式 (E)]: 2 ↙

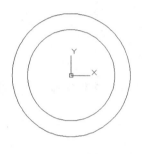
图 10-45 绘制圆

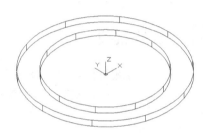
图 10-46 拉伸圆

③ 单击"三维工具"选项卡"实体编辑"面板中的"差集"按钮▣，从拉伸生成的大圆柱中减去小圆柱。命令行提示与操作如下：

命令：_subtract

选择要从中减去的实体、曲面和面域 ...

选择对象：(选取拉伸生成的大圆柱体)

选择对象：↙

选择要减去的实体、曲面和面域 ...

选择对象：(选取拉伸生成的小圆柱体)

选择对象：↙

结果如图 10-44 所示。

10.6.3 旋转

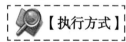
【执行方式】

- 命令行：REVOLVE（快捷命令：REV）。
- 菜单栏：选择菜单栏中的"绘图"→"建模"→"旋转"命令。
- 工具栏：单击"建模"工具栏中的"旋转"按钮▣。
- 功能区：单击"三维工具"选项卡"建模"面板中的"旋转"按钮▣。

【操作步骤】

命令行提示与操作如下：

命令：REVOLVE✓

当前线框密度：ISOLINES = 4，闭合轮廓创建模式 = 实体

选择要旋转的对象或 [模式 (MO)]:（选择已绘制的二维对象）

选择要旋转的对象或 [模式 (MO)]:（继续选择对象或按 Enter 键结束选择）

指定轴起点或根据以下选项之一定义轴 [对象 (O)/X/Y/Z]< 对象 >:

【选项说明】

（1）指定旋转轴的起点　通过两个点来定义旋转轴。AutoCAD 将按指定的角度和旋转轴旋转二维对象。

（2）对象（O）　选择已经绘制的直线或用多段线命令绘制的直线段作为旋转轴线。

（3）X/Y/Z　将二维对象绕当前坐标系（UCS）的 X/Y/Z 轴旋转。图 10-47 所示为将矩形平面绕 X 轴旋转生成实体。

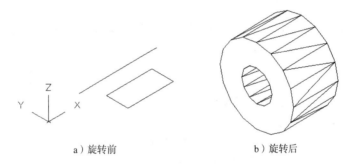

a）旋转前　　　　　　　　　　　b）旋转后

图 10-47　旋转生成实体

10.6.4　实例——绘制手压阀阀杆立体图

本例将使用三维建模功能中的"旋转"命令绘制如图 10-48 所示的手压阀阀杆立体图。

1）选择菜单栏中的"文件"→"新建"命令，打开"选择样板"对话框，再单击"打开"按钮右侧的下拉按钮，以"无样板打开 - 公制"（毫米）方式建立新文件，将新文件命名为"阀杆 .dwg"并保存。

2）设置线框密度。线框密度默认值是 4，更改设定值为 10。

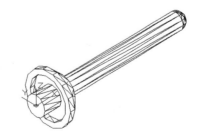

图 10-48　手压阀阀杆立体图

3）绘制平面图形。

① 单击"默认"选项卡"绘图"面板中的"直线"按钮，在坐标原点绘制一条水平直线和竖直直线。

② 单击"默认"选项卡"修改"面板中的"偏移"按钮，将刚绘制的水平直线向

上偏移 5、6、8、12 和 15，将竖直直线向右偏移 8、11、18 和 93，结果如图 10-49 所示。

③ 单击"默认"选项卡"绘图"面板中的"直线"按钮 /，绘制直线。

④ 单击"默认"选项卡"绘图"面板中的"圆弧"按钮 /，绘制半径为 5 的圆弧，结果如图 10-50 所示。

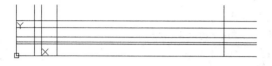

图 10-49　偏移直线 　　　　　　　　　图 10-50　绘制直线和圆弧

⑤ "默认"选项卡"修改"面板中的"修剪"按钮 ，修剪多余线段，结果如图 10-51 所示。

⑥ 单击"默认"选项卡"绘图"面板中的"面域"按钮 ，将修剪后的图形创建成面域。

图 10-51　修剪多余线段

4）单击"三维工具"选项卡"建模"面板中的"旋转"按钮 ，将创建的面域沿 X 轴进行旋转操作。命令行提示与操作如下：

命令：_revolve

当前线框密度：　ISOLINES = 4,闭合轮廓创建模式 = 实体

选择要旋转的对象或 [模式 (MO)]: 找到 1 个

选择要旋转的对象或 [模式 (MO)]: ↙

指定轴起点或根据以下选项之一定义轴 [对象 (O)/X/Y/Z] < 对象 >: X ↙

指定旋转角度或 [起点角度 (ST)/ 反转 (R)/ 表达式 (EX)] <360>: ↙

结果如图 10-48 所示。

10.6.5　扫掠

【执行方式】

- 命令行：SWEEP。
- 菜单栏：选择菜单栏中的"绘图"→"建模"→"扫掠"命令。
- 工具栏：单击"建模"工具栏中的"扫掠"按钮 。
- 功能区：单击"三维工具"选项卡"建模"面板中的"扫掠"按钮 。

【操作步骤】

命令行提示与操作如下：

命令：SWEEP ↙

当前线框密度：　ISOLINES = 4,闭合轮廓创建模式 = 模式

选择要扫掠的对象或 [模式 (MO)]: (选择对象，如图 10-52a 中的圆)

选择要扫掠的对象或 [模式 (MO)]: ↙

选择扫掠路径或 [对齐 (A)/ 基点 (B)/ 比例 (S)/ 扭曲 (T)]: (选择对象 , 如图 10-52a 中的螺旋线)

扫掠结果如图 10-52b 所示。

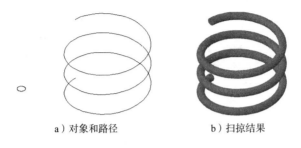

　　　　　　a) 对象和路径　　　　　　　　　　b) 扫掠结果

图 10-52　扫掠

【选项说明】

（1）对齐（A）　指定扫掠路径切向的法向是否对齐扫掠对象。默认情况下，轮廓是对齐的。选择该选项，命令行提示与操作如下：

扫掠前对齐垂直于路径的扫掠对象 [是 (Y)/ 否 (N)] < 是 >: (输入 "N", 指定轮廓无需对齐 ; 按 Enter 键 , 指定轮廓对齐)

提示与点拨

使用扫掠命令，可以通过沿开放或闭合的二维或三维路径扫掠开放或闭合的平面曲线（轮廓）来创建新实体或曲面。扫掠命令用于沿指定路径以指定轮廓的形状（扫掠对象）创建实体或曲面。可以扫掠多个对象，但是这些对象必须在同一平面内。如果沿一条路径扫掠闭合的曲线，则生成实体。

（2）基点（B）　指定要扫掠对象的基点。如果指定的点不在选定对象所在的平面上，则该点将被投影到该平面上。选择该选项，命令行提示与操作如下：

指定基点 : (指定选择集的基点)

（3）比例（S）　指定比例因子以进行扫掠操作。从扫掠路径的开始到结束，在扫掠的对象上将采用同一比例因子。选择该选项，命令行提示与操作如下：

输入比例因子或 [参照 (R)/ 表达式 (E)]<1.0000>: (指定比例因子 , 输入 "R", 调用参照选项 ; 按 Enter 键 , 选择默认值)

其中"参照（R）"选项表示通过拾取点或输入值来根据参照的长度缩放选定的对象。

（4）扭曲（T）　设置正被扫掠的对象的扭曲角度。扭曲角度指定沿扫掠路径全部长度的旋转量。选择该选项，命令行提示与操作如下：

输入扭曲角度或允许非平面扫掠路径倾斜 [倾斜 (B)/ 表达式 (EX)]<0.0000>: (指定小于 360° 的角度值 , 输入 "B", 打开倾斜 ; 按 Enter 键 , 选择默认角度值)

其中"倾斜（B）"选项指定被扫掠的曲线是否沿三维扫掠路径（三维多段线、三维样条曲线或螺旋线）自然倾斜（旋转）。

图 10-53 所示为扭曲扫掠示意图。

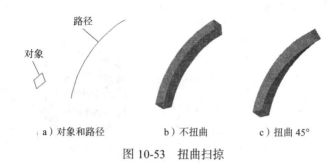

a）对象和路径　　　　b）不扭曲　　　　c）扭曲 45°

图 10-53　扭曲扫掠

10.6.6　实例——绘制双头螺柱立体图

本例绘制的双头螺柱为性能等级为 4.8 级、不经表面处理、A 型的双头螺柱，其公称直径 d = 12mm，长度 L = 30mm，如图 10-54 所示。首先绘制螺旋线，然后使用扫掠命令生成实体，再绘制中间的连接圆柱体，最后复制生成另一端的螺纹。

1）启动 AutoCAD 2024，使用默认设置绘图环境。

2）选择菜单栏中的"文件"→"新建"命令，打开"选择样板"对话框，再单击"打开"按钮右侧的下拉按钮 ▼，以"无样板打开 - 公制"（毫米）方式建立新文件，将新文件命名为"双头螺柱立体图 .dwg"并保存。

3）在命令行中输入"ISOLINES"命令，设置线框密度。线框密度默认设置是 8，有效值的范围为 0 ~ 2047。设置对象上每个曲面的轮廓线数目为 10，命令行中的提示与操作如下：

图 10-54　双头螺柱立体图

命令 : ISOLINES ✓

输入 ISOLINES 的新值 <8>: 10 ✓

4）选择菜单栏中的"视图"→"命名视图"→"西南等轴测"命令，将当前视图设置为西南等轴测视图。

5）创建螺纹。

① 单击"默认"选项卡"绘图"面板中的"螺旋"按钮 ⧟ ，绘制螺旋线。命令行提示与操作如下：

命令 : _Helix

圈数 = 3.0000　　扭曲 = CCW

指定底面的中心点 : 0, 0, -1

指定底面半径或 [直径 (D)] <1.0000>: 5

指定顶面半径或 [直径 (D)] <5.0000>:

指定螺旋高度或 [轴端点 (A)/ 圈数 (T)/ 圈高 (H)/ 扭曲 (W)] <1.0000>: t

输入圈数 <3.0000>: 17

指定螺旋高度或 [轴端点 (A)/ 圈数 (T)/ 圈高 (H)/ 扭曲 (W)] <1.0000>: 17

结果如图 10-55 所示。

② 单击"视图"选项卡"命名视图"面板中的"前视"按钮，将视图切换到前视方向。

③ 单击"默认"选项卡"绘图"面板中的"直线"按钮／，捕捉螺旋线的上端点绘制牙型截面轮廓，尺寸参照如图 10-56 所示。单击"默认"选项卡"绘图"面板中的"面域"按钮，将其创建成面域，结果如图 10-57 所示。

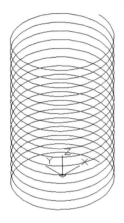

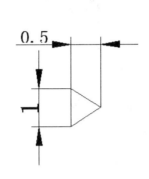

0.5

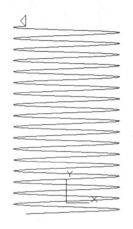

图 10-55　绘制螺旋线　　　　　图 10-56　牙型尺寸　　　　　图 10-57　绘制牙型截面轮廓
　　　　　　　　　　　　　　　　　　　　　　　　　　　　　　　并创建面域

④ 单击"可视化"选项卡"视图"面板中的"西南等轴测"按钮，将视图切换到西南等轴测视图。单击"三维工具"选项卡"建模"面板中的"扫掠"按钮，扫掠形成实体。命令行提示与操作如下：

命令：_sweep

当前线框密度：　ISOLINES = 10, 闭合轮廓创建模式 = 实体

选择要扫掠的对象或 [模式 (MO)]: _MO

闭合轮廓创建模式 [实体 (SO)/ 曲面 (SU)] < 实体 >: _SO

选择要扫掠的对象或 [模式 (MO)]: 找到 1 个 (选择三角牙型轮廓)

选择要扫掠的对象或 [模式 (MO)]:

选择扫掠路径或 [对齐 (A)/ 基点 (B)/ 比例 (S)/ 扭曲 (T)]: (选择螺纹线)

结果如图 10-58 所示。

⑤ 单击"三维工具"选项卡"建模"面板中的"圆柱体"按钮，分别绘制以坐标点（0，0，0）为底面中心点，半径为 5、轴端点为（@0，15，0）的圆柱体；以坐标点（0，0，0）为底面中心点，半径为 6、轴端点为（@0，–3，0）的圆柱体；以坐标点（0，15，0）为底面中心点，半径为 6、轴端点为（@0，3，0）的圆柱体。结果如图 10-59 所示。

⑥ 单击"三维工具"选项卡"实体编辑"面板中的"并集"按钮，将螺纹与半径为 5 的圆柱体进行并集处理，然后单击"三维工具"选项卡"实体编辑"面板中的"差集"按钮，从主体中减去半径为 6 的两个圆柱体，再单击"视图"选项卡"视觉样式"面板中的"隐藏"按钮，进行消隐处理，结果如图 10-60 所示。

图 10-58　扫掠生成实体

图 10-59　绘制圆柱体

图 10-60　布尔运算后
进行消隐处理

6）单击"三维工具"选项卡"建模"面板中的"圆柱体"按钮▣，绘制底面中心点为（0，0，0）、半径为5、顶圆中心点为（@0，-14，0）的中间圆柱体，消隐处理后的结果如图 10-61 所示。

7）绘制另一端螺纹。

① 单击"默认"选项卡"修改"面板中的"复制"按钮%，复制螺纹，其中最下面的一个螺纹从点（0，15，0）复制到点（0，-14，0），结果如图 10-62 所示。

② 单击"三维工具"选项卡"实体编辑"面板中的"并集"按钮▰，将所绘制的图形进行并集处理，消隐处理后的结果如图 10-63 所示。

图 10-61　绘制圆柱体

图 10-62　复制螺纹

图 10-63　并集处理

10.6.7　放样

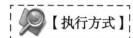
【执行方式】

- 命令行：LOFT。
- 菜单栏：选择菜单栏中的"绘图"→"建模"→"放样"命令。
- 工具栏：单击"建模"工具栏中的"放样"按钮 。
- 功能区：单击"三维工具"选项卡"建模"面板中的"放样"按钮 。

【操作步骤】

命令行提示与操作如下：

命令：LOFT ↙

当前线框密度：ISOLINES = 4, 闭合轮廓创建模式 = 实体

按放样次序选择横截面或 [点 (PO)/ 合并多条边 (J)/ 模式 (MO)]: (依次选择如图 10-64 所示的 3 个截面)

按放样次序选择横截面或 [点 (PO)/ 合并多条边 (J)/ 模式 (MO)]:

按放样次序选择横截面或 [点 (PO)/ 合并多条边 (J)/ 模式 (MO)]:

按放样次序选择横截面或 [点 (PO)/ 合并多条边 (J)/ 模式 (MO)]: ↙

输入选项 [导向 (G)/ 路径 (P)/ 仅横截面 (C)/ 设置 (S)] < 仅横截面 >:

（1）设置（S）　选择该选项，系统打开"放样设置"对话框，如图 10-65 所示。其中有 4 个单选按钮，图 10-66a 所示为点选"直纹"单选按钮的放样结果，图 10-66b 所示为点选"平滑拟合"单选按钮的放样结果，图 10-66c 所示为点选"法线指向"单选按钮并选择"所有横截面"选项的放样结果，图 10-66d 所示为点选"拔模斜度"单选按钮并设置"起点角度"为 45°、"起点幅值"为 10、"端点角度"为 60°、"端点幅值"为 10 的放样结果。

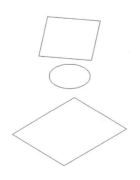

图 10-64　选择截面

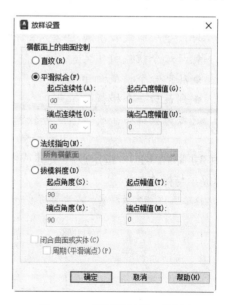

图 10-65　"放样设置"对话框

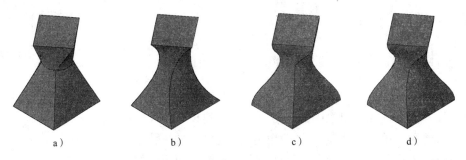

a)　　　　　　　　b)　　　　　　　　c)　　　　　　　　d)

图 10-66　放样

（2）导向（G）　指定控制放样实体或曲面形状的导向曲线。导向曲线可以是直线或曲线，可通过将其他线框信息添加至对象来进一步定义实体或曲面的形状，如图 10-67 所示。选择该选项，命令行提示与操作如下：

选择导向曲线:(选择放样实体或曲面的导向曲线,然后按 Enter 键)

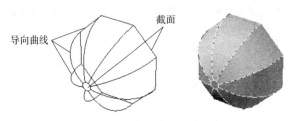

图 10-67　导向放样

 提示与点拨

每条导向曲线必须满足以下条件才能正常工作：
● 与每个横截面相交。
● 从第一个横截面开始。
● 到最后一个横截面结束。
可以为放样曲面或实体选择任意数量的导向曲线。

（3）路径（P）　指定放样实体或曲面的单一路径，如图 10-68 所示。选择该选项，命令行提示与操作如下：

选择路径:(指定放样实体或曲面的单一路径)

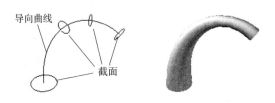

图 10-68　路径放样

提示与点拨

路径曲线必须与横截面的所有平面相交。

10.6.8　实例——绘制显示器立体图

本例将使用三维建模功能中的"放样"命令绘制如图 10-69
所示的显示器立体图。

1）单击"视图"选项卡"命名视图"面板中的"西南等轴
测"按钮◈，将当前视图设置为西南等轴测视图。

2）单击"三维工具"选项卡"建模"面板中的"长方体"
按钮▣，绘制中心点坐标为坐标原点、长度为 460、宽度为 420、
高度为 15 的长方体 1。重复"长方体"命令，绘制中心点坐标
为（0，0，-7.5）、长度为 420、宽度为 380、高度为 10 的长方体
2，结果如图 10-70 所示。

图 10-69　显示器立体图

3）单击"三维工具"选项卡"实体编辑"面板中的"差集"按钮▣，将长方体 2 从
长方体 1 中减去。

4）单击"视图"选项卡"命名视图"面板中的"俯视"按钮▦，将当前视图设置为
俯视图。单击"默认"选项卡"绘图"面板中的"直线"按钮╱、"修改"面板中的"偏
移"按钮⊜和"修改"面板中的"修剪"按钮▾，绘制如图 10-71 所示的两个四边形。

5）选择菜单栏中的"修改"→"对象"→"多段线"命令，将大四边形合并为多段
线 1，将小四边形合并为多段线 2。

6）单击"视图"选项卡"命名视图"面板中的"西南等轴测"按钮◈，将当前视图
设置为西南等轴测视图。单击"默认"选项卡"修改"面板中的"移动"按钮✥，将多段
线 1 沿 Z 轴方向移动 7.5，将多段线 2 沿 Z 轴方向移动 47.5，如图 10-72 所示。

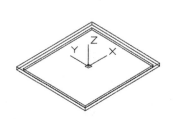

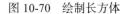

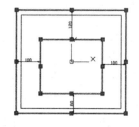

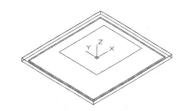

图 10-70　绘制长方体　　　　图 10-71　绘制四边形　　　　图 10-72　移动多段线

7）单击"三维工具"选项卡"建模"面板中的"放样"按钮▩，将多段线 1 和多段
线 2 进行放样操作。命令行提示与操作如下：

命令：_loft

当前线框密度：　ISOLINES = 4,闭合轮廓创建模式 = 实体

按放样次序选择横截面或 [点 (PO)/ 合并多条边 (J)/ 模式 (MO)]: 找到 1 个 (选择多段线 1)

按放样次序选择横截面或 [点 (PO)/ 合并多条边 (J)/ 模式 (MO)]: 找到 1 个 , 总计 2 个 (选择多段线 2)

按放样次序选择横截面或 [点 (PO)/ 合并多条边 (J)/ 模式 (MO)]: ✓

选中了 2 个横截面

输入选项 [导向 (G)/ 路径 (P)/ 仅横截面 (C)/ 设置 (S)/ 连续性 (CO)/ 凸度幅值 (B)] < 仅横截面 >: ✓

单击"视图"选项卡"视觉样式"面板中的"隐藏"按钮🔳，进行消隐处理，结果如图 10-73 所示。

8）单击"视图"选项卡"命名视图"面板中的"左视"按钮🔲，将当前视图设置为左视图。单击"默认"选项卡"绘图"面板中的"多段线"按钮⤴，绘制如图 10-74 所示的多段线 1。

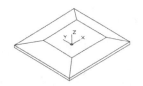

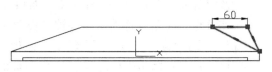

图 10-73　放样操作　　　　　　　　　图 10-74　绘制多段线 1

9）单击"视图"选项卡"命名视图"面板中的"西南等轴测"按钮◈，将当前视图设置为西南等轴测视图。单击"默认"选项卡"修改"面板中的"移动"按钮✛，将创建的多段线 1 沿 Z 轴方向移动 75，结果如图 10-75 所示。

10）单击"三维工具"选项卡"建模"面板中的"拉伸"按钮🔳，将多段线 1 沿 Z 轴拉伸 -150，结果如图 10-76 所示。

11）单击"三维工具"选项卡"实体编辑"面板中的"并集"按钮🔳，将放样实体和拉伸实体合并，结果如图 10-77 所示。

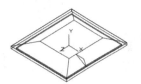　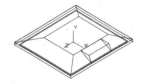　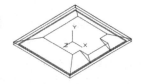

图 10-75　移动多段线 1　　　图 10-76　拉伸多段线 1　　　图 10-77　合并实体

12）单击"视图"选项卡"命名视图"面板中的"左视"按钮🔲，将当前视图设置为左视图。单击"默认"选项卡"绘图"面板中的"多段线"按钮⤴，绘制坐标点依次为（197，34）、（@55<30）、（@0，-30）、（203，21）、C 的多段线 2，结果如图 10-78 所示。

13）单击"视图"选项卡"命名视图"面板中的"西南等轴测"按钮◈，将当前视图设置为西南等轴测视图。单击"默认"选项卡"修改"面板中的"移动"按钮✛，将多段线 2 沿 Z 轴方向移动 40。

14）单击"三维工具"选项卡"建模"面板中的"拉伸"按钮🔳，将多段线 2 沿 Z 轴拉伸 -80，结果如图 10-79 所示。

15）单击"三维工具"选项卡"建模"面板中的"圆锥体"按钮△，以底面中心点坐标为（245，47，0）、底面半径为 100、顶面半径为 105.5、高度为 20，绘制圆锥体，结果如图 10-80 所示。

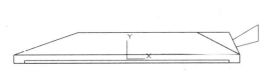
图 10-78　绘制多段线 2

图 10-79　拉伸多段线 2

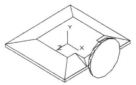
图 10-80　绘制圆锥体

16）单击"三维工具"选项卡"实体编辑"面板中的"并集"按钮，将拉伸的多段线 2 和圆锥体合并。单击"视图"选项卡"导航"面板上的"动态观察"下拉列表中的"自由动态观察"按钮，将模型旋转到适当的角度，完成显示器的创建，结果如图 10-69 所示。

10.6.9　拖拽

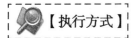【执行方式】

- 命令行：PRESSPULL。
- 工具栏：单击"建模"工具栏中的"按住并拖动"按钮。
- 功能区：单击"三维工具"选项卡"实体编辑"面板中的"按住并拖动"按钮。

【操作步骤】

命令行提示与操作如下：

命令：PRESSPULL ↙

选择对象或边界区域：

指定拉伸高度或 [多个 (M)]:

选择某个区域后，按住鼠标左键并拖动，相应的区域就会进行拉伸变形，如图 10-81 所示为选择圆台上表面进行拖拽。

a）圆台　　　　b）向下拖动鼠标　　　　c）向上拖动鼠标

图 10-81　拖拽圆台上表面

10.7 上机操作

【实例 1】利用三维动态观察器观察如图 10-82 所示的泵盖图形。

1. 目的要求

为了更清楚地观察三维图形，了解三维图形各部分各方位的结构特征，需要从不同视角观察三维图形。利用三维动态观察器能够方便地对三维图形进行多方位观察。本例要求读者掌握从不同视角观察物体的方法。

2. 操作提示

1）打开三维动态观察器。

2）灵活利用三维动态观察器的各种工具进行动态观察。

图 10-82　泵盖

【实例 2】绘制如图 10-83 所示的簸箕立体图。

1. 目的要求

本例在绘制的过程中，除了要用到"楔体""圆柱体""圆环体"和"球体"等三维绘图命令外，还要用到"长方体"命令。本例要求读者熟练掌握"长方体"命令的用法。

2. 操作提示

1）利用"楔体"命令绘制垃圾斗外形。

2）利用"长方体"命令绘制长方体，并进行布尔运算。

3）利用"圆柱体""圆环体"和"球体"命令绘制圆柱体、圆环体和球体。

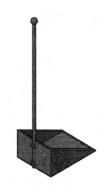

图 10-83　簸箕立体图

【实例 3】绘制如图 10-84 所示的锁立体图。

1. 目的要求

本例在绘制的过程中，除了要用到平面绘图命令和"拉伸""楔体""差集"等三维绘图命令外，还要用到"扫掠"命令。本例要求读者熟练掌握"扫掠"命令的用法。

2. 操作提示

1）绘制平面图形并拉伸。

2）绘制圆和圆弧形多段线并旋转该多段线。

3）利用"扫掠"命令扫掠生成锁栓。

4）绘制楔体并进行差集运算。

图 10-84　锁立体图

第11章 复杂三维实体绘制

知识导引

实体建模是 AutoCAD 三维建模中比较重要的一部分。实体模型是能够完整描述对象的 3D 模型，比三维线框、三维曲面更能清楚地表达实物。利用三维实体模型，可以分析实体的质量特性，如体积、惯量和重心等。本章主要介绍了三维实体的剖切和三维实体倒角边、圆边边的创建等知识。

内容要点

> 剖切视图
> 实体三维操作

11.1 剖切视图

在 AutoCAD 中，可以利用剖切功能对三维造型进行剖切处理，这样可以便于用户观察三维造型内部结构。

11.1.1 剖切

 【执行方式】

- 命令行：SLICE（快捷命令：SL）。
- 菜单栏：选择菜单栏中的"修改"→"三维操作"→"剖切"命令。
- 功能区：单击"三维工具"选项卡"实体编辑"面板中的"剖切"按钮 。

 【操作步骤】

命令行提示与操作如下：

命令：SLICE ✓

选择要剖切的对象：(选择要剖切的实体)

选择要剖切的对象：(继续选择或按 Enter 键结束选择)

指定切面的起点或 [平面对象 (O)/ 曲面 (S)/Z 轴 (Z)/ 视图 (V)/XY(XY)/YZ(YZ)/ZX(ZX)/ 三点 (3)]<三点 >:

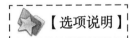 【选项说明】

（1）平面对象（O） 将所选对象的所在平面作为剖切面。

（2）曲面（S） 将剪切平面与曲面对齐。

（3）Z 轴（Z） 通过平面指定一点与在平面的 Z 轴（法线）上指定另一点来定义剖切平面。

（4）视图（V） 以平行于当前视图的平面作为剖切面。

（5）XY（XY）/YZ（YZ）/ZX（ZX） 将剖切平面与当前用户坐标系（UCS）的 XY 平面 /YZ 平面 /ZX 平面对齐。

（6）三点（3） 将空间的 3 个点确定的平面作为剖切面。确定剖切面后，系统会提示保留一侧或两侧。

图 11-1 所示为剖切三维实体图。

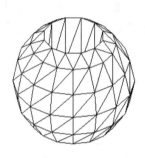

a）剖切前的三维实体   b）剖切后的三维实体

图 11-1 剖切三维实体

11.1.2 实例——绘制阀芯立体图

本例绘制的阀芯主要起开关球阀的作用。首先绘制球体作为外形轮廓，然后对球体进行剖切，再绘制圆柱体，对圆柱体进行镜像处理，最后进行差集处理，结果如图 11-2 所示。

1）启动 AutoCAD 2024，采用默认设置绘图环境。选择"文件"→"新建"命令，打开"选择样板"对话框，再单击"打开"按钮右侧的下拉按钮▼，以"无样板打开 - 公制"（毫米）方式建立新文件，将新文件命名为"阀芯立体图 .dwg"并保存。

2）在命令行中输入"ISOLINES"命令，设置线框密度，默认值是 4，更改设定值为 10。

3）单击"视图"选项卡"命名视图"面板中的"西南等轴测"按钮✿，将当前视图设置为西南等轴测视图。

4）绘制视图。

① 单击"三维工具"选项卡"建模"面板中的"球体"按钮◯，绘制球心在坐标原点、半径为 20 的球，结果如图 11-3 所示。

② 选择菜单栏中的"修改"→"三维操作"→"剖切"命令，将刚绘制的球体分别沿过点（16，0，0）和（−16，0，0）的 YZ 轴方向进行剖切处理。命令行操作如下：

命令：_slice

选择要剖切的对象：(选择球体)

选择要剖切的对象：✓

指定切面的起点或 [平面对象 (O)/ 曲面 (S)/Z 轴 (Z)/ 视图 (V)/XY(XY)/YZ(YZ)/ZX(ZX)/ 三点 (3)] < 三点 >: YZ ✓

指定 YZ 平面上的点 <0, 0, 0>: 16, 0, 0 ✓

在所需的侧面上指定点或 [保留两个侧面 (B)] < 保留两个侧面 >: (指定球的左侧)

消隐处理后的结果如图 11-4 所示。

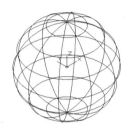
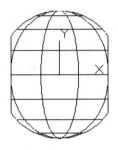

图 11-2　阀芯立体图　　　　　图 11-3　绘制球体　　　　　图 11-4　剖切处理

③ 将视图切换到左视图。单击"三维工具"选项卡"建模"面板中的"圆柱体"按钮 ，分别绘制两个圆柱体，一个是底面中心点为坐标原点、半径为 10、顶圆圆心为点（@0, 0, 16），另一个是底面中心点为点（0, 48, 0）、半径为 34、顶圆圆心为点（@0, 0, -5），结果如图 11-5 所示。

④ 选择菜单栏中的"修改"→"三维操作"→"三维镜像"命令，将刚绘制的两个圆柱体沿过坐标原点的 YZ 轴进行镜像处理，结果如图 11-6 所示。

⑤ 单击"三维工具"选项卡"实体编辑"面板中的"差集"按钮 ，将球体和 4 个圆柱体进行差集处理，再单击"视图"选项卡"视觉样式"面板中的"隐藏"按钮 ，进行消隐处理，结果如图 11-7 所示。

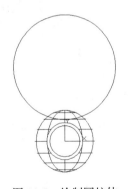

图 11-5　绘制圆柱体　　　　　图 11-6　三维镜像处理　　　　图 11-7　差集后的图形

11.1.3　剖切截面

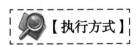【执行方式】

命令行：SECTION（快捷命令：SEC）。

【操作步骤】

命令行提示与操作如下：

命令：SECTION ↙

选择对象：(选择要剖切的实体)

选择对象：↙

指定截面上的第一个点，依照 [对象(O)/Z 轴(Z)/视图(V)/XY(XY)/YZ(YZ)/ZX(ZX)/三点(3)] <三点>：(指定一点或输入一个选项)

图 11-8 所示为断面图形。

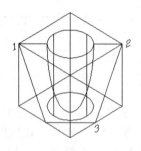
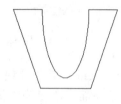
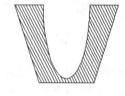

a）剖切平面与断面　　　　　　b）移出的断面图形　　　　　　c）填充剖面线的断面图形

图 11-8　断面图形

11.1.4　截面平面

AutoCAD 中还有一个"截面平面"功能（SECTIONPLANE），通过该功能可以创建实体对象的二维截面平面或三维截面实体，如图 11-9 所示。具体使用方法读者可以自行操作体会，这里不再赘述。

图 11-9　截面平面效果

11.1.5　实例——阀杆立体图的绘制

阀杆是和阀芯之间的连接件，其作用是控制阀芯开关球阀。本例绘制的阀杆如图 11-10 所示。首先绘制一系列圆柱体和一球体，对其进行剖切处理，绘制出阀杆的上端，然后通过绘制一长方体和最下面的圆柱体进行交集处理获得阀杆的下端，最后对整个视图进行并集处理，完成阀杆的绘制。

1）设置线框密度。在命令行中输入"ISOLINES"命令，设置线框密度为 10。单击"视图"选项卡"命名视图"面板中的"西南等轴测"按钮 ⬦，将视图切换到西南等轴测视图。

2）设置用户坐标系。

图 11-10　阀杆立体图

命令：UCS ✓

当前 UCS 名称：* 世界 *

指定 UCS 的原点或 [面 (F)/ 命名 (NA)/ 对象 (OB)/ 上一个 (P)/ 视图 (V)/ 世界 (W)/X/Y/Z/Z 轴 (ZA)]
< 世界 >：X ✓

指定绕 X 轴的旋转角度 <90>：✓

3）绘制阀杆主体。

① 创建圆柱。单击"三维工具"选项卡"建模"面板中的"圆柱体"按钮，采用指定底面圆心、底面半径和高度的模式，绘制以坐标原点为圆心、半径为 7、高度为 14 的圆柱体。接续该圆柱分别创建直径为 ϕ14、高为 24 和两个直径为 ϕ18、高为 5 的圆柱，结果如图 11-11 所示。

② 创建球。单击"三维工具"选项卡"建模"面板中的"球体"按钮，在点（0，0，30）处绘制半径为 20 的球体，结果如图 11-12 所示。

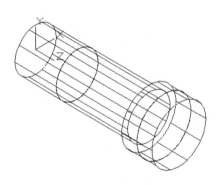

图 11-11　创建圆柱

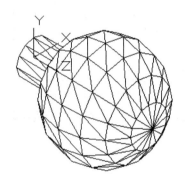

图 11-12　创建球

③ 剖切球及 ϕ18 圆柱。将视图切换到左视图。选择菜单栏中的"修改"→"三维操作"→"剖切"命令，选取球及右部 ϕ18 圆柱，以 ZX 为剖切面，分别指定剖切面上的点为（0，4.25）及（0，-4.25），对实体进行对称剖切，保留实体中部，结果如图 11-13 所示。

④ 剖切球。选择菜单栏中的"修改"→"三维操作"→"剖切"命令，选取球，以 YZ 为剖切面，指定剖切面上的点为（48，0），对球进行剖切，保留球的右部，结果如图 11-14 所示。

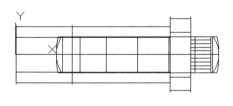

图 11-13　剖切实体

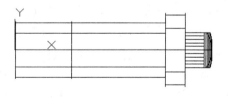

图 11-14　剖切球

4）绘制细部特征。

① 单击"可视化"选项卡"视图"面板中的"西南等轴测"按钮，将视图切换到西

南等轴测视图。单击"默认"选项卡"修改"面板中的"倒角"按钮 ⚞，对阀杆边缘进行倒角操作，结果如图 11-15 所示。命令行提示与操作如下：

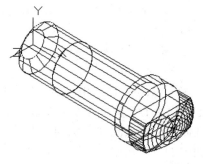

命令：_chamfer

当前倒角距离 1=0.0000, 距离 2=0.0000

选择第一条直线或 [放弃 (U)/ 多段线 (P)/ 距离 (D)/ 角度 (A)/ 修剪 (T)/ 方式 (E)/ 多个 (M)]: (选择阀杆边缘)

基面选择 ...

输入曲面选择选项 [下一个 (N)/ 当前 (OK)] < 当前 >: (选择阀杆侧面)

指定基面倒角距离或 [表达式 (E)]: 3.0 ✓

指定其他曲面倒角距离或 [表达式 (E)] <3.0000>: 2 ✓

选择边或 [环 (L)]: (选择左侧 φ14 圆柱左端面)

选择边或 [环 (L)]: ✓ (完成倒角操作)

图 11-15　创建倒角

② 将视图切换到后视图。单击"三维工具"选项卡"建模"面板中的"长方体"按钮 ▨，采用角点、长度的模式，以点（0，0，-7）为中心、长度为 11、宽度为 11、高度为 14 绘制长方体，结果如图 11-16 所示。

③ 选择菜单栏中的"修改"→"三维操作"→"三维旋转"命令，以 Z 轴为旋转轴，以坐标原点为旋转轴上的点，将刚绘制的长方体旋转 45°，结果如图 11-17 所示。

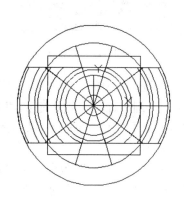

图 11-16　创建长方体

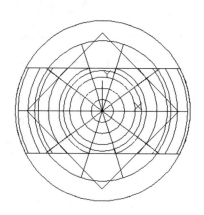

图 11-17　旋转长方体

④ 将视图切换到西南等轴测视图。单击"三维工具"选项卡"实体编辑"面板中的"交集"按钮 ▨，将 φ14 圆柱与长方体进行交集运算。

⑤ 单击"三维工具"选项卡"实体编辑"面板中的"并集"按钮 ▨，将实体进行并集运算。单击"视图"选项卡"视觉样式"面板中的"隐藏"按钮 ▨，进行消隐处理，结果如图 11-18 所示。

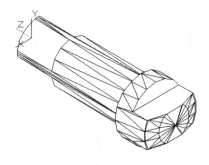

图 11-18　并集及消隐处理

11.2　实体三维操作

11.2.1　倒角边

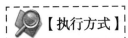

【执行方式】

- 命令行：CHAMFEREDGE。
- 菜单栏：选择菜单栏中的"修改"→"实体编辑"→"倒角边"命令。
- 工具栏：单击"实体编辑"工具栏中的"倒角边"按钮 。
- 功能区：单击"三维工具"选项卡"实体编辑"面板中的"倒角边"按钮 。

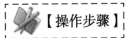

【操作步骤】

命令行提示与操作如下：

命令：CHAMFER ✓

当前倒角距离 1=3.0000, 距离 2=2.0000

选择第一条直线或 [放弃 (U)/ 多段线 (P)/ 距离 (D)/ 角度 (A)/ 修剪 (T)/ 方式 (E)/ 多个 (M)]:

基面选择 ...

输入曲面选择选项 [下一个 (N)/ 当前 (OK)] < 当前 (OK)>:

指定基面倒角距离或 [表达式 (E)] <3.0000>:

指定其他曲面倒角距离或 [表达式 (E)] <2.0000>:

选择边或 [环 (L)]:

选择边或 [环 (L)]:

【选项说明】

（1）选择第一条直线　选择实体的一条边。选择某一条边以后，与此边相邻的两个面中的一个面的边框将变成虚线。此选项为系统的默认选项。选择实体上要倒角的边后，命令行提示如下：

基面选择 ...

输入曲面选择选项 [下一个 (N)/ 当前 (OK)] < 当前 >:

该提示要求选择基面，默认选项是当前的面，即以虚线表示的面作为基面。如果选择"下一个（N）"选项，则以与所选边相邻的另一个面作为基面。

选择好基面后，命令行继续出现如下提示：

指定基面的倒角距离或 [表达式 (E)] <2.0000>: (输入基面上的倒角距离)

指定其他曲面的倒角距离或 [表达式 (E)] <2.0000>: (输入与基面相邻的另外一个面上的倒角距离)

选择边或 [环 (L)]:

1）选择边：确定需要进行倒角的边。此项为系统的默认选项。选择基面的某一边后，命令行提示如下：

选择边或 [环 (L)]:

在此提示下，按 Enter 键对已选择的边进行倒角，也可以继续选择其他需要倒角的边。

2）选择环：对基面上所有的边都进行倒角。

（2）其他选项　与二维倒角类似，此处不再赘述。

图 11-19 所示为对长方体棱边进行倒角。

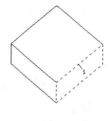 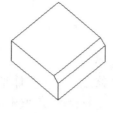 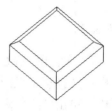

a）选择倒角边 1　　　　　　b）选择边倒角结果　　　　　　c）选择环倒角结果

图 11-19　对长方体棱边倒角

11.2.2　实例——绘制螺母立体图

本例创建的螺母如图 11-20 所示。首先绘制一条螺旋线，然后生成螺纹，再绘制正六边形，拉伸生成实体，最后进行差集处理。

图 11-20　螺母

1）启动 AutoCAD 2024，使用默认设置绘图环境。

2）选择菜单栏中的"文件"→"新建"命令，打开"选择样板"对话框，单击"打开"按钮右侧的下拉按钮▼，以"无样板打开 - 公制"（毫米）方式建立新文件，将新文件命名为"螺母 .dwg"并保存。

3）在命令行中输入"ISOLINES"命令，设置线框密度为 10。命令行中的提示与操作如下：

命令 : ISOLINES ↙

输入 ISOLINES 的新值 <8>: 10 ↙

4）选择菜单栏中的"视图"→"命名视图"→"西南等轴测"命令，将当前视图设置为西南等轴测视图。

5）创建螺纹。

① 单击"默认"选项卡"绘图"面板中的"螺旋"按钮 ，绘制螺旋线。命令行中的提示与操作如下：

命令 :_Helix

圈数 =8.0000　　扭曲 =CCW

指定底面的中心点 : 0, 0, −1.75 ↙

指定底面半径或 [直径 (D)] <1.000>: 5 ↙

指定顶面半径或 [直径 (D)] <6.000>: ↙

指定螺旋高度或 [轴端点 (A)/ 圈数 (T)/ 圈高 (H)/ 扭曲 (W)] <12.2000>: T ↙

输入圈数 <3.0000>: 7 ↙

指定螺旋高度或 [轴端点 (A)/ 圈数 (T)/ 圈高 (H)/ 扭曲 (W)] <12.2000>: 12.5 ↙

结果如图 11-21 所示。

② 在命令行中输入"UCS"命令，切换坐标系。命令行提示与操作如下：

命令：UCS ↙

当前 UCS 名称：* 世界 *

指定 UCS 的原点或 [面 (F)/ 命名 (NA)/ 对象 (OB)/ 上一个 (P)/ 视图 (V)/ 世界 (W)/X/Y/Z/Z 轴 (ZA)] < 世界 >: (捕捉螺旋线的上端点)

指定 X 轴上的点或 < 接受 >: (捕捉螺旋线上一点)

指定 XY 平面上的点或 < 接受 >:

结果如图 11-22 所示。

③ 单击"默认"选项卡"绘图"面板中的"直线"按钮 ╱，捕捉螺旋线的上端点绘制牙型截面轮廓，牙型尺寸如图 11-23 所示。单击"默认"选项卡"绘图"面板中的"面域"按钮 ▣，将其创建成面域，结果如图 11-24 所示。

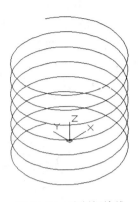

图 11-21　绘制螺旋线

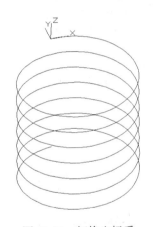

图 11-22　切换坐标系

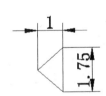

图 11-23　牙型尺寸

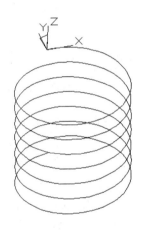

图 11-24　创建面域

④ 单击"三维工具"选项卡"建模"面板中的"扫掠"按钮 🗗，扫掠生成实体。命令行提示与操作如下：

命令：_sweep

当前线框密度：　ISOLINES=4, 闭合轮廓创建模式 = 实体

选择要扫掠的对象或 [模式 (MO)]: _MO 闭合轮廓创建模式 [实体 (SO)/ 曲面 (SU)] < 实体 >: _SO

选择要扫掠的对象或 [模式 (MO)]: (选择牙型轮廓)

选择要扫掠的对象或 [模式 (MO)]: ↙

选择扫掠路径或 [对齐 (A)/ 基点 (B)/ 比例 (S)/ 扭曲 (T)]: (选择螺旋线)

结果如图 11-25 所示。

⑤ 将坐标系切换到世界坐标系。单击"三维工具"选项卡"建模"面板中的"圆柱体"按钮 🛢，以点（0，0，0）为底面中心点，分别创建半径为 5、轴端点为（@0，0，8.75）和半径为 8、

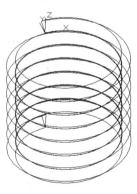

图 11-25　扫掠生成实体

轴端点为（@0，0，−5）的圆柱体，再以点（0，0，8.75）为底面中心点，创建半径为8、轴端点为（@0，0，5）的圆柱体，结果如图11-26所示。

⑥ 单击"三维工具"选项卡"实体编辑"面板中的"并集"按钮 ，将螺纹与半径为6的圆柱体进行并集处理，然后单击"三维工具"选项卡"实体编辑"面板中的"差集"按钮 ，从螺纹主体中减去半径为8的两个圆柱体，结果如图11-27所示。

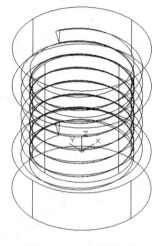

图 11-26　创建圆柱体

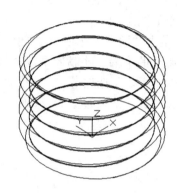

图 11-27　布尔运算处理

6）绘制外形轮廓。

① 单击"默认"选项卡"绘图"面板中的"多边形"按钮 ，以点（0，0，0）为中心，绘制外接圆半径为10的正六边形。

② 单击"三维工具"选项卡"建模"面板中的"拉伸"按钮 ，以拉伸距离为8.75，将刚绘制的正多边形进行拉伸处理，结果如图11-28所示。

③ 单击"三维工具"选项卡"实体编辑"面板中的"差集"按钮 ，将拉伸的正六边体和螺纹进行差集处理，结果如图11-29所示。

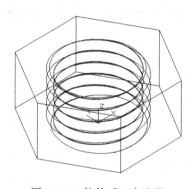

图 11-28　拉伸后正多边形

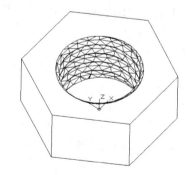

图 11-29　差集处理

④ 单击"三维工具"选项卡"实体编辑"面板中的"倒角边"按钮 ，设置倒角距离为1，将拉伸生成的正六边体的上、下两边进行倒角处理。命令行提示与操作如下：

命令：_CHAMFEREDGE

距离 1 = 3.0000, 距离 2 = 2.0000

选择一条边或 [环 (L)/ 距离 (D)]: D↙

指定距离 1 或 [表达式 (E)] <3.0000>: 1↙

指定距离 2 或 [表达式 (E)] <2.0000>: 1↙

选择一条边或 [环 (L)/ 距离 (D)]: (用鼠标选择正六边体上面的一边)

选择同一个面上的其他边或 [环 (L)/ 距离 (D)]: ↙

按 Enter 键接受倒角或 [距离 (D)]: ↙

　　重复"倒角"命令，把正六边体上、下两面的各边依次倒角，结果如图 11-30 所示。

11.2.3　圆角边

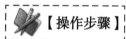【执行方式】

- 命令行：FILLETEDGE。
- 菜单栏：选择菜单栏中的"修改"→"三维编辑"→"圆角边"命令。
- 工具栏：单击"实体编辑"工具栏中的"圆角边"按钮 。
- 功能区：单击"三维工具"选项卡"实体编辑"面板中的"圆角边"按钮 。
- 功能区：单击"默认"选项卡"修改"面板中的"修剪"按钮 。

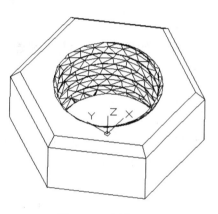

图 11-30　倒角处理

【操作步骤】

命令行提示与操作如下：

命令：FILLETEDGE ↙

半径 = 1.0000

选择边或 [链 (C)/ 环 (L)/ 半径 (R)]: R↙

输入圆角半径或 [表达式 (E)] <1.0000>:(输入圆角半径)

选择边或 [链 (C)/ 环 (L)/ 半径 (R)]: (选择实体上的一条边)

选择边或 [链 (C)/ 环 (L)/ 半径 (R)]: ↙

已选定 1 个边用于圆角。

按 Enter 键接受圆角或 [半径 (R)]: ↙

★【选项说明】

　　选择"链（C）"选项，表示与此边相邻的边都被选中，并进行倒圆角的操作。图 11-31 所示为对长方体的棱边进行倒圆角。

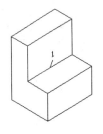
a）选择倒圆角边"1"

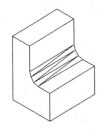
b）边倒圆角结果

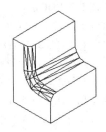
c）链倒圆角结果

图 11-31　对长方体棱边倒圆角

11.2.4　实例——阀体的创建

本例创建的阀体如图 11-32 所示。

1）在命令行中输入"ISOLINES"命令，设置线框密度为 10。单击"视图"选项卡"命名视图"面板中的"西南等轴测"按钮◈，将视图切换到西南等轴测视图。

2）在命令行输入"Ucs"命令，将坐标系绕 X 轴旋转 90°。

3）单击"三维工具"选项卡"建模"面板中的"长方体"按钮▭，以点（0，0，0）为中心点，创建长为 75、宽为 75、高为 12 的长方体。

4）单击"三维工具"选项卡"实体编辑"面板中的"圆角边"按钮◐，以圆角半径为 12.5，对长方体进行倒圆角操作。命令行操作如下：

图 11-32　阀体

命令：_FILLETEDGE
半径 = 1.0000
选择边或 [链 (C)/ 环 (L)/ 半径 (R)]: R ✓
输入圆角半径或 [表达式 (E)] <1.0000>: 12.5 ✓
选择边或 [链 (C)/ 环 (L)/ 半径 (R)]:(选择长方体 1 个侧边)
选择边或 [链 (C)/ 环 (L)/ 半径 (R)]: (选择另外 1 个侧边)
选择边或 [链 (C)/ 环 (L)/ 半径 (R)]: (选择另外 1 个侧边)
选择边或 [链 (C)/ 环 (L)/ 半径 (R)]: (选择另外 1 个侧边)
选择边或 [链 (C)/ 环 (L)/ 半径 (R)]: ✓
已选定 4 个边用于圆角。
按 Enter 键接受圆角或 [半径 (R)]: ✓

5）将坐标原点移动到点（0，0，6）。单击"三维工具"选项卡"建模"面板中的"圆柱体"按钮🛢，以点（0，0，0）为圆心，创建直径为 55、高为 17 的圆柱。

6）单击"三维工具"选项卡"建模"面板中的"球体"按钮◯，以点（0，0，17）为圆心，创建直径为 55 的球。

7）将坐标原点移动到点（0，0，63）。单击"三维工具"选项卡"建模"面板中的"圆柱体"按钮 ，以点（0，0，0）为圆心，分别创建直径为 36、高为 –15 及直径为 32、高为 –34 的圆柱。

8）单击"三维工具"选项卡"实体编辑"面板中的"并集"按钮 ，将所有的实体进行并集运算。单击"视图"选项卡"视觉样式"面板中的"隐藏"按钮 ，进行消隐处理，结果如图 11-33 所示。

9）单击"三维工具"选项卡"建模"面板中的"圆柱体"按钮 ，以点（0，0，0）为圆心，分别创建直径为 28.5、高为 –5 及直径为 20、高为 –34 的圆柱；以点（0，0，–34）为圆心，创建直径为 35、高为 –7 的圆柱；以点（0，0，–41）为圆心，创建直径为 43、高为 –29 的圆柱；以点（0，0，–70）为圆心，创建直径为 50、高为 –5 的圆柱。

10）将坐标原点移动到（0，56，–54），并将坐标系绕 X 轴旋转 90°。

11）单击"三维工具"选项卡"建模"面板中的"圆柱体"按钮 ，以点（0，0，0）为圆心，创建直径为 36、高为 50 的圆柱。

12）单击"三维工具"选项卡"实体编辑"面板中的"并集"按钮 ，将实体与直径为 36 的圆柱进行并集运算。单击"三维工具"选项卡"实体编辑"面板中的"差集"按钮 ，将实体与内形圆柱进行差集运算。单击"视图"选项卡"视觉样式"面板中的"隐藏"按钮 ，进行消隐处理，结果如图 11-34 所示。

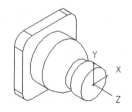

图 11-33　并集运算及消隐处理

图 11-34　布尔运算及消隐处理

13）单击"建模"工具栏中的"圆柱体"按钮 ，以点（0，0，0）为圆心，创建直径为 26、高为 4 的圆柱；以点（0，0，4）为圆心，创建直径为 24、高为 9 的圆柱；以点（0，0，13）为圆心，创建直径为 24.3、高为 3 的圆柱；以点（0，0，16）为圆心，创建直径为 22、高为 13 的圆柱；以点（0，0，29）为圆心，创建直径为 18、高为 27 的圆柱。

14）单击"三维工具"选项卡"实体编辑"面板中的"差集"按钮 ，将实体与内形圆柱进行差集运算。单击"视图"选项卡"视觉样式"面板中的"隐藏"按钮 ，进行消隐处理，结果如图 11-35 所示。

15）绘制二维图形，并将其创建为面域。在命令行中输入"UCS"命令，将坐标系绕 Z 轴旋转 180°。选择菜单栏中的"视图"→"三维视图"→"平面视图"→"当前 UCS"命令，切换视图。

① 单击"默认"选项卡"绘图"面板中的"圆"按钮 ，以点（0，0）为圆心，分别绘制直径为 36 及 26 的圆。

② 单击"默认"选项卡"绘图"面板中的"直线"按钮／，分别从点（0，0）到点（@18<45）及从点（0，0）到点（@18<135），绘制直线。

③ 单击"默认"选项卡"修改"面板中的"修剪"按钮，对圆进行修剪。

④ 单击"默认"选项卡"绘图"面板中的"面域"按钮，将绘制的二维图形创建为面域，结果如图 11-36 所示。

图 11-35　差集运算及消隐处理

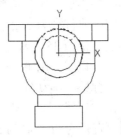

图 11-36　创建面域

⑤ 单击"视图"选项卡"命名视图"面板中的"西南等轴测"按钮，将视图切换到西南等轴测视图。单击"三维工具"选项卡"建模"面板中的"拉伸"按钮，将面域拉伸 −2。

⑥ 单击"三维工具"选项卡"实体编辑"面板中的"差集"按钮，将阀体与拉伸实体进行差集运算，结果如图 11-37 所示。

⑦ 创建阀体外螺纹。单击"视图"选项卡"命名视图"面板中的"左视"按钮，将视图切换到左视图。

a. 单击"默认"选项卡"绘图"面板中的"多边形"按钮，在实体旁边绘制一个边长为 2 的正三角形，然后将其移动到图中适当的位置。单击"可视化"选项卡"视图"面板中的"西南等轴测"按钮，将视图切换到西南等轴测视图。

b. 在命令行中输入"UCS"命令，将坐标系切换到世界坐标系。

c. 单击"三维工具"选项卡"建模"面板中的"旋转"按钮，以 Y 轴为旋转轴，选择正三角形，将其旋转 360°。

d. 选择菜单栏中的"修改"→"三维操作"→"三维阵列"命令，以行数为 10、列数为 1、行间距为 1.5，将旋转生成的实体进行阵列。

e. 单击"三维工具"选项卡"实体编辑"面板中的"并集"按钮，将阵列后的实体进行并集运算。

f. 单击"视图"选项卡"视觉样式"面板中的"隐藏"按钮，进行消隐处理，结果如图 11-38 所示。

⑧ 创建螺纹孔。单击"可视化"选项卡"视图"面板中的"西南等轴测"按钮，将视图切换到西南等轴测视图。

a. 单击"默认"选项卡"绘图"面板中的"多段线"按钮，绘制多段线。命令行提示与操作如下：

命令：_pline

指定起点：0, -100 ✓

当前线宽为 0.0000

指定下一个点或 [圆弧 (A)/ 半宽 (H)/ 长度 (L)/ 放弃 (U)/ 宽度 (W)]: @5, 0 ✓

指定下一点或 [圆弧 (A)/ 闭合 (C)/ 半宽 (H)/ 长度 (L)/ 放弃 (U)/ 宽度 (W)]: @0.75, 0.75 ✓

指定下一点或 [圆弧 (A)/ 闭合 (C)/ 半宽 (H)/ 长度 (L)/ 放弃 (U)/ 宽度 (W)]: @-0.75, 0.75 ✓

指定下一点或 [圆弧 (A)/ 闭合 (C)/ 半宽 (H)/ 长度 (L)/ 放弃 (U)/ 宽度 (W)]: @-5, 0 ✓

指定下一点或 [圆弧 (A)/ 闭合 (C)/ 半宽 (H)/ 长度 (L)/ 放弃 (U)/ 宽度 (W)]: C ✓

b. 单击"三维工具"选项卡"建模"面板中的"旋转"按钮，以 Y 轴为旋转轴，选择刚绘制的图形，将其旋转 360°。

c. 选择菜单栏中的"修改"→"三维操作"→"三维阵列"命令，以行数为 8、列数为 1、行间距为 1.5，将旋转生成的实体进行阵列。

d. 单击"三维工具"选项卡"实体编辑"面板中的"并集"按钮，将阵列后的实体进行并集运算。

e. 单击"默认"选项卡"修改"面板中的"复制"按钮，命令行提示与操作如下：

命令：_copy

选择对象：(选择阵列后的实体)

选择对象：✓

当前设置：复制模式 = 多个

指定基点或 [位移 (D)/ 模式 (O)]< 位移 >: 0, -100, 0 ✓

指定第二个点或 [阵列 (A)]< 使用第一个点作为位移 >: -25, -6, -25 ✓

指定第二个点或 [阵列 (A)/ 退出 (E)/ 放弃 (U)]< 退出 >: -25, -6, 25 ✓

指定第二个点或 [阵列 (A)/ 退出 (E)/ 放弃 (U)]< 退出 >: 25, -6, 25 ✓

指定第二个点或 [阵列 (A)/ 退出 (E)/ 放弃 (U)]< 退出 >: 25, -6, -25 ✓

指定第二个点或 [阵列 (A)/ 退出 (E)/ 放弃 (U)]< 退出 >: ✓

f. 单击"三维工具"选项卡"实体编辑"面板中的"差集"按钮，将实体与螺纹进行差集运算。

g. 单击"视图"选项卡"视觉样式"面板中的"隐藏"按钮，进行消隐处理，结果如图 11-39 所示。

⑨ 选择菜单栏中的"视图"→"视觉样式"→"概念"命令，结果如图 11-32 所示。

　　　　　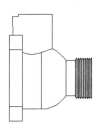　　　　　

图 11-37　差集运算拉伸后的阀体　　　图 11-38　创建阀体外螺纹　　　图 11-39　创建阀体螺纹孔

11.3 上 机 操 作

【实例1】创建如图 11-40 所示的三通管。

1. 目的要求

三维图形具有形象逼真的优点，但是三维图形的绘制比较复杂，需要读者掌握的知识比较多。本例要求读者熟悉三维模型的创建步骤，掌握三维模型的创建技巧。

2. 操作提示

1）创建 3 个圆柱体。

2）镜像和旋转圆柱体。

3）圆角处理。

【实例2】创建如图 11-41 所示的轴。

1. 目的要求

本例需要创建的轴集中了很多典型的机械结构型式，如轴体、孔、轴肩、键槽、螺纹、退刀槽和倒角等，因此需要用到的三维命令也比较多。通过本例的练习，可以使读者进一步熟悉三维绘图的技能。

图 11-40　三通管

图 11-41　轴

2. 操作提示

1）顺次创建直径不等的 4 个圆柱。

2）对 4 个圆柱进行并集处理。

3）转换视角，绘制圆柱孔。

4）镜像并拉伸圆柱孔。

5）对轴体和圆柱孔进行差集处理。

6）采用同样的方法创建键槽。

7）创建螺纹。

8）对轴体进行倒角处理。

9）渲染处理。

第12章　实体造型编辑

知识导引

三维造型编辑可用于对三维造型的结构单元本身进行编辑，从而改变造型形状和结构。

本章将通过实例深入介绍三维实体编辑命令的使用方法。

内容要点

- ➢ 编辑实体
- ➢ 渲染实体
- ➢ 三维装配

12.1　编 辑 实 体

12.1.1　拉伸面

【执行方式】

- ● 命令行：SOLIDEDIT。
- ● 菜单栏：选择菜单栏中的"修改"→"实体编辑"→"拉伸面"命令。
- ● 工具栏：单击"实体编辑"工具栏中的"拉伸面"按钮。
- ● 功能区：单击"三维工具"选项卡"实体编辑"面板中的"拉伸面"按钮。

【操作步骤】

命令行提示与操作如下：

命令：_solidedit

实体编辑自动检查：SOLIDCHECK=1

输入实体编辑选项 [面 (F)/ 边 (E)/ 体 (B)/ 放弃 (U)/ 退出 (X)] < 退出 >:_face

输入面编辑选项

[拉伸 (E)/ 移动 (M)/ 旋转 (R)/ 偏移 (O)/ 倾斜 (T)/ 删除 (D)/ 复制 (C)/ 颜色 (L)/ 材质 (A)/ 放弃 (U)/ 退出 (X)]

< 退出 >:_extrude

选择面或 [放弃 (U)/ 删除 (R)]:(选择要进行拉伸的面)

选择面或 [放弃 (U)/ 删除 (R)/ 全部 (ALL)]:

指定拉伸高度或 [路径 (P)]:(输入拉伸高度值)

【选项说明】

（1）指定拉伸高度　按指定的高度值来拉伸面。指定拉伸的倾斜角度后，完成拉伸操作。

（2）路径（P）　沿指定的路径曲线拉伸面。图 12-1 所示为拉伸长方体的顶面和侧面。

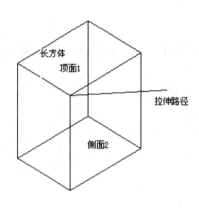

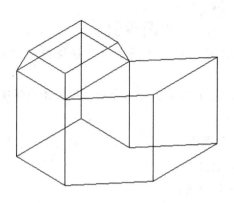

a）拉伸前的长方体　　　　　　　　　b）拉伸后的三维实体

图 12-1　拉伸长方体

12.1.2　复制面

 【执行方式】

命令行：SOLIDEDIT。

菜单栏：选择菜单栏中的"修改"→"实体编辑"→"复制面"命令。

工具栏：单击"实体编辑"工具栏中的"复制面"按钮 。

功能区：单击"三维工具"选项卡"实体编辑"面板中的"复制面"按钮 。

【操作步骤】

命令行提示与操作如下：

命令：_solidedit

实体编辑自动检查：SOLIDCHECK=1

输入实体编辑选项 [面 (F)/ 边 (E)/ 体 (B)/ 放弃 (U)/ 退出 (X)] < 退出 >:_face

输入面编辑选项

[拉伸 (E)/ 移动 (M)/ 旋转 (R)/ 偏移 (O)/ 倾斜 (T)/ 删除 (D)/ 复制 (C)/ 颜色 (L)/ 材质 (A)/ 放弃 (U)/ 退出 (X)] < 退出 >:_copy

选择面或 [放弃 (U)/ 删除 (R)]:(选择要复制的面)

选择面或 [放弃 (U)/ 删除 (R)/ 全部 (ALL)]: (继续选择或按 Enter 键结束选择)

指定基点或位移 :(输入基点的坐标)

指定位移的第二点 :(输入第二点的坐标)

12.1.3　实例——扳手立体图的绘制

本例绘制的扳手如图 12-2 所示。其通过端部的
方孔套和阀杆相连。

1）在命令行中输入"ISOLINES"命令，设置
线框密度为 10。命令行中的提示与操作如下：

命令 : ISOLINES ✓

输入 ISOLINES 的新值 <8>: 10 ✓

2）选择菜单栏中的"视图"→"命名视
图"→"西南等轴测"命令，将当前视图设置为西
南等轴测视图。

3）绘制端部。

图 12-2　扳手立体图

① 单击"三维工具"选项卡"建模"面板中的
"圆柱体"按钮，绘制底面中心点位于坐标原点、半径为 19、高度为 10 的圆柱体。

② 单击"三维工具"选项卡"实体编辑"面板中的"复制边"按钮，选取圆柱底
面边线，在原位置进行复制。命令行提示与操作如下：

命令 : _solidedit

实体编辑自动检查 : SOLIDCHECK=1

输入实体编辑选项 [面 (F)/ 边 (E)/ 体 (B)/ 放弃 (U)/ 退出 (X)] < 退出 >: _edge

输入边编辑选项 [复制 (C)/ 着色 (L)/ 放弃 (U)/ 退出 (X)] < 退出 >: _copy

选择边或 [放弃 (U)/ 删除 (R)]: (选择圆柱体的底边)

选择边或 [放弃 (U)/ 删除 (R)]:

指定基点或位移 : 0, 0, 0 ✓

指定位移的第二点 : 0, 0, 0 ✓

输入边编辑选项 [复制 (C)/ 着色 (L)/ 放弃 (U)/ 退出 (X)] < 退出 >: X ✓

实体编辑自动检查 : SOLIDCHECK=1

输入实体编辑选项 [面 (F)/ 边 (E)/ 体 (B)/ 放弃 (U)/ 退出 (X)] < 退出 >: X ✓

③ 单击"默认"选项卡"绘图"面板中的"构造线"按钮，绘制一条过坐标原点、
与水平方向呈 135° 的辅助线，结果如图 12-3 所示。

④ 单击"默认"选项卡"修改"面板中的"修剪"按钮，修剪辅助线后侧的圆柱体
底边的部分，以及辅助线在圆柱底边外侧的部分。

⑤ 单击"默认"选项卡"绘图"面板中的"面域"按钮，将修剪后的图形创建为面
域，结果如图 12-4 所示。

⑥ 单击"三维工具"选项卡"建模"面板中的"拉伸"按钮，将刚创建的面域沿 Z
轴正方向拉伸 3。

⑦ 单击"三维工具"选项卡"实体编辑"面板中的"差集"按钮，将拉伸的面域与
圆柱体进行差集处理，结果如图 12-5 所示。

⑧ 单击"三维工具"选项卡"建模"面板中的"圆柱体"按钮▣，绘制以坐标原点（0，0，0）为圆心、直径为 14、高为 10 的圆柱体。

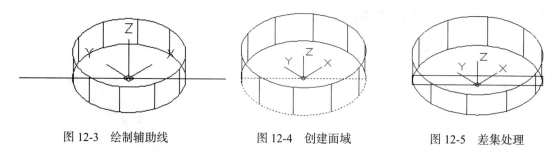

图 12-3　绘制辅助线　　　　图 12-4　创建面域　　　　图 12-5　差集处理

⑨ 单击"三维工具"选项卡"建模"面板中的"长方体"按钮▣，以点（0，0，5）为中心点，绘制长为 11、宽度为 11、高度为 10 的正方体，结果如图 12-6 所示。

⑩ 单击"三维工具"选项卡"实体编辑"面板中的"交集"按钮▣，将刚绘制的圆柱体和长方体进行交集处理。

⑪ 单击"三维工具"选项卡"实体编辑"面板中的"差集"按钮▣，将绘制的圆柱体外形轮廓和交集后的图形进行差集处理，结果如图 12-7 所示。

4）单击"视图"选项卡"命名视图"面板中的"西南等轴测"按钮◈，将当前视图设置为俯视图，结果如图 12-8 所示。

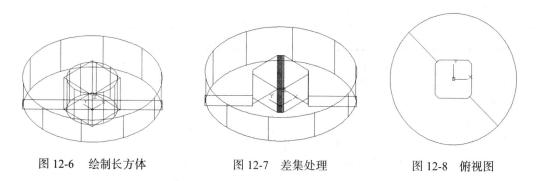

图 12-6　绘制长方体　　　　图 12-7　差集处理　　　　图 12-8　俯视图

⚠️注意

此处绘制直线，是为下一步绘制矩形做准备，因为矩形的坐标不是一整数坐标。这种绘制方法在 AutoCAD 中比较常用。

5）绘制把手部分。

① 单击"默认"选项卡"绘图"面板中的"直线"按钮╱，绘制一条起点为（0，-8）、终点为（@20，0）的线段，作为辅助线，结果如图 12-9 所示。

② 单击"默认"选项卡"绘图"面板中的"矩形"按钮▢，在图 12-10 中的点 1 以及点（@60，16）之间绘制一个矩形，结果如图 12-10 所示。

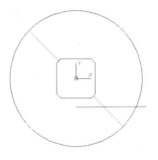

图 12-9 绘制直线

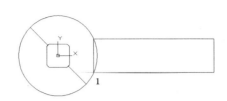

图 12-10 绘制矩形

③ 单击"默认"选项卡"绘图"面板中的"矩形"按钮 ▢，在图 12-32 中的点 2 以及点（@100，16）之间绘制一个矩形，结果如图 12-11 所示。

图 12-11 绘制矩形

④ 单击"默认"选项卡"修改"面板中的"删除"按钮 ✍，删除辅助线。

⑤ 单击"默认"选项卡"修改"面板中的"分解"按钮 ▤，将右边绘制的矩形分解。

⑥ 单击"默认"选项卡"修改"面板中的"圆角"按钮 ◸，以半径为 8，将右边矩形的右侧进行圆角处理。

⑦ 单击"默认"选项卡"绘图"面板中的"面域"按钮 ▣，将左、右两个矩形创建为面域，结果如图 12-12 所示。

图 12-12 创建面域

⑧ 单击"三维工具"选项卡"建模"面板中的"拉伸"按钮 ▣，分别将两个面域沿 Z 轴正方向拉伸 6。

⑨ 单击"视图"选项卡"命名视图"面板中的"前视"按钮 ▣，将当前视图设置为前视图，结果如图 12-13 所示。

图 12-13 前视图

⑩ 选择菜单栏中的"修改"→"三维操作"→"三维旋转"命令，将左边矩形绕 Z 轴上的坐标原点旋转30°，结果如图 12-14 所示。

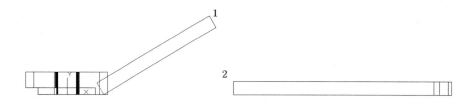

图 12-14   三维旋转图形

⑪ 单击"默认"选项卡"修改"面板中的"移动"按钮 ✛，将右边的矩形从图 12-14 中的点 2 移动到点 1，结果如图 12-15 所示。

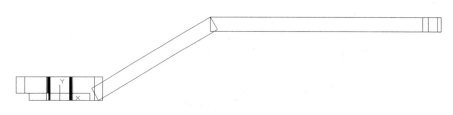

图 12-15   移动矩形

⑫ 单击"三维工具"选项卡"实体编辑"面板中的"并集"按钮 🔲，将视图中的所有图形并集处理。

⑬ 单击"视图"选项卡"命名视图"面板中的"西南等轴测"按钮 🔷，将当前视图设置为西南等轴测视图。

⑭ 单击"视图"选项卡"命名视图"面板中的"西南等轴测"按钮 🔷，以右端圆角的圆心为中心点，绘制直径为8、高为6的圆柱体。

⑮ 单击"三维工具"选项卡"实体编辑"面板中的"差集"按钮 🔲，将实体与圆柱体进行差集运算，结果如图 12-16 所示。

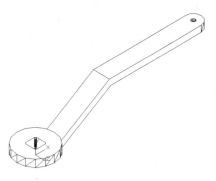

图 12-16   差集处理

12.1.4   抽壳

【执行方式】

● 命令行：SOLIDEDIT。

● 菜单栏：选择菜单栏中的"修改"→"实体编辑"→"抽壳"命令。

● 工具栏：单击"实体编辑"工具栏中的"抽壳"按钮 🔲。

● 功能区：单击"三维工具"选项卡"实体编辑"面板中的"抽壳"按钮 🔲。

【操作步骤】

命令行提示与操作如下：

命令：_solidedit

实体编辑自动检查：SOLIDCHECK=1

输入实体编辑选项 [面 (F)/ 边 (E)/ 体 (B)/ 放弃 (U)/ 退出 (X)] < 退出 >：_body

输入体编辑选项 [压印 (I)/ 分割实体 (P)/ 抽壳 (S)/ 清除 (L)/ 检查 (C)/ 放弃 (U)/ 退出 (X)] < 退出 >：_ shell

选择三维实体：(选择三维实体)

删除面或 [放弃 (U)/ 添加 (A)/ 全部 (ALL)]：(选择开口面)

输入抽壳偏移距离：(指定壳体的厚度值)

图 12-17 所示为利用抽壳命令创建的花盆。

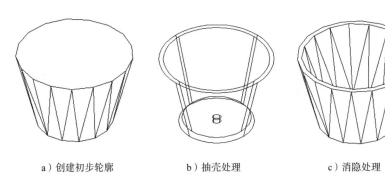

a）创建初步轮廓   b）抽壳处理   c）消隐处理

图 12-17　创建花盆

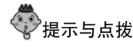提示与点拨

抽壳是用指定的厚度创建一个空心的薄层。可以为所有面指定一个同样的薄层厚度。通过选择面可以将这些面从壳体中去除。一个三维实体只能有一个壳。可以通过偏移现有的面来创建新的面。

12.1.5　实例——闪盘的绘制

本例绘制的闪盘如图 12-18 所示。

1）单击"视图"选项卡"命名视图"面板中的"西南等轴测"按钮，将视图切换到西南等轴测视图。

2）单击"三维工具"选项卡"建模"面板中的"长方体"按钮，以坐标原点为角点，绘制长度为 50、宽度为 20、高度为 9 的长方体。

3）单击"三维工具"选项卡"实体编辑"面板中的

图 12-18　闪盘

"圆角边"按钮 🔵，以半径为 3，对长方体进行倒圆角，结果如图 12-19 所示。

4) 单击 "三维工具" 选项卡 "建模" 面板中的 "长方体" 按钮 🔲，以点（50，1.5，1）为角点，绘制长度为 3、宽度为 17、高度为 7 的长方体。

5) 单击 "三维工具" 选项卡 "实体编辑" 面板中的 "并集" 按钮 🔲，将绘制的两个长方体合并在一起。

6) 单击 "三维工具" 选项卡 "实体编辑" 面板中的 "剖切" 按钮 🔲，对合并后的实体进行剖切。命令行提示与操作如下：

命令：_slice

选择要剖切的对象：(选择合并的实体)

选择要剖切的对象：✓

指定切面的起点或 [平面对象 (O)/ 曲面 (S)/z 轴 (Z)/ 视图 (V)/xy(XY)/yz(YZ)/zx(ZX)/ 三点 (3)] < 三点 >: XY ✓

指定 XY 平面上的点 <0, 0, 0>: 0, 0, 4.5 ✓

在所需的侧面上指定点或 [保留两个侧面 (B)] < 保留两个侧面 >: B ✓

结果如图 12-20 所示。

7) 单击 "三维工具" 选项卡 "建模" 面板中的 "长方体" 按钮 🔲，以点（53，4，2.5）为角点，绘制长度为 13、宽度为 12、高度为 4 的长方体。

8) 单击 "三维工具" 选项卡 "实体编辑" 面板中的 "抽壳" 按钮 🔲，对刚绘制的长方体进行抽壳。命令行提示与操作如下：

命令：_solidedit

实体编辑自动检查：SOLIDCHECK=1

输入实体编辑选项 [面 (F)/ 边 (E)/ 体 (B)/ 放弃 (U)/ 退出 (X)] < 退出 >: _body

输入体编辑选项

[压印 (I)/ 分割实体 (P)/ 抽壳 (S)/ 清除 (L)/ 检查 (C)/ 放弃 (U)/ 退出 (X)] < 退出 >: _shell

选择三维实体：(选择刚绘制的长方体)

删除面或 [放弃 (U)/ 添加 (A)/ 全部 (ALL)]: (选择长方体的右顶面作为删除面)

删除面或 [放弃 (U)/ 添加 (A)/ 全部 (ALL)]: ✓

输入抽壳偏移距离：0.5 ✓

已开始实体校验。

已完成实体校验。

输入体编辑选项 [压印 (I)/ 分割实体 (P)/ 抽壳 (S)/ 清除 (L)/ 检查 (C)/ 放弃 (U)/ 退出 (X)] < 退出 >: X ✓

实体编辑自动检查：SOLIDCHECK=1

输入实体编辑选项 [面 (F)/ 边 (E)/ 体 (B)/ 放弃 (U)/ 退出 (X)] < 退出 >: X ✓

结果如图 12-21 所示。

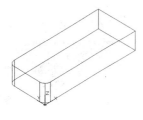
图 12-19　倒圆角

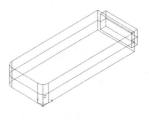
图 12-20　剖切实体

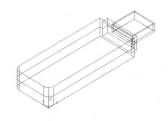
图 12-21　抽壳处理

9）单击"三维工具"选项卡"建模"面板中的"长方体"按钮▦，以点（60，5.75，4.5）为角点，绘制长度为2、宽度为2.5、高度为10的长方体。

10）单击"默认"选项卡"修改"面板中的"复制"按钮🗗，将刚绘制的长方体从点（60，5.75，4.5）处复制到点（@0，6，0）处。

11）单击"三维工具"选项卡"实体编辑"面板中的"差集"按钮▦，将第9步和第10步创建的两个长方体从抽壳后的实体中减去，结果如图12-22所示。

12）单击"三维工具"选项卡"建模"面板中的"长方体"按钮▦，以点（53.5，4.5，3）为角点，绘制长度为10.5、宽度为11、高度为1.5的长方体。

13）单击"视图"选项卡"导航"面板上的"动态观察"下拉列表中的"自由动态观察"按钮⊕，将实体调整到易于观察的角度。

14）单击"视图"选项卡"视觉样式"面板中的"隐藏"按钮▦，对实体进行消隐，结果如图12-23所示。

15）单击"视图"选项卡"命名视图"面板中的"西南等轴测"按钮◈，切换视图方向。

16）单击"三维工具"选项卡"建模"面板中的"圆柱体"按钮▦，绘制一个椭圆柱体。命令行提示与操作如下：

命令：_cylinder
指定底面的中心点或 [三点 (3P)/ 两点 (2P)/ 切点、切点、半径 (T)/ 椭圆 (E)]: E↙
指定第一个轴的端点或 [中心 (C)]: C↙
指定中心点：25, 10, 8↙
指定到第一个轴的距离：@15, 0, 0↙
指定第二个轴的端点：@0, 8, 0↙
指定高度或 [两点 (2P)/ 轴端点 (A)]: 2↙

17）单击"三维工具"选项卡"实体编辑"面板中的"圆角边"按钮▦，以半径为1，对椭圆柱体的上表面进行倒圆角。

18）单击"视图"选项卡"视觉样式"面板中的"隐藏"按钮▦，对实体进行消隐，结果如图12-24所示。

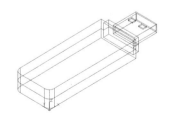

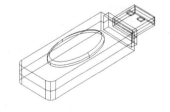

图 12-22　差集处理　　　　　图 12-23　消隐处理　　　　图 12-24　对椭圆柱体倒圆角

19）单击"默认"选项卡"注释"面板中的"多行文字"按钮**A**，在椭圆柱体的上表面编辑文字。命令行提示与操作如下：

命令：_mtext
当前文字样式："Standard" 文字高度：2.5 注释性：否

指定第一角点：15, 20, 10 ✓

指定对角点或 [高度 (H)/ 对正 (J)/ 行距 (L)/ 旋转 (R)/ 样式 (S)/ 宽度 (W)/ 栏 (C)]: 40, −16 ✓

AutoCAD 打开文字编辑框，输入"闪盘"，设置字体为宋体、文字高度为 2.5；再输入"V.128M"，设置字体为 TXT 文字高度为 1.5。

20）单击"可视化"选项卡"视图"面板中的"俯视"按钮，切换到俯视图。

21）单击"视图"选项卡"视觉样式"面板中的"隐藏"按钮，对实体进行消隐，结果如图 12-25 所示。

图 12-25　闪盘俯视图

12.2　渲 染 实 体

渲染是对三维图形对象加上颜色和材质因素，或灯光、背景、场景等因素，使其能够更真实地表达对象的外观和纹理的操作。渲染是输出图形前的关键步骤，尤其是在效果图的设计中。

12.2.1　贴图

贴图的功能是给实体附着带纹理的材质。当材质被映射后，调整材质以适应对象的形状，将适当的材质贴图类型应用到对象中，可以使之更加适合对象。

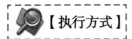【执行方式】

- 命令行：MATERIALMAP。
- 菜单栏：选择菜单栏中的"视图"→"渲染"→"贴图"命令（见图 12-26）。
- 工具栏：单击"渲染"工具栏中的"平面贴图"按钮（见图 12-27）或"贴图"工具栏中的按钮（见图 12-28）。

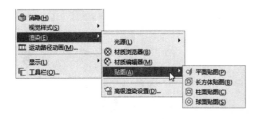

图 12-26　"贴图"子菜单　　　　图 12-27　渲染工具栏　　图 12-28　贴图工具栏

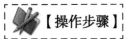【操作步骤】

命令行提示与操作如下：

命令：MATERIALMAP ✓

选择选项 [长方体 (B)/ 平面 (P)/ 球面 (S)/ 柱面 (C)/ 复制贴图至 (Y)/ 重置贴图 (R)]< 长方体 >:

【选项说明】

（1）长方体（B） 将图像映射到类似长方体的实体上。该图像将在对象的每个面上重复使用。

（2）平面（P） 将图像映射到对象上，就像将其从幻灯片投影仪投影到二维曲面上一样，图像不会失真，但是会被缩放以适应对象。该贴图最常用于面。

（3）球面（S） 在水平和垂直两个方向上同时使图像弯曲。纹理贴图的顶边在球体的"北极"压缩为一个点，同样，底边在"南极"压缩为一个点。

（4）柱面（C） 将图像映射到圆柱形对象上，水平边将一起弯曲，但顶边和底边不会弯曲。图像的高度将沿圆柱体的轴进行缩放。

（5）复制贴图至（Y） 将贴图从原始对象或面应用到选定对象。

（6）重置贴图（R） 将 UV 坐标重置为贴图的默认坐标。

a）贴图前   b）贴图后

图 12-29 所示为球面贴图实例。

图 12-29 球面贴图

12.2.2 材质

1. 附着材质

AutoCAD 2024 附着材质的方式与以前版本有很大的不同，AutoCAD 2024 将常用的材质都集成到工具选项板中。具体附着材质的步骤如下：

1）选择菜单栏中的"视图"→"渲染"→"材质浏览器"命令，打开"材质浏览器"选项板，如图 12-30 所示。

2）选择需要的材质类型，指定要附着材质的对象（见图 12-31），即可将材质附着在对象上。将视觉样式转换成"真实"，可显示出附着材质后的效果，如图 12-32 所示。

图 12-30 "材质浏览器"选项板

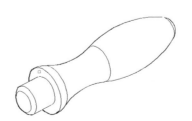

图 12-31 指定对象

图 12-32 附着材质

2. 设置材质

【执行方式】

- 命令行：RMAT。
- 命令行：mateditoropen。
- 菜单栏：选择菜单栏中的"视图"→"渲染"→"材质编辑器"命令。
- 工具栏：单击"渲染"工具栏中的"材质编辑器"按钮 。
- 功能区：单击"视图"选项卡"选项板"面板中的"材质编辑器"按钮 。

执行上述操作后，系统打开如图 12-33 所示的"材质编辑器"选项板。在该选项板中可以对材质的有关参数进行设置。

图 12-33 "材质编辑器"选项板

12.2.3 渲染

1. 高级渲染设置

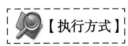
【执行方式】

- 命令行：RPREF（快捷命令：RPR）。
- 菜单栏：选择菜单栏中的"视图"→"渲染"→"高级渲染设置"命令。
- 工具栏：单击"渲染"工具栏中的"高级渲染设置"按钮 。
- 功能区：单击"视图"选项卡"选项板"面板中的"高级渲染设置"按钮 。

执行上述操作后，系统打开如图 12-34 所示的"渲染预设管理器"选项板。在该选项板中可以对渲染的有关参数进行设置。

2. 渲染图形

- 命令行：RENDER（快捷命令：RR）。
- 功能区：单击"可视化"选项卡"渲染"面板中的"渲染到尺寸"按钮。

执行上述操作后，系统打开如图 12-35 所示的"渲染"对话框，其中显示了渲染结果和相关参数。

图 12-34　"渲染预设管理器"选项板

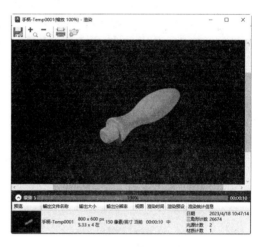

图 12-35　"渲染"对话框

在 AutoCAD 2024 中，使用材质生成的渲染效果图代替了传统的建筑、机械和工程图中使用水彩、有色蜡笔和油墨等生成的渲染效果图。渲染图形的过程一般分为以下 4 步：

1）准备渲染模型，包括遵从正确的绘图技术，删除消隐面，创建光滑的着色网格和设置视图的分辨率。

2）创建和放置光源以及创建阴影。

3）定义材质并建立材质与可见表面间的联系。

4）进行渲染，包括检验渲染对象的准备、照明和颜色的中间步骤。

12.2.4　实例——绘制凉亭立体图

本例绘制的凉亭立体图如图 12-36 所示。

1. 绘制凉亭亭身

1）打开 AutoCAD 2024 并新建一个文件，单击快速访问工具栏中的"保存"按钮 ，将文件保存为"凉亭 .dwg"。

2）单击"默认"选项卡"绘图"面板中的"多边形"按钮 ，绘制一个边长为 120 的正六边形，再单击"三维工具"选项卡"建模"面板中的"拉伸"按钮 ，将正六边形拉伸成高度为 30 的棱柱体。

图 12-36 凉亭立体图

3）选择菜单栏中的"视图"→"三维视图"→"视点预设"命令，打开"视点预设"对话框，如图 12-37 所示。将"自：X 轴"文本框内的值改为 305，将"自：XY 平面"文本框内的值改为 20。单击"确定"按钮，关闭对话框。切换视图，此时的亭基视图如图 12-38 所示。

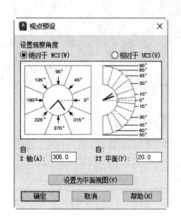

图 12-37 "视点预设"对话框

图 12-38 亭基视图

4）在命令行中输入"UCS"命令，建立如图 12-39 所示的新坐标系。重复"UCS"命令，将坐标系绕 Y 轴旋转 −90°，结果如图 12-40 所示。命令行提示与操作如下：

命令：UCS✓

当前 UCS 名称：* 世界 *

指定 UCS 的原点或 [面 (F)/ 命名 (NA)/ 对象 (OB)/ 上一个 (P)/ 视图 (V)/ 世界 (W)/X/Y/Z/Z 轴 (ZA)] < 世界 >:(输入新坐标系原点，打开目标捕捉功能，用鼠标选择图 12-39 中的角点 1)

指定 X 轴上的点或 < 接受 ><309.8549, 44.5770, 0.0000>:(选择图 12-39 中的角点 2)

指定 XY 平面上的点或 < 接受 ><307.1689, 45.0770, 0.0000>:(选择图 12-39 中的角点 3)

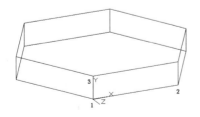

图 12-39 建立新坐标系

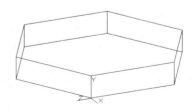

图 12-40 旋转变换后的新坐标系

5）单击"默认"选项卡"绘图"面板中的"多段线"按钮，以多段线起点坐标为（0，0），其余各点坐标依次为（0，30）、（20，30）、（20，20）、（40，20）、（40，10）、（60，10）、（60，0）和（0，0），绘制台阶横截面轮廓线，结果如图 12-41 所示。

6）单击"三维工具"选项卡"建模"面板中的"拉伸"按钮，将多段线沿 -Z 轴方向拉伸成宽度为 80 的台阶模型，再使用三维动态观察工具将视点稍做调整，结果如图 12-42 所示。

7）单击"默认"选项卡"修改"面板中的"移动"按钮 ✛，将台阶移动到其所在边的中心位置，如图 12-43 所示。

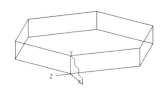 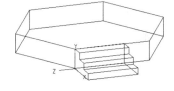 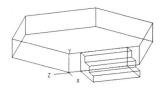

图 12-41　台阶横截面轮廓线　　　图 12-42　拉伸生成台阶模型　　图 12-43　移动台阶模型到中心

8）单击"默认"选项卡"绘图"面板中的"多段线"按钮，绘制滑台横截面轮廓线。

9）单击"三维工具"选项卡"建模"面板中的"拉伸"按钮，将刚绘制的轮廓线拉伸成高度为 20 的三维实体。

10）单击"默认"选项卡"修改"面板中的"复制"按钮，将滑台复制到台阶的另一侧，完成台阶两侧滑台模型的创建。

11）单击"三维工具"选项卡"实体编辑"面板中的"并集"按钮，将亭基、台阶和滑台模型合并成一个整体，结果如图 12-44 所示。

12）单击"默认"选项卡"绘图"面板中的"直线"按钮，绘制连接正六边形亭基顶面的 3 条对角线，作为辅助线。

13）在命令行中输入"UCS"命令，利用"三点"方式建立新坐标系，如图 12-45 所示。

14）单击"三维工具"选项卡"建模"面板中的"圆柱体"按钮，绘制一个底面中心坐标在点（20，0，0）、底面半径为 8、高为 200 的圆柱体（即凉亭立柱）。

15）选择菜单栏中的"修改"→"三维操作"→"三维阵列"命令，以前面绘制的辅助线交点为阵列中心点，旋转轴另一点为 Z 轴上任意点，阵列生成凉亭的 6 根立柱。

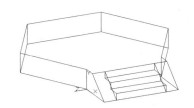 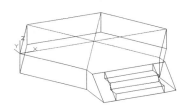

图 12-44　合并亭基、台阶和滑台模型　　　图 12-45　用"三点"方式建立新坐标系

16）单击"视图"选项卡"导航"面板中的"范围"下拉菜单中的"实时"按钮±Q，利用 ZOOM 命令，使模型全部可见。接着单击"视图"选项卡"视觉样式"面板中的"隐藏"按钮🧊，对模型进行消隐，结果如图 12-46 所示。

17）绘制连梁。打开圆心捕捉功能，单击"默认"选项卡"绘图"面板中的"多段线"按钮⤵，绘制连接 6 根立柱顶面中心的多段线。单击"默认"选项卡"修改"面板中的"偏移"按钮⊆，将多段线分别向内和向外偏移 3。单击"默认"选项卡"修改"面板中的"删除"按钮🖊，删除中间的多段线。单击"三维工具"选项卡"建模"面板中的"拉伸"按钮📗，将两条多段线分别拉伸成高度为 -15 的实体。单击"三维工具"选项卡"实体编辑"面板中的"差集"按钮🗐，通过差集处理生成连梁。

18）单击"默认"选项卡"修改"面板中的"复制"按钮🍭，将连梁在其下方距离 25 处复制一次，消隐处理后的连梁模型如图 12-47 所示。

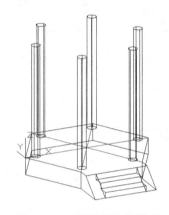

图 12-46 三维阵列立柱模型

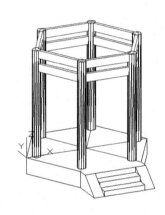

图 12-47 完成连梁的绘制

19）绘制牌匾。在命令行中输入"UCS"命令，利用"三点"方式建立一个坐标原点在凉亭台阶所在边的连梁外表面的顶部左上角点、X 轴与连梁长度方向相同的新坐标系。单击"三维工具"选项卡"建模"面板中的"长方体"按钮📦，绘制一个长为 40、宽为 20、高为 3 的长方体。单击"默认"选项卡"修改"面板中的"移动"按钮✥，将其移动到连梁中心位置。单击"默认"选项卡"注释"面板中的"多行文字"按钮 A，在牌匾上题上亭名（如"东庭"），如图 12-48 所示。

20）在命令行中输入"UCS"命令，设置坐标系。

21）为了方便绘图，新建图层 1，绘制如图 12-49 所示的亭顶辅助线。单击"默认"选项卡"绘图"面板中的"多段线"按钮⤵，绘制连接柱顶中心的封闭多段线。单击"默认"选项卡"绘图"面板中的"直线"按钮／，绘制连接立柱顶面正六边形的对角线。单击"默认"选项卡"修改"面板中的"偏移"按钮⊆，将封闭多段线向外偏移 80。单击"默认"选项卡"绘图"面板中的"直线"按钮／，画一条起点在对角线交点、高为 60 的竖线，并在竖线顶端绘制一个外接圆半径为 10 的正六边形。

22）单击"默认"选项卡"绘图"面板中的"直线"按钮／，绘制如图 12-50 所示亭顶辅助线，并移动坐标系到点 1、2、3 所构成的平面上。

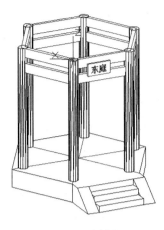

图 12-48　绘制牌匾

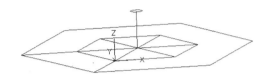

图 12-49　绘制亭顶辅助线 1

23）单击"默认"选项卡"绘图"面板中的"圆弧"按钮 ⌒，在点 1、2、3 所构成的平面内绘制一条弧线作为亭顶的一条脊线。选择菜单栏中的"修改"→"三维操作"→"三维镜像"命令，以图 12-51 中的边 1、2、3 的中点作为镜像平面上的 3 点，将脊线镜像到另一侧。

24）在命令行中输入"UCS"命令，将坐标系绕 X 轴旋转 90°。单击"默认"选项卡"绘图"面板中的"圆弧"按钮 ⌒，在亭顶的底面上绘制圆弧形亭顶轮廓线，结果如图 12-51 所示。

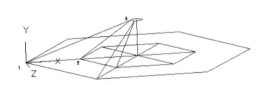

图 12-50　绘制亭顶辅助线 2

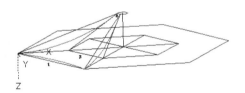

图 12-51　绘制亭顶轮廓线

25）单击"默认"选项卡"绘图"面板中的"直线"按钮 ╱，绘制连接两条弧线顶部的直线。选择菜单栏中的"绘图"→"建模"→"网格"→"边界网格"命令，选择 4 条边界线创建曲面（4 条边界线为前面绘制的 3 条圆弧线，以及连接两条弧线顶部的直线）然后将坐标系恢复到先前状态，如图 12-52 所示。

26）绘制亭顶边缘。单击"默认"选项卡"修改"面板中的"复制"按钮 ⅋，将下边缘轮廓线沿 Y 轴负方向复制 5。单击"默认"选项卡"绘图"面板中的"直线"按钮 ╱，绘制连接两条弧线端点的直线。选择菜单栏中的"绘图"→"建模"→"网格"→"边界网格"命令，生成边缘曲面。

27）绘制亭顶脊线。使用"三点"方式建立新坐标系，使坐标原点位于脊线的一个端点，且 Z 轴方向与弧线相切。单击"默认"选项卡"绘图"面板中的"圆"按钮 ⊙，以左端弧线一个端点为圆心绘制一个半径为 5 的圆，然后将圆按弧线拉伸成实体。

28）绘制挑角。将坐标系绕 Y 轴旋转 90°，然后以挑角弧线其中一个端点为圆心绘制半径为 5 的圆并将其拉伸成实体。单击"三维工具"选项卡"建模"面板中的"球体"按钮 ，在挑角的末端绘制一个半径为 5 的球体。单击"三维工具"选项卡"实体编辑"面板中的"并集"按钮 ，将脊线和挑角连成一个实体。单击"视图"选项卡"视觉样式"面板中的"隐藏"按钮 ，进行消隐处理，结果如图 12-53 所示。

29）选择菜单栏中的"修改"→"三维操作"→"三维阵列"命令，将如图 12-53 所示的图形进行阵列，生成完整的亭顶，结果如图 12-54 所示。

图 12-52　将坐标系恢复到
先前状态

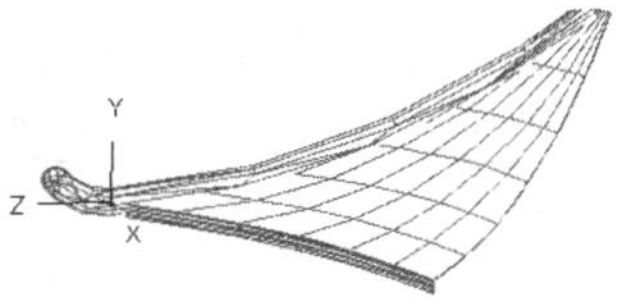

图 12-53　绘制亭顶脊线和挑角

图 12-54　阵列生成亭顶

30）绘制顶缨。将坐标系移动到顶部中心位置，且使 XY 平面在竖直面内。单击"默认"选项卡"绘图"面板中的"多段线"按钮 ，绘制顶缨半截面。单击"三维工具"选项卡"建模"面板中的"旋转"按钮 ，绕中轴线旋转生成实体。绘制完成的亭顶外表面如图 12-55 所示。

31）绘制内表面。新建图层 2，将如图 12-56 所示的六边形和直线放置在图层 2 中，关闭图层 1。单击"默认"选项卡"绘图"面板中的"直线"按钮 ，绘制边界线。选择菜单栏中的"绘图"→"建模"→"网格"→"边界网格"命令，生成边缘曲面，绘制如图 12-56 所示的局部亭顶内表面。选择菜单栏中的"修改"→"三维操作"→"三维阵列"命令，将图 12-56 所示的局部亭顶内表面进行阵列，生成整个亭顶内表面，结果如图 12-57 所示。

图 12-55　绘制完成的
亭顶外表面

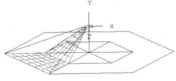
图 12-56　绘制亭顶内
表面（局部）

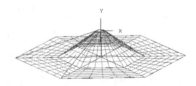
图 12-57　生成亭顶内
表面（完整）

32）单击"视图"选项卡"视觉样式"面板中的"隐藏"按钮 ，进行消隐处理。绘制完成的凉亭亭身如图 12-58 所示。

2. 绘制凉亭内桌凳

1）在命令行中输入"UCS"命令，将坐标系移至亭基的中心点。

2）单击"三维工具"选项卡"建模"面板中的"圆柱体"按钮 ，绘制一个底面中心在亭基上表面中心位置、底面半径为 5、高为 40 的圆柱体，作为桌脚。利用 ZOOM 命

令，选取桌脚部分放大视图。在命令行中输入"UCS"命令，将坐标系移动到桌脚顶面圆心处。

3）绘制桌面。单击"三维工具"选项卡"建模"面板中的"圆柱体"按钮 🛢，绘制一个底面中心在桌脚顶面圆心处、底面半径为40、高为3的圆柱体，作为桌面。

4）单击"三维工具"选项卡"实体编辑"面板中的"并集"按钮 🗐，将桌脚和桌面连成一个整体。

5）单击"视图"选项卡"视觉样式"面板中的"隐藏"按钮 📦，进行消隐处理。绘制完成的桌子模型如图12-59所示。

图12-58 绘制完成的凉亭亭身

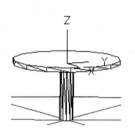

图12-59 绘制完成的桌子模型

6）在命令行中输入"UCS"命令，移动坐标系至桌脚底部中心处。

7）单击"默认"选项卡"绘图"面板中的"圆"按钮 ⊙，绘制一个中心点为（0，0）、半径为50的辅助圆。

8）在命令行中输入"UCS"命令，将坐标系移动到辅助圆的一个四分点上，并将其绕X轴旋转90°，结果如图12-60所示。

9）单击"默认"选项卡"绘图"面板中的"多段线"按钮 ␣，通过输入（0，0）→（0，25）→（10，25）→（10，24）→（a）→（6，0）→（1）→（c）绘制凳子的半剖面多段线。

10）单击"三维工具"选项卡"建模"面板中的"旋转"按钮 🗒，旋转刚绘制的多段线，生成凳子实体。

11）单击"视图"选项卡"视觉样式"面板中的"隐藏"按钮 📦，进行消隐处理。生成的凳子模型如图12-61所示。

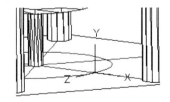

图12-60 经平移和旋转后的坐标系

图12-61 旋转生成的凳子模型

12）选择菜单栏中的"修改"→"三维操作"→"三维阵列"命令，在桌子四周利用阵列布置4把凳子。

13）单击"默认"选项卡"修改"面板中的"删除"按钮 ✐ ，删除辅助圆。

14）单击"视图"选项卡"视觉样式"面板中的"隐藏"按钮 🝙 ，进行消隐处理。建立的桌凳模型如图 12-62 所示。

15）在命令行中输入"UCS"命令，并将坐标系统 X 轴旋转 90°。单击"三维工具"选项卡"建模"面板中的"长方体"按钮 🝙 ，绘制两个对角顶点分别为（0，-8，0）和（100，16，3）的长方体凳面，然后将其向上平移 20。

16）单击"三维工具"选项卡"建模"面板中的"长方体"按钮 🝙 ，绘制高为 20、厚为 3、宽为 16 的长方体凳脚。单击"默认"选项卡"修改"面板中的"复制"按钮 🝙 ，将其复制到适当的位置。单击"三维工具"选项卡"实体编辑"面板中的"并集"按钮 🝙 ，将凳脚和凳面合并成一个实体。

17）选择菜单栏中的"修改"→"三维操作"→"三维阵列"命令，将长凳阵列到其他边，然后删除台阶所在边的长凳。绘制完成的凉亭模型如图 12-63 所示。

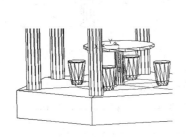

图 12-62　建立的桌凳模型

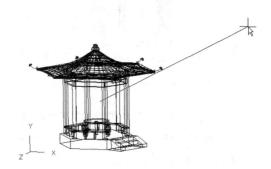

图 12-63　绘制完成的凉亭模型

3. 创建凉亭灯光

1）单击"可视化"选项卡"光源"面板中的"点"按钮 💡 ，命令行提示与操作如下：

命令：_pointlight

指定源位置 <0, 0, 0>:(指定适当的位置，如图 12-63 所示）

输入要更改的选项 [名称 (N)/ 强度因子 (I)/ 状态 (S)/ 光度 (P)/ 阴影 (W)/ 衰减 (A)/ 过滤颜色 (C)/ 退出 (X)]
< 退出 >:A ↙

输入要更改的选项 [衰减类型 (T)/ 使用界限 (U)/ 衰减起始界限 (L)/ 衰减结束界限 (E)/ 退出 (X)]< 退出 >:
T ↙

输入衰减类型 [无 (N)/ 线性反比 (I)/ 平方反比 (S)] < 无 >:I ↙

输入要更改的选项 [衰减类型 (T)/ 使用界限 (U)/ 衰减起始界限 (L)/ 衰减结束界限 (E)/ 退出 (X)] < 退出 >:
U ↙

界限 [开 (N)/ 关 (F)] < 关 >:N ↙

输入要更改的选项 [衰减类型 (T)/ 使用界限 (U)/ 衰减起始界限 (L)/ 衰减结束界限 (E)/ 退出 (X)] < 退出 >:
L ↙

指定起始界限偏移 <1>: 10 ↙

输入要更改的选项 [衰减类型 (T)/ 使用界限 (U)/ 衰减起始界限 (L)/ 衰减结束界限 (E)/ 退出 (X)] < 退出 >: ↙

输入要更改的选项 [名称 (N)/ 强度因子 (I)/ 状态 (S)/ 光度 (P)/ 阴影 (W)/ 衰减 (A)/ 过滤颜色 (C)/ 退出 (X)] < 退出 >:✓

上述操作完成后，就完成了点光源的设置。但该光源设置是否合理还不太清楚，为了观看该光源设置的效果，可以用 RENDER 命令进行渲染，结果如图 12-64 所示。

2）单击"可视化"选项卡"光源"面板中的"聚光灯"按钮，命令行提示与操作如下：

命令：_spotlight
指定源位置 <0, 0, 0>:(指定适当一点)
指定目标位置 <0, 0, -10>:(指定适当一点)
输入要更改的选项 [名称 (N)/ 强度因子 (I)/ 状态 (S)/ 光度 (P)/ 聚光角 (H)/ 照射角 (F)/ 阴影 (W)/ 衰减 (A)/ 过滤颜色 (C)/ 退出 (X)] < 退出 >:H ✓
输入聚光角 (0.00 - 160.00) <45>: 60 ✓
输入要更改的选项 [名称 (N)/ 强度因子 (I)/ 状态 (S)/ 光度 (P)/ 聚光角 (H)/ 照射角 (F)/ 阴影 (W)/ 衰减 (A)/ 过滤颜色 (C)/ 退出 (X)] < 退出 >:F ✓
输入照射角 (0.00 - 160.00) <60>: 75 ✓
输入要更改的选项 [名称 (N)/ 强度因子 (I)/ 状态 (S)/ 光度 (P)/ 聚光角 (H)/ 照射角 (F)/ 阴影 (W)/ 衰减 (A)/ 过滤颜色 (C)/ 退出 (X)] < 退出 >:✓

在创建完光源（点光源、平行光源和聚光灯）后，如果对该光源不满意，可以在屏幕上直接将其删除。

3）为立柱赋予材质。单击"可视化"选项卡"材质"面板中的"材质浏览器"按钮，打开"材质浏览器"选项板，如图 12-65 所示。打开其中的"木材"选项卡，选择其中一种材质，将其拖动到绘制的立柱实体上。采用同样的方法，为凉亭其他部分赋上适当的材质。

图 12-64　点光源照射下的凉亭渲染图

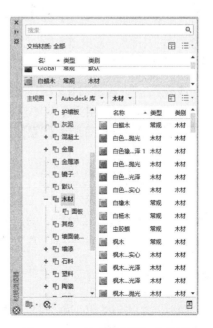

图 12-65　"材质浏览器"选项板

4）单击"可视化"选项卡"渲染"面板中的"渲染环境和曝光"按钮 ⛅，系统打开如图 12-66 所示的"渲染环境和曝光"选项板，在其中设置相关参数。

5）单击"视图"选项卡"选项板"面板中的"高级渲染设置"按钮 📇，系统打开如图 12-67 所示的"渲染预设管理器"选项板，在其中设置相关参数。

6）单击"可视化"选项卡"渲染"面板中的"渲染到尺寸"按钮 📦，对实体进行渲染，结果如图 12-36 所示。

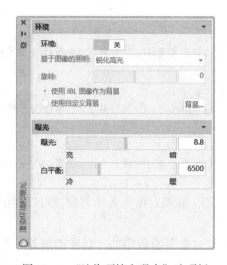

图 12-66 "渲染环境和曝光"选项板

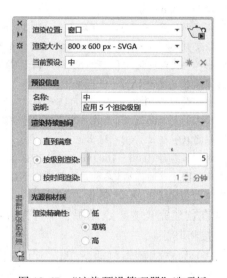

图 12-67 "渲染预设管理器"选项板

12.3　三维装配

12.3.1　干涉检查

干涉检查主要通过对比两组对象或一对一地检查所有实体来检查实体模型中的干涉（三维实体相交或重叠的区域）。系统将在实体相交处创建和亮显临时实体。

干涉检查常用于检查装配体立体图是否干涉，从而判断设计是否正确。

【执行方式】

- 命令行：INTERFERE（快捷命令：INF）。
- 菜单栏：选择菜单栏中的"修改"→"三维操作"→"干涉检查"命令。
- 功能区：单击"三维工具"选项卡"实体编辑"面板中的"干涉"按钮 🗖。

【操作步骤】

下面对如图 12-68 所示的零件图进行干涉检查。命令行提示与操作如下：

命令：INTERFERE ↙

选择第一组对象或 [嵌套选择 (N)/ 设置 (S)]: (选择图 12-68b 中的手柄)

选择第一组对象或 [嵌套选择 (N)/ 设置 (S)]: ✓

选择第二组对象或 [嵌套选择 (N)/ 检查第一组 (K)] < 检查 >: (选择图 12-68b 中的套环)

选择第二组对象或 [嵌套选择 (N)/ 检查第一组 (K)] < 检查 >: ✓

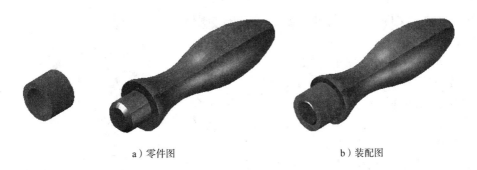

a）零件图　　　　　　　　　　　b）装配图

图 12-68　干涉检查

系统打开"干涉检查"对话框，如图 12-69 所示。在该对话框中列出了找到的干涉对数量，并可以通过"上一个"和"下一个"按钮来亮显干涉对。

【选项说明】

（1）嵌套选择（N）　选择该选项，用户可以选择嵌套在块和外部参照中的单个实体对象。

（2）设置（S）　选择该选项，系统打开"干涉设置"对话框，如图 12-70 所示。在该对话框中可以设置干涉的相关参数。

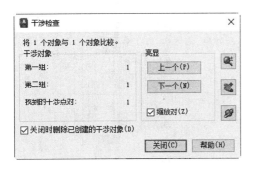

图 12-69　"干涉检查"对话框

图 12-70　"干涉设置"对话框

12.3.2 实例——绘制三维球阀装配图

本例绘制的三维球阀装配图如图 12-71 所示。

1）选择菜单栏中的"文件"→"新建"命令，新建文件，命名为"球阀立体装配图 .dwg"并保存。选择菜单栏中的"文件"→"打开"命令，打开"阀体立体图 .dwg"。

2）单击"视图"选项卡"命名视图"面板中的"左视"按钮，将左视图设置为当前视图。

3）选择菜单栏中的"编辑"→"复制"命令，指定插入点为（0，0），将"阀体立体图"图形复制到"球阀装配立体图"中，结果如图 12-72 所示。图 12-73 所示为渲染后的阀体立体图的西南等轴测视图。

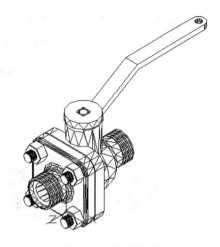

图 12-71 三维球阀装配图

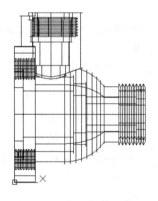

图 12-72 插入阀体立体图

图 12-73 西南等轴测视图

4）选择菜单栏中的"文件"→"打开"命令，打开"阀盖立体图 .dwg"，结果如图 12-74 所示。

5）单击"视图"选项卡"命名视图"面板中的"左视"按钮，将左视图设置为当前视图，结果如图 12-75 所示。

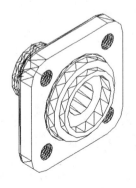

图 12-74 阀盖立体图

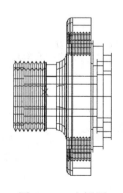

图 12-75 左视图

6）选择菜单栏中的"编辑"→"复制"命令，指定适当的插入点，将"阀盖立体图"图形复制到"球阀装配立体图"中，结果如图 12-76 所示。

7）单击"默认"选项卡"修改"面板中的"移动"按钮✥，将"阀盖立体图"以图 12-76 中的点 1 为基点移动到图 12-76 中的点 2 位置，结果如图 12-77 所示。

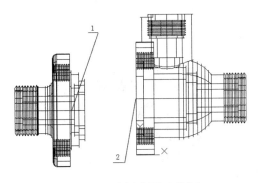

图 12-76　插入阀盖立体图

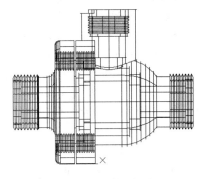

图 12-77　装入阀盖

8）选择菜单栏中的"修改"→"三维操作"→"干涉检查"命令，对"阀体立体图"和"阀盖立体图"进行干涉检查。命令行提示与操作如下：

命令：_interfere

选择第一组对象或 [嵌套选择 (N)/ 设置 (S)]:（选择阀体立体图）

选择第一组对象或 [嵌套选择 (N)/ 设置 (S)]:✓

选择第二组对象或 [嵌套选择 (N)/ 检查第一组 (K)] < 检查 >:（选择阀盖立体图）

选择第二组对象或 [嵌套选择 (N)/ 检查第一组 (K)] < 检查 >:✓

　　系统打开"干涉检查"对话框，如图 12-78 所示。在该对话框中显示出检查结果。如果存在干涉，则装配图上会亮显干涉区域，这时就要检查装配是否到位，调整相应的装配位置，直到不发生干涉为止。图 12-79 所示为装入阀盖后经过渲染的西南等轴测视图。

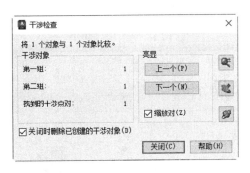

图 12-78　"干涉检查"对话框

图 12-79　装入阀盖后的西南等轴测视图

9）打开随书电子资料包中的相应文件，继续插入密封套、阀芯、压紧套、阀杆、扳手、双头螺柱和螺母等三维立体图并进行位置调整。绘制完成的球阀装配立体图如图 12-80 所示。

10）选择菜单栏中的"修改"→"三维操作"→"剖切"命令，对球阀转配立体图进行 1/2 剖切处理。命令行提示与操作如下：

命令：SLICE✓

选择要剖切的对象：(选择阀盖、阀体、左边的密封圈和阀芯立体图)

选择要剖切的对象：✓

指定切面的起点或 [平面对象 (O)/ 曲面 (S)/Z 轴 (Z)/ 视图 (V)/XY 平面 (XY)/YZ 平面 (YZ)/ZX 平面 (ZX)/ 三点 (3)] <三点>：YZ✓

指定 YZ 平面上的点 <0, 0, 0>：✓

在所需的侧面上指定点或 [保留两个侧面 (B)] <保留两个侧面 >：-1, 0, 0✓

11）单击"默认"选项卡"修改"面板中的"删除"按钮，将 YZ 平面右侧的两个"双头螺柱立体图"和两个"螺母立体图"删除。消隐处理后的结果如图 12-81 所示。

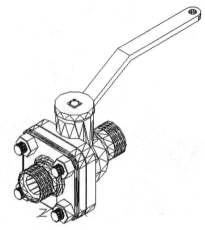

图 12-80　绘制完成的球阀装配立体图

12）继续利用"剖切"命令，对已经生成的 1/2 剖切视图进行剖切处理，生成 1/4 剖视图，结果如图 12-82 所示。

图 12-81　1/2 剖视图

图 12-82　1/4 剖视图

12.4　上机操作

【实例 1】绘制如图 12-83 所示的支架立体图。

1. 目的要求

本例在绘制的过程中，除了要用到平面绘图命令和"拉伸""圆柱体""并集"等三维绘图命令外，还要用到"复制边"命令。本例要求读者熟练掌握"复制边"命令的用法。

图 12-83　支架立体图

2. 操作提示

1）绘制长方体并倒圆角。

2）绘制圆柱体并差集处理。

3）绘制矩形和多段线，然后进行拉伸。

4）绘制圆柱体并进行布尔运算。

5）利用"复制边"命令进行复制边操作，然后绘制直线，生成面域，再对其进行拉伸。

6）移动生成的拉伸体并进行并集处理。

 【实例2】绘制如图12-84所示的转椅立体图。

1. 目的要求

本例在绘制的过程中，除了要用到平面绘图命令和"拉伸""球体""三维阵列"等三维绘图命令外，还要用到"复制面"命令。本例要求读者熟练掌握"复制面"命令的用法。

图12-84 转椅立体图

2. 操作提示

1）绘制正五边形并拉伸。

2）利用"复制面"命令复制正五棱柱一个侧面，利用"拉伸"命令将复制的面进行拉伸。

3）三维环形阵列生成的拉伸体。

4）绘制圆弧和直线，以此为边界生成直纹曲面。

5）绘制球体并对其进行三维环形阵列。

6）绘制一系列圆柱体和长方体并倒圆。

7）利用布尔运算完成转椅的绘制。

第13章　机械设计工程实例

知识导引

本章是 AutoCAD 2024 二维绘图命令在机械设计工程中的综合应用，其中以完整的零件图和装配图的绘制过程为例，系统地讲述了具体的机械工程图的绘制方法和流程。

通过本章的学习，读者可以掌握具体机械工程图设计的相关方法和思路。

内容要点

➢ 零件图和装配图的绘制方法
➢ 阀体零件图
➢ 球阀装配图

13.1　零件图和装配图的绘制方法

13.1.1　零件图的绘制方法

零件图是设计者用以表达对零件设计意图的一种技术文件。

1. 零件图内容

零件图是表达零件形状、结构、尺寸、材料以及技术要求等的图样，是生产准备、加工制造、质量检验和测量的依据。

零件图包括以下内容：

● 一组图形——能够完整、正确、清晰地表达零件各部分的结构和形状，如视图、剖视图、断面图等。
● 一组尺寸——确定零件各部分结构、形状大小及相对位置，如定形尺寸、定位尺寸。
● 技术要求——用规定的符号、文字标注或说明表示零件在制造、检验、装配、调试等过程中应达到的要求。

2. 零件图绘制过程

零件图的绘制包括草图绘制和工作图绘制，AutoCAD 一般用于绘制工作图。绘制零件图的步骤如下：

1）设置作图环境。作图环境的设置一般包括以下两方面：

● 选择比例：根据零件的大小和复杂程度选择比例，尽量采用1:1。
● 选择图纸幅面：根据图形、标注尺寸、技术要求所需图纸幅面大小，选择标准的图纸幅面。

2）确定作图顺序，选择尺寸转换为坐标值的方式。

3）标注尺寸和技术要求，填写标题栏。标注尺寸前要关闭剖面层，以免剖面线在标注尺寸时影响端点捕捉。

4）校核与审核。

13.1.2　装配图的绘制方法

装配图可表达部件的设计构思、工作原理和装配关系，以及各零件间的相互位置、尺寸关系及结构形状，是绘制零件图、部件组装、调试及维护等的技术依据。设计装配图时要综合考虑工作要求、材料、强度、刚度、磨损、加工、装拆、调整、润滑和维护以及经济等诸多因素，并要使用足够的视图将其表达清楚。

1. 装配图内容

1）一组图形：正确、完整、清晰地表达装配体的工作原理，零件之间的装配关系、连接关系和零件的主要结构形状。

2）必要的尺寸：在装配图上必须标注出表示装配体的性能、规格以及装配、检验、安装时所需的尺寸。

3）技术要求：用文字或符号说明装配体的性能、装配、检验、调试、使用等方面的要求。

4）标题栏、零件序号和明细栏：按一定的格式，将零件、部件进行编号，并填写标题栏和明细栏，以便读图。

2. 装配图绘制过程

绘制装配图时应注意检验、校正零件的形状、尺寸，纠正零件图中的不妥或错误之处。

1）绘图前应当进行必要的设置，如绘图单位、图幅大小、图层线型、线宽、颜色、字体格式、尺寸格式等。为了绘图方便，比例尽量选用 1:1。

2）绘图步骤：

① 根据零件草图、装配示意图绘制各零件图。各零件的比例应当一致，零件尺寸必须准确（可以暂不标尺寸），将每个零件用"WBLOCK"命令定义为 DWG 文件。定义时，必须选好插入点，插入点应当是零件间相互有装配关系的特殊点。

② 调入装配干线上的主要零件（如轴），然后沿装配干线展开，逐个插入相关零件。插入后，若需要剪断不可见的线段，应当分解插入块。插入块时应当注意确定它的轴向和径向定位。

③ 根据零件之间的装配关系，检查各零件是否有干涉现象。

④ 根据需要对图形进行缩放，布局排版，然后根据具体情况设置尺寸样式，标注尺寸及公差，最后填写标题栏，完成装配图。

13.2　阀体零件图

完整的零件图包括一组视图、尺寸、技术要求和标题栏等内容。本节以如图 13-1 所示的阀体零件图的设计和绘制过程为例讲述零件图的绘制方法和过程。

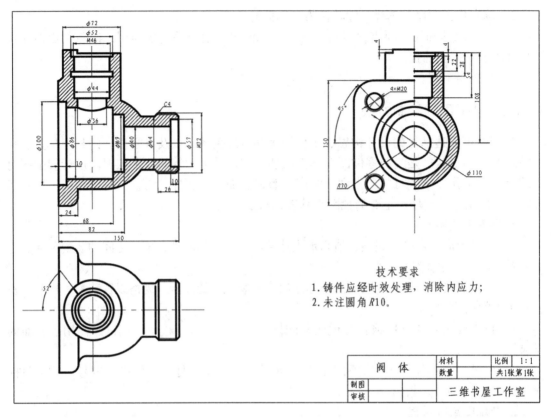

图 13-1　阀体零件图

13.2.1　配置绘图环境

1）建立新文件。启动 AutoCAD 2024，以"A3.dwt"样板文件为模板，建立新文件，将新文件命名为"阀体 .dwg"并保存。

2）新建图层。单击"默认"选项卡"图层"面板中的"图层特性"按钮，打开"图层特性管理器"选项板，设置图层如图 13-2 所示。

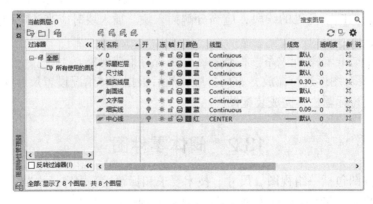

图 13-2　设置图层

13.2.2 绘制阀体

1）绘制中心线。

① 将"中心线"图层设置为当前图层。

② 单击"默认"选项卡"绘图"面板中的"直线"按钮／，在绘图平面适当位置绘制两条长度约为 700 和 500、互相垂直的中心线，然后将水平中心线向下偏移 200，将竖直中心线向右平移 400。

③ 单击"默认"选项卡"绘图"面板中的"直线"按钮／，指定偏移后中心线右下交点为起点，下一点坐标为（@300<135），绘制斜线。

④ 将绘制的斜线向右下方移动到适当位置，使其仍然经过右下方的中心线交点，结果如图 13-3 所示。

2）转换图线。

① 单击"默认"选项卡"修改"面板中的"偏移"按钮⊜，将上面中心线向下偏移 75，将左边中心线向左偏移 42。选择偏移生成的两条中心线，如图 13-4 所示。

图 13-3 绘制中心线

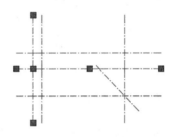

图 13-4 选择偏移生成的中心线

② 在图层工具栏的图层下拉列表中选择"粗实线"图层，将这两条中心线转换成粗实线，同时其所在图层也转换成"粗实线"图层，如图 13-5 所示。

③ 单击"默认"选项卡"修改"面板中的"修剪"按钮，将转换的两条粗实线进行修剪，结果如图 13-6 所示。

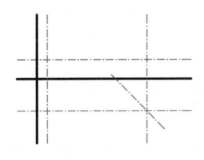

图 13-5 转换成粗实线

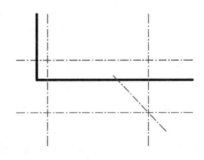

图 13-6 修剪图线

3）偏移与修剪图线。

① 单击"默认"选项卡"修改"面板中的"偏移"按钮⊜，分别将刚修剪的竖直线向

右偏移 10、24、58、68、82、124、140、150，将水平线向上偏移 20、25、32、39、40.5、43、46.5、55，结果如图 13-7 所示。

② 单击"默认"选项卡"修改"面板中的"修剪"按钮，修剪图线，结果如图 13-8 所示。

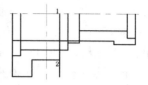

图 13-7　偏移图线　　　　　　　　　　　　图 13-8　修剪图线

4）绘制圆弧。

① 单击"默认"选项卡"绘图"面板中的"圆弧"按钮，以图 13-8 中的点 1 为圆心，以点 2 为起点，以适当位置为圆弧终点，绘制圆弧，如图 13-9 所示。

② 单击"默认"选项卡"修改"面板中的"删除"按钮，删除点 1、2 直线。

③ 单击"默认"选项卡"修改"面板中的"修剪"按钮，修建圆弧以及与它相交的直线，结果如图 13-10 所示。

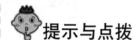

提示与点拨

这种方式称为互相修剪，即互相作为修剪边界和修剪对象。以这种方式操作比较简捷。

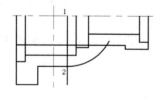

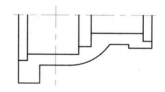

图 13-9　绘制圆弧　　　　　　　　　　　　图 13-10　修剪圆弧

5）倒角及圆角。

① 单击"默认"选项卡"修改"面板中的"倒角"按钮，以倒角距离为 4、修剪模式为"不修剪"，对右下边的直角进行倒角。采用相同方法，对其左边的直角倒角，倒角距离为 4。然后对下部的直角进行圆角处理，圆角半径为 10。

② 单击"默认"选项卡"修改"面板中的"圆角"按钮，以半径为 3，对修剪的圆弧直线相交处倒圆角，结果如图 13-11 所示。

6）绘制螺纹牙底。

① 单击"默认"选项卡"修改"面板中的"偏移"按钮，将右下边水平线向上偏移 2。

② 单击"默认"选项卡"修改"面板中的"延伸"按钮 →，刚偏移的直线进行延伸处理，然后将延伸后的直线转换到"细实线"图层，结果如图 13-12 所示。

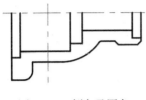

图 13-11 倒角及圆角

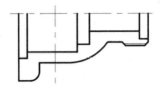

图 13-12 绘制螺纹牙底

7）镜像处理。单击"默认"选项卡"修改"面板中的"镜像"按钮 ⚤，选择图 13-13 中的对象使其亮显，以水平中心线为轴，进行镜像处理，结果如图 13-14 所示。

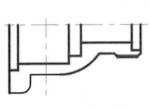

图 13-13 选择对象

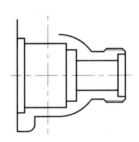

图 13-14 镜像处理

8）偏移修剪图线。

① 单击"默认"选项卡"修改"面板中的"偏移"按钮 ⊂，将竖直中心线向左右分别偏移 18、22、26、36，将水平中心线向上依次偏移 54、80、86、104、108、112，然后将偏移生成的直线转换到"粗实线"图层，结果如图 13-15 所示。

② 单击"默认"选项卡"修改"面板中的"修剪"按钮 ⅓，对偏移的图线进行修剪，结果如图 13-16 所示。

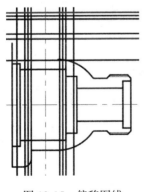

图 13-15 偏移图线

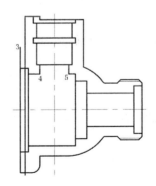

图 13-16 修剪图线

9）绘制圆弧。

① 单击"默认"选项卡"绘图"面板中的"圆弧"按钮 ⌒，以图 13-16 中的点 3 为圆

弧起点、适当一点为第二点、点 3 右边竖直线上适当一点为终点绘制圆弧。

② 单击"默认"选项卡"修改"面板中的"修剪"按钮，以圆弧为界，修剪点 3 右边竖直线的下部。

③ 单击"默认"选项卡"绘图"面板中的"圆弧"按钮 ，以起点和终点分别为图 13-16 中的点 4 和点 5、第二点为竖直中心线上适当一点，绘制圆弧，结果如图 13-17 所示。

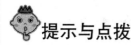

提示与点拨

要严格地确定步骤③所绘圆弧的第二点，必须在绘制左视图后，通过左视图上相应的点依据主视图与左视图"高平齐"的原则定位。这里为了简化绘图，粗略地确定了此点。

10）绘制螺纹牙底。将图 13-17 中 6、7 两条线各向外偏移 1，然后将其转换到"细实线"图层，结果如图 13-18 所示。

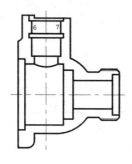

图 13-17　绘制圆弧

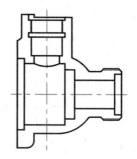

图 13-18　绘制螺纹牙底

11）图案填充。将图层转换到"剖面线"图层。单击"默认"选项卡"绘图"面板中的"图案填充"按钮，打开"图案填充创建"选项卡，进行如图 13-19 所示的设置。然后在图中选择填充区域进行填充，结果如图 13-20 所示。

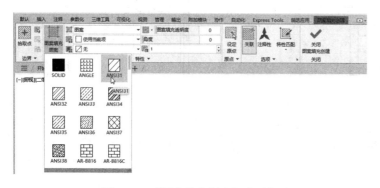

图 13-19　"图案填充创建"选项卡

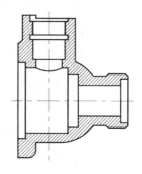

图 13-20　图案填充

12）绘制俯视图外轮廓线（局部）。单击"默认"选项卡"修改"面板中的"复制"按钮 🖳，选中图 13-21 所示主视图中的高亮部分进行复制。命令行提示与操作如下：

命令：_copy

选择对象：

选择对象：✓

当前设置：复制模式 = 多个

指定基点或 [位移（D）/ 模式（O）] < 位移 >：（指定主视图水平线上一点）

指定第二个点或 [阵列（A）] 或 < 使用第一个点作为位移 >：（打开"正交"开关，选中下面的水平中心线上一点）

指定第二个点或 [阵列（A）/ 退出（E）/ 放弃（U）] < 退出 >：✓

结果如图 13-22 所示。

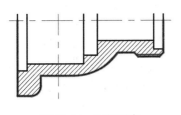

图 13-21　选择对象

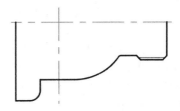

图 13-22　复制俯视图

13）绘制辅助线。捕捉主视图上相关点，向下绘制竖直辅助线，结果如图 13-23 所示。

14）绘制轮廓线。以左下边中心线交点为圆心，以辅助线与水平中心线交点为圆弧上一点，绘制 4 个同心圆。以左边第 4 条辅助线与从外往里第 2 个圆的交点为起点，然后打开状态栏上"动态输入"开关，指定适当位置为终点，绘制与水平线成 232º 角的直线，结果如图 13-24 所示。

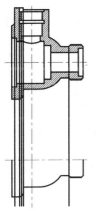

图 13-23　绘制辅助线

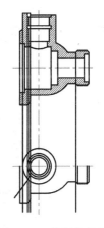

图 13-24　绘制轮廓线

15）整理图线。

① 单击"默认"选项卡"修改"面板中的"修剪"按钮 ￥，以最外面圆为界修建刚绘制的斜线，以水平中心线为界修剪最右边辅助线，删除其余辅助线，结果如图 13-25 所示。

② 单击"默认"选项卡"修改"面板中的"圆角"按钮 ，对俯视图同心圆正下方的直角以半径为 10 倒圆角，再单击"默认"选项卡"修改"面板中的"打断"按钮 ，将刚修剪的最右边辅助线打断，结果如图 13-26 所示。

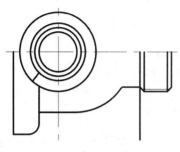

图 13-25   修剪与删除辅助线

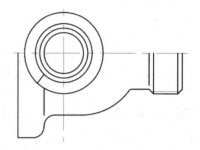

图 13-26   绘制圆角与打断辅助线

③ 单击"默认"选项卡"修改"面板中的"延伸"按钮 ，以刚倒圆角的圆弧为界，将圆角形成的断开直线延伸，然后将刚打断的辅助线在左侧适当位置进行平行复制，结果如图 13-27 所示。以水平中心线为轴，将水平中心线以下所有对象进行镜像，完成俯视图的绘制，结果如图 13-28 所示。

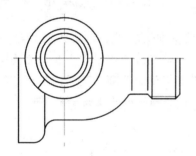

图 13-27   延伸直线与复制辅助线

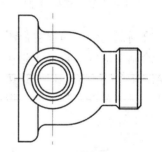

图 13-28   完成俯视图的绘制

16）绘制左视图辅助线。单击"默认"选项卡"绘图"面板中的"直线"按钮 ，捕捉主视图与左视图上相关点，绘制如图 13-29 所示的水平与竖直辅助线。

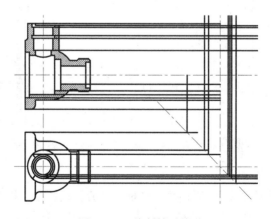

图 13-29   绘制辅助线

17）绘制初步轮廓线。单击"默认"选项卡"绘图"面板中的"圆"按钮⊙，以指定的水平辅助线与左视图中心线指定的交点为圆弧上的一点，以中心线交点为圆心，绘制 5 个同心圆，并初步修建辅助线，结果如图 13-30 所示。进一步修剪辅助线，结果如图 13-31 所示。

18）绘制孔板。

① 单击"默认"选项卡"修改"面板中的"圆角"按钮⌐，以半径为 25，对图 13-31 中的左下角直角倒圆角。

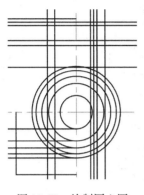

图 13-30　绘制同心圆

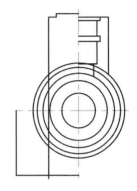

图 13-31　修剪辅助线

② 转换到"中心线"图层。单击"默认"选项卡"绘图"面板中的"圆"按钮⊙，以中心线交点为圆心，绘制半径为 70 的圆。

③ 单击"默认"选项卡"绘图"面板中的"直线"按钮╱，以中心线交点为起点，向左下方绘制 45º 斜线。

④ 单击"默认"选项卡"绘图"面板中的"圆"按钮⊙，转换到"粗实线"图层，以中心线圆与斜中心线交点为圆心，绘制半径为 10 的圆，再转换到"细实线"图层，以中心线圆与斜中心线交点为圆心，绘制半径为 12 的同心圆，结果如图 13-32 所示。

⑤ 单击"默认"选项卡"修改"面板中的"打断"按钮凸，修剪刚绘制的同心圆的外圆、中心线圆与斜线，然后以水平中心线为轴，对圆角后的轮廓线和修剪过的同心圆及其中心线进行镜像处理，结果如图 13-33 所示。

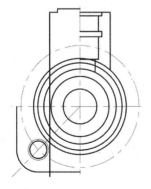

图 13-32　倒圆角与绘制同心圆

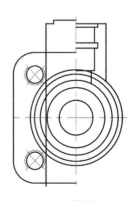

图 13-33　镜像处理

19）修剪图线。单击"默认"选项卡"修改"面板中的"修剪"按钮 ，选择相应边界，修建左边辅助线与 5 个同心圆中最外边的两个同心圆，结果如图 13-34 所示。

20）图案填充。参照主视图绘制方法，对左视图进行填充，结果如图 13-35 所示。

21）删除其余的辅助线。单击"默认"选项卡"修改"面板中的"打断"按钮 ，修剪过长的中心线，再将左视图整体水平向左适当移动。绘制完成的阀体三视图如图 13-36 所示。

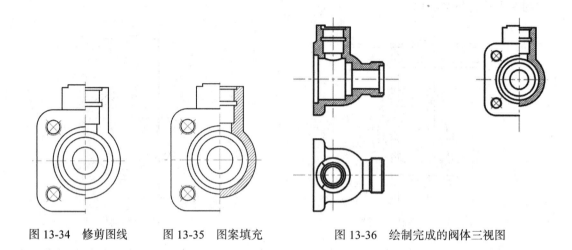

图 13-34　修剪图线　　　图 13-35　图案填充　　　图 13-36　绘制完成的阀体三视图

13.2.3　标注球阀阀体

1）设置尺寸样式。单击"默认"选项卡"注释"面板中的"标注样式"按钮 ，打开"标注样式管理器"对话框，如图 13-37 所示。单击"修改"按钮，打开"修改标注样式"对话框，分别选择"线"选项卡以及"文字"选项卡，进行如图 13-38 和图 13-39 所示的设置。

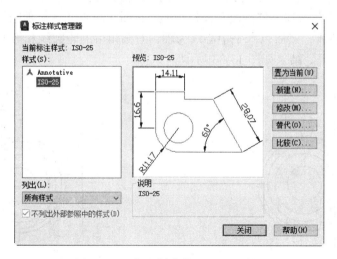

图 13-37　"标注样式管理器"对话框

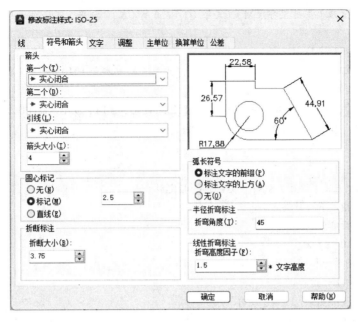

图 13-38 "线"选项卡

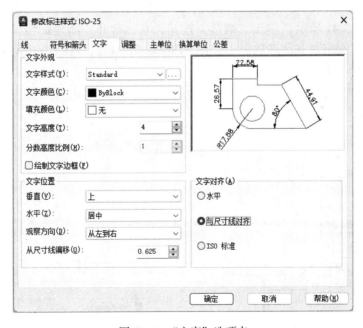

图 13-39 "文字"选项卡

2）标注主视图尺寸。将"尺寸标注"图层设置为当前图层。单击"默认"选项卡"注释"面板中的"线性"按钮 $\vdash\dashv$ ，标注尺寸"$\phi72$"。命令行提示与操作如下：

命令：_dimlinear
指定第一个尺寸界线原点或<选择对象>：（选择要标注的线性尺寸的第一个点）
指定第二条尺寸界线原点：（选择要标注的线性尺寸的第二个点）

指定尺寸线位置或 [多行文字（M）/ 文字（T）/ 角度（A）/ 水平（H）/ 垂直（V）/ 旋转（R）]：T ↙

输入标注文字 <72>：%%C72 ↙

指定尺寸线位置或 [多行文字（M）/ 文字（T）/ 角度（A）/ 水平（H）/ 垂直（V）/ 旋转（R）]:(用鼠标选择要标注尺寸的位置)

3）采用相同方法，标注线性尺寸 $\phi52$、M46、$\phi44$、$\phi36$、$\phi100$、$\phi86$、$\phi69$、$\phi40$、$\phi64$、$\phi57$、M72、24、68、82、150、26、10。继续标注倒角尺寸"C4"，命令行提出与操作如下：

命令：QLEADERl

指定第一个引线点或 [设置（S）] <设置> :(指定引线点)

指定下一点 :(指定下一引线点)

指定下一点 :(指定下一引线点)

指定文字宽度 <0>：8 ↙

输入注释文字的第一行 < 多行文字（M）> : C4 ↙

输入注释文字的下一行：↙

标注后的主视图如图 13-40 所示。

4）标注左视图。按上面方法，标注线性尺寸 150、4、4、22、28、54、108。

选择菜单栏中的"格式"→"标注样式"命令，打开"标注样式管理器"对话框，单击"新建"按钮，系统打开"创建新标注样式"对话框，在"用于"下拉列表中选择"直径标注"，如图 13-41 所示。单击"继续"按钮，系统打开"新建标注样式"对话框，在"文字"选项卡"文字对齐"选项组中选择"ISO 标准"单选按钮，如图 13-42 所示。然后标注尺寸"$\phi110$"。命令行提示与操作如下：

命令：_dimdiameter

选择圆弧或圆 :(选择左视图最外圆)

标注文字 = 110

指定尺寸线位置或 [多行文字（M）/ 文字（T）/ 角度（A）] :(指定适当位置)

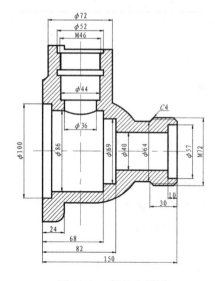

图 13-40　标注主视图

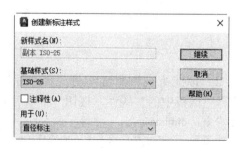

图 13-41　"创建新标注样式"对话框

采用同样方法，标注 "4×M20"。设置用于标注半径的标注样式（方法与上面用于直径标注的标注样式一样），标注半径尺寸 "R70"。设置用于标注角度的标注样式（其设置与用于直径标注的标注样式类似），标注角度尺寸 "45°"。结果如图 13-43 所示。

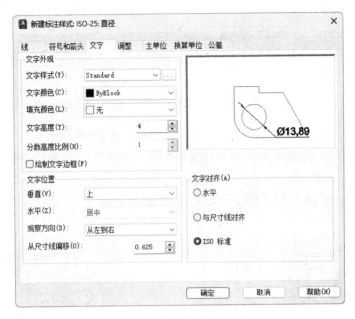

图 13-42　"新建标注样式" 对话框

5）标注俯视图。接上面角度标注，在俯视图上标注角度 "52°"，结果如图 13-44 所示。

6）插入 "技术要求" 文本。将 "文字" 图层设置为当前图层。选择菜单栏中的 "绘图" → "文字" → "多行文字" 命令，打开 "文字编辑器" 选项卡和多行文字编辑器，按照图 13-45 所示进行设置，并在其中输入相应的文字，然后单击 "关闭文字编辑器" 按钮，结果如图 13-46 所示。

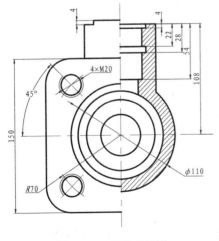

图 13-43　标注左视图

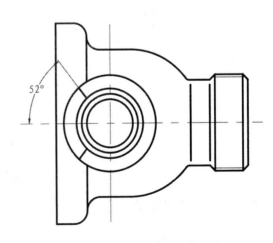

图 13-44　标注俯视图

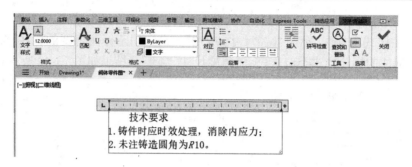

图 13-45　设置"文字编辑器"选项卡和多行文字编辑器

7）切换图层。将"0"图层设置为当前图层，并打开此图层。

8）填写标题栏。选择菜单栏中的"绘图"→"文字"→"多行文字"命令，填写标题栏，结果如图 13-1 所示。

9）保存文件。选择菜单栏中的"文件"→"保存"命令。

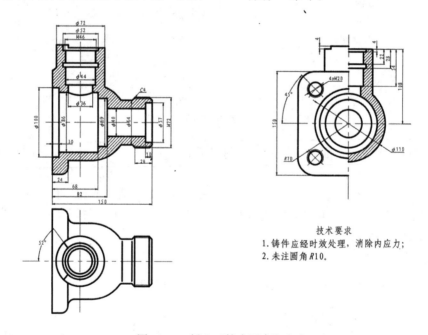

图 13-46　插入"技术要求"文本

13.3　球阀装配图

本节将通过球阀装配图的绘制讲解装配图的具体绘制方法。

13.3.1　组装球阀装配图

球阀装配图如图 13-47 所示。装配图是零部件加工和装配过程中重要的技术文件，在设计过程中要用到剖视以及放大等表达方式，还要标注装配尺寸，绘制和填写明细栏等。

因此，通过球阀装配图的绘制，可以提高综合设计能力。

在绘制装配图前，可以先将零件图的视图进行修改，制作成块，然后将这些块插入装配图中。制作块的步骤可以参考前面相应的介绍。

1）打开随书电子资料包中的 A2 竖向样板图。创建新文件，将新建文件命名为"球阀平面装配图 .dwg"并保存。

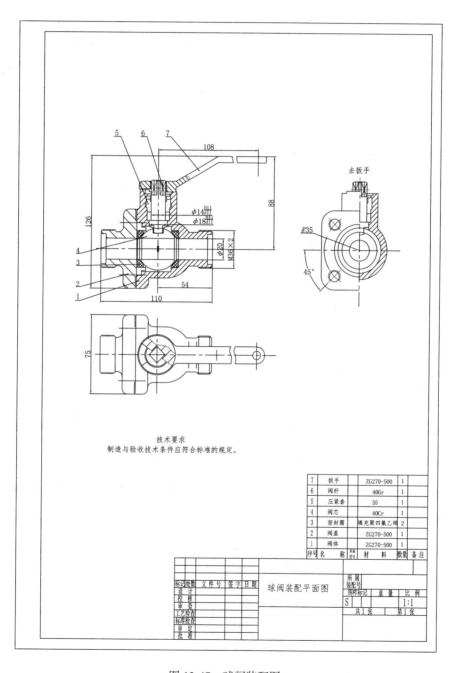

图 13-47 球阀装配图

2）球阀装配图主要由阀体、阀盖、密封圈、阀芯、压紧套、阀杆和扳手等零件图组成。除阀体和阀盖外，球阀的其他几个零件可参考前面的实例绘制并标注。在绘制零件图时，可以为了装配的需要，将零件的主要视图分别定义成图块（在定义的图块中不包括零件的尺寸标注和定位中心线），块的基点应选择在与其他零件有装配关系或定位关系的关键点上。

3）插入阀体平面图。选择菜单栏中的"视图"→"选项板"→"设计中心"命令，打开"设计中心"选项板。在 AutoCAD 设计中心中有"文件夹""打开的图形""历史记录"和"联机设计中心"等选项卡，可以根据需要从中选择相应的选项。

4）在"设计中心"中打开"文件夹"选项卡，在其中找出要插入的零件图文件。选择相应的文件后，双击该文件，然后单击该文件中的"块"选项，则图形中所有的块都会显示在右边的列表框中，如图 13-48 所示。然后在其中选择"阀体主视图"块，右击，在打开的快捷菜单中选择"插入为块"，打开"插入"对话框。

5）按照图 13-49 所示进行设置，其中插入的图形比例为 1:1，旋转角度为 0°，然后单击"确定"按钮。命令行提示与操作如下：

指定插入点或 [比例（S）/X/Y/Z/ 旋转（R）/ 预览比例（PS）/PX/PY/PZ/ 预览旋转（PR）]：

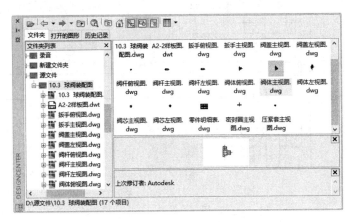

图 13-48 "设计中心"选项板

在命令行中输入"100，200"，即可将"阀体主视图"块插入到"球阀"装配图中，且插入后轴右端中心线处的坐标为（100，200），结果如图 13-50 所示。

图 13-49 "插入"对话框

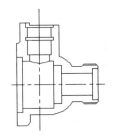

图 13-50 插入阀体主视图

6）在"设计中心"中继续插入"阀体俯视图"块，设置插入的图形比例为 1∶1、旋转角度为 0º、插入点的坐标为（100，100），接着插入"阀体左视图"块，设置插入的图形比例为 1∶1、旋转角度为 0º、插入点的坐标为（300，200），结果如图 13-51 所示。

7）插入阀盖平面图。选择菜单栏中的"视图"→"选项板"→"设计中心"命令，打开"设计中心"，在相应的文件夹中找出"阀盖主视图"，并单击左边的"块"，在右边的文件显示框中显示出该平面图中定义的块，如图 13-52 所示。插入"阀盖主视图"块，设置插入的图形比例为 1∶1、旋转角度为 0º、插入点的坐标为（84，200）。由于阀盖的外形轮廓与阀体的左视图的外形轮廓相同，故"阀盖左视图"块不需要插入。因为阀盖是一个对称结构，所以把"阀盖主视图"块插入到"阀体装配平面图"的俯视图中，结果如图 13-53 所示。

8）把俯视图中的"阀盖主视图"块分解并修改（具体过程这里不做介绍，可以参考前面相应的命令），结果如图 13-54 所示。

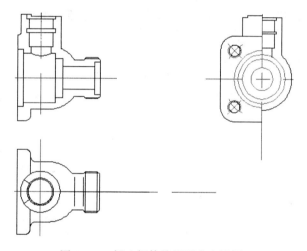

图 13-51　插入阀体俯视图和左视图

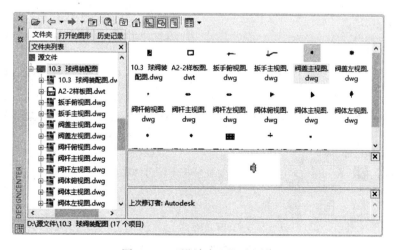

图 13-52　"设计中心"选项板

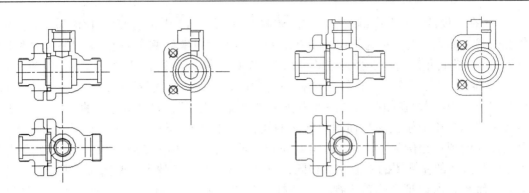

图 13-53　插入阀盖　　　　　　　　　　图 13-54　分解并修改"阀盖主视图"块

9）采用相同方法，继续插入密封圈平面图、阀芯平面图、阀杆平面图、压紧套平面图、扳手平面图，并把插入的图块分解并修改，结果如图 13-55 所示。

10）绘制填充剖面线区域线。综合运用各种命令，将图 13-55 所示的图形进行修改并绘制填充剖面线的区域线，结果如图 13-56 所示。

11）填充剖面线。单击"默认"选项卡"绘图"面板中的"图案填充"按钮，打开如图 13-57 所示的"图案填充创建"选项卡，选择所需要的剖面线样式，并设置剖面线的旋转角度和显示比例，然后单击"拾取点"按钮，返回绘图区域，用鼠标在图中所需添加剖面线的区域内拾取任意一点，单击"关闭图案填充创建"按钮，剖面线绘制完毕。

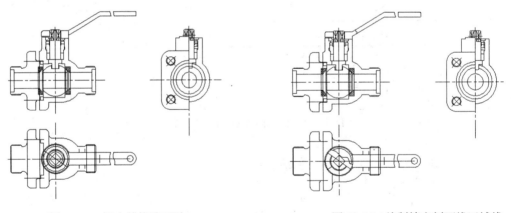

图 13-55　插入其他平面图　　　　　　　图 13-56　绘制填充剖面线区域线

图 13-57　"图案填充创建"选项卡

12）重复"图案填充"命令，对视图中其他需要填充剖面线的位置进行填充，结果如图 13-58 所示。

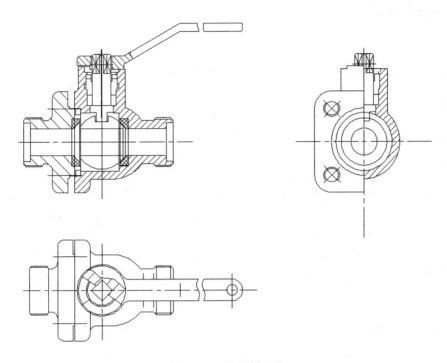

图 13-58　填充剖面线

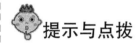

提示与点拨

在装配图上绘制剖面线时，不同的零件应该用不同的剖面线，但对同一个零件，即使其图线是分开的，也应该用相同的剖面线。可以通过不同的剖面线的倾斜角度或间距来表示不同的剖面线。

13.3.2　标注球阀装配图

在装配图中不需要将每个零件的尺寸全部标注出来，需要标注的尺寸有：规格尺寸、装配尺寸、外形尺寸、安装尺寸以及其他重要尺寸。标注尺寸和零件序号后的球阀装配图如图 13-59 所示。下面讲解标注 13.3.1 小节中绘制的球阀装配图的方法，先进行尺寸标注，然后标注零件序号。

1）标注尺寸。在该装配图中只需要标注一些装配尺寸，其中有些简单尺寸的标注方法在前面已经讲过，这里只讲述尺寸 $\phi14^{\text{H11}}_{\text{d11}}$ 和 $\phi18^{\text{H11}}_{\text{d11}}$ 的标注方法。

2）设置标注样式。选择菜单栏中的"标注"→"标注样式"命令，打开"标注样式管理器"对话框，如图 13-60 所示。单击"修改"按钮，打开"修改标注样式"对话框，如图 13-61 和图 13-62 所示对标注样式进行设置。然后单击"确定"按钮，回到"标注样式管理器"对话框，在"样式"列表框中选择新建的标注样式，单击"置为当前"按钮，再单击"关闭"按钮。

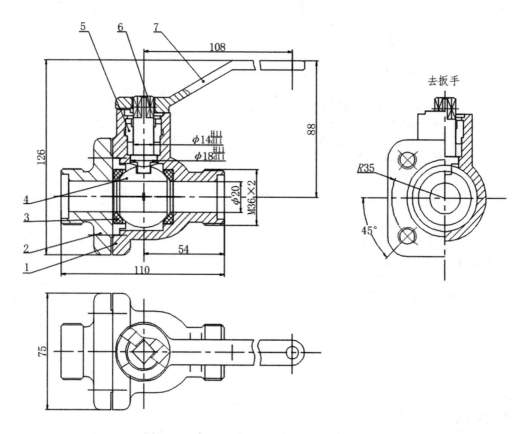

图 13-59　标注尺寸和零件序号后的球阀装配图

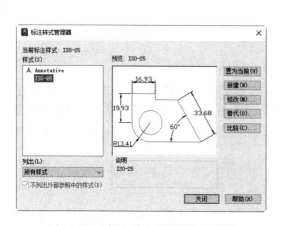

图 13-60　"标注样式管理器"对话框

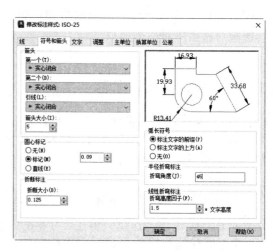

图 13-61　"符号和箭头"选项卡

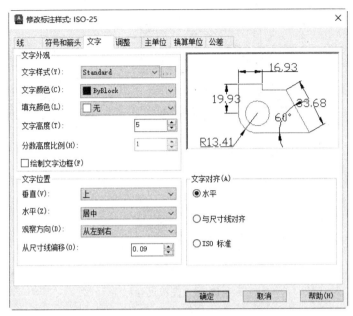

图 13-62 "文字"选项卡

3）标注配合尺寸。单击"默认"选项卡"注释"面板中的"线性"按钮，标注阀
杆与压紧套之间的配合尺寸，结果如图 13-63 所示。

4）修改尺寸文本。由于图 13-63 所示的标注的尺
寸文本不符合国家标准规定，需要修改。选择刚标注
的尺寸，单击"默认"选项卡"修改"面板中的"分

图 13-63 标注配合尺寸

解"按钮，将此尺寸分解。此时，尺寸数字变成独立的文本。双击此尺寸数字，系统打
开多行文字编辑器，选择后面的"H11/d11"，单击"文字编辑器"选项卡"格式"面板中
的"堆叠"按钮，如图 13-64 所示。

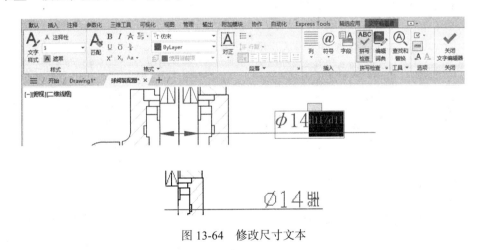

图 13-64 修改尺寸文本

采用同样方法，标注另一个尺寸$\phi18^{H11}_{d11}$，完成后的尺寸标注如图 13-65 所示。

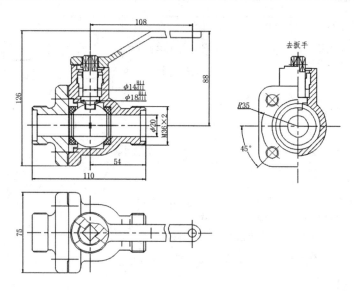

图 13-65　完成尺寸标注

5）标注零件序号。标注零件序号采用引线标注方式。选择菜单栏中的"格式"→"标注样式"命令，打开"标注样式管理器"对话框。修改标注样式，将箭头的大小设置为5，文字高度设置为5。

6）在命令行中输入"QLEADER"命令，命令行提示与操作如下：

命令：QLEADER ✓

指定第一个引线点或 [设置（S）] < 设置 > ：✓

系统打开"引线设置"对话框，如图 13-66 ~ 图 13-68 进行设置。系统继续提示：

指定第一个引线点或 [设置（S）] < 设置 > ：（指定要指引的零件图形位置）

指定下一点：（适当指定一点）

指定文字宽度 <52> ：✓

输入注释文字的第一行 < 多行文字（M）> ：1✓

输入注释文字的下一行：✓

图 13-66　"注释"选项卡设置

图 13-67　"引线和箭头"选项卡设置

采用同样方法，标注其余引线。在标注引线时，为了保证引线中的文字在同一水平线上，可以在适当的位置绘制一条辅助线。

7）保存文件。选择菜单栏中的"文件"→"另存为"命令，输入文件名"球阀装配图"，将其保存。

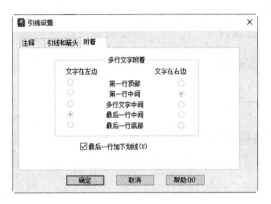

图 13-68 "附着"选项卡设置

13.3.3 完善球阀装配图

下面对球阀装配图进行最后的完善工作，首先制作明细栏与标题栏，然后填写技术要求。

1）配置绘图环境。绘制样板图 A4.DWT，将其图纸图幅改为标准的 A3，即 420×297。打开已经设置好的样板图 A4.DWT。

2）单击"视图"选项卡"选项板"面板中的"设计中心"按钮，启动"设计中心"。

3）系统打开"设计中心"，如图 13-69 所示。在左侧的"资源管理器"中找到"源文件 / 球阀零件"文件夹，在右边的内容显示框中选择保存的球阀装配图，把它拖入当前图形。

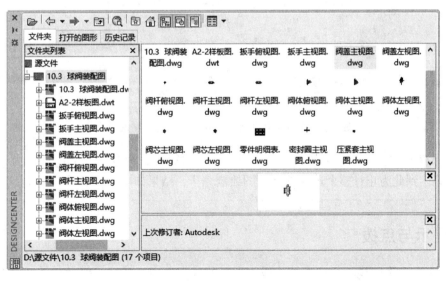

图 13-69 设计中心

4）制作标题栏。采用同样方法，通过设计中心将"源文件/球阀零件"文件夹中的"装配体标题栏"图块插入到装配图中（插入点选择在图框的右下角点处），然后使用"多行文字"命令填写标题栏中相应的项目。图 13-70 所示为填写好的标题栏。

5）制作明细栏。通过设计中心，将"明细表"图块插入到装配图中（插入点选择在标题栏的右上角点处），然后使用"多行文字"命令填写明细栏。图 13-71 所示为填写好的明细栏。

图 13-70　填写好的标题栏

图 13-71　填写好的明细栏

6）切换图层，将"文字"图层设置为当前图层。

7）填写技术要求。选择菜单栏中的"绘图"→"文字"→"多行文字"命令，填写技术要求。命令行提示与操作如下：

命令：_mtext

当前文字样式："Standard" 文字高度：7 注释性：否

指定第一角点：（指定输入文字的第一角点）

指定对角点或 [高度（H）/ 对正（J）/ 行距（L）/ 旋转（R）/ 样式（S）/ 宽度（W）/ 栏（C）]：（指定输入文字的对角点）

此时 AutoCAD 会打开"文字编辑器"选项卡和多行文字编辑器，在其中设置需要的样式、字体和高度，然后再输入技术要求的内容，如图 13-72 所示。

图 13-72　"文字编辑器"选项卡和多行文字编辑器

8）保存文件。选择菜单栏中的"文件"→"另存为"命令，保存文件名为"球阀装配平面图"。到此为止，整个球阀的装配图绘制完毕，结果如图 13-47 所示。

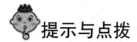提示与点拨

在填写标题栏时，可以先把已经填写好的文字复制，然后再进行修改，这样不仅操作简便，而且也可以很好地解决文字对齐的问题。

第14章 建筑设计工程实例

知识导引

本章是 AutoCAD 2024 二维绘图命令在建筑设计工程中的综合应用，其中以一个完整的别墅建筑施工图的绘制过程为例，系统地讲述了具体的建筑工程图的绘制方法和流程。

通过本章的学习，读者可以掌握具体建筑工程图设计的相关方法和思路。

 内容要点

➢ 建筑绘图概述
➢ 绘制别墅总平面图
➢ 绘制底层建筑平面图
➢ 绘制二层建筑平面图
➢ 绘制南、北立面图
➢ 绘制别墅楼梯踏步详图

14.1 建筑绘图概述

14.1.1 建筑绘图的特点

将一个将要建造的建筑物的内外形状和大小，以及各个部分的结构、构造、装修、设备等内容，按照现行国家标准的规定，用正投影法，详细准确地绘制出的图样称为"房屋建筑图"。由于该图样主要用于指导建筑施工，所以一般叫作"建筑施工图"。

建筑施工图是按照正投影法绘制出来的。正投影法就是在两个或两个以上相互垂直的、分别平行于建筑物主要侧面的投影面上绘出建筑物的正投影，并把所得正投影按照一定规则绘制在同一个平面上的方法。这种由两个或两个以上的正投影组合而成，用来确定空间形体的一组投影图叫作正投影图。

建筑物根据使用功能和使用对象的不同可分为很多种类。一般说来，建筑物的第一层称为底层（也称为一层或首层）。从一层往上的各层依次称为二层、三层……顶层。一层下面有基础，基础和一层之间有防潮层。对于大的建筑物而言，可能在基础和一层之间还有地下一层、地下二层等。建筑物一层一般有台阶、大门、一层地面等。各层均有楼面、走道、门窗、楼梯、楼梯平台、梁柱等。顶层还有屋面板、女儿墙、天沟等。其他的一些构件有雨水管、雨篷、阳台、散水等。其中，屋面、楼板、梁柱、墙体、基础主要起直接或间接支撑来自建筑物本身和外部载荷的作用，门、走廊、楼梯、台阶起着沟通建筑物内外和上下交通的作用，窗户和阳台起着通风和采光的作用，天沟、雨水管、散水、明沟起着排水的作用。建筑物组成示意图如图 14-1 所示。

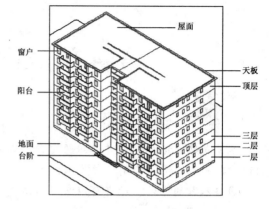

14.1.2　建筑绘图分类

建筑图根据图样的专业内容或作用不同分为以下几类：

1）图样目录：首先列出新绘制的图样，再列出所用的标准图样或重复利用的图样。一个新的工程都要绘制一定的新图样，在目录中，这部分图样位于前面，可能还用到大量的标准图样或重复使用的图样，放在目录的后面。

图 14-1　建筑物组成示意图

2）设计总说明：包括施工图的设计依据、工程的设计规模和建筑面积、相对标高与绝对标高的对应关系、建筑物内外的使用材料说明、新技术新材料或特殊用法的说明、门窗表等。

3）建筑施工图：由总平面图、平面图、立面图、剖面图和构造详图构成。建筑施工图简称为"建施"。

4）结构施工图：由结构平面布置图、构件结构详图构成。结构施工图简称为"结施"。

5）设备施工图：由给水排水、采暖通风、电气等设备的布置平面图和详图构成。设备施工图简称为"设施"。

14.1.3　总平面图

1. 总平面图概述

总平面图是新建建筑施工定位、土方施工以及施工总平面设计的重要依据。一般情况下，总平面图应该包括以下内容：

1）测量坐标网或施工坐标网。测量坐标网采用"X，Y"表示，施工坐标网采用"A，B"来表示。

2）新建建筑物的定位坐标、名称、建筑层数以及室内外的标高。

3）附近的有关建筑物、拆除建筑物的位置和范围。

4）附近的地形地貌，包括等高线、道路、桥梁、河流、池塘以及土坡等。

5）指北针和风玫瑰图。

6）绿化规定和管道的走向。

7）补充图例和说明等。

在实际工程中，以上各项内容可以根据具体情况和工程的特点来确定取舍，如对于较为简单的工程，可以不画等高线、坐标网、管道和绿化等。总平面图的示例如图 14-2 所示。

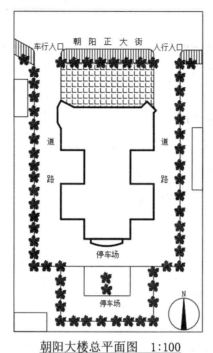

朝阳大楼总平面图   1:100

图 14-2   总平面图示例

2. 总平面图中的图例说明

（1）新建建筑物   采用粗实线来表示，如图 14-3 所示。当有需要时可以在右上角用点数或数字来表示建筑物的层数，如图 14-4 和图 14-5 所示。

图 14-3   新建建筑物图例　　　图 14-4   以点表示层数（4 层）　　　图 14-5   以数字表示层数（16 层）

（2）既有建筑物   采用细实线来表示，如图 14-6 所示。同新建建筑物图例一样，也可以在右上角用点数或数字来表示建筑物的层数。

（3）计划扩建的预留地或建筑物   采用虚线来表示，如图 14-7 所示。

（4）拆除的建筑物   采用打上叉号的细实线来表示，如图 14-8 所示。

图 14-6   既有建筑物图例　　　图 14-7   计划中的建筑物图例　　　图 14-8   拆除的建筑物图例

（5）坐标　如图 14-9 和图 14-10 所示。注意两种不同坐标的表示方法。

图 14-9　测量坐标图例

图 14-10　施工坐标图例

（6）新建道路　如图 14-11 所示。其中，"R8"表示道路的转弯半径为 8m，"30.10"为路面中心的标高。

（7）旧有道路　如图 14-12 所示。

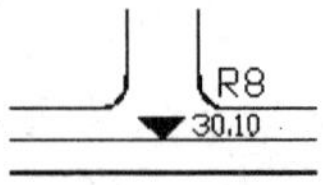

图 14-11　新建道路图例

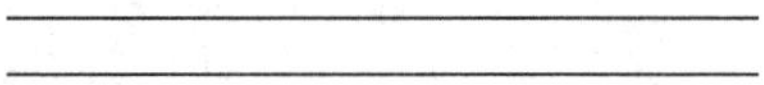

图 14-12　旧有道路图例

（8）计划扩建的道路　如图 14-13 所示。

（9）拆除的道路　如图 14-14 所示。

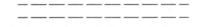

图 14-13　计划扩建的道路图例

图 14-14　拆除的道路图例

3. 详解阅读总平面图

1）了解图样比例、图例和文字说明。总平面图的范围一般都比较大，所以要采用比较小的比例。对于总平面图来说，1∶500 算是很大的比例，也可以使用 1∶1000 或 1∶2000 的比例。总平面图上的尺寸标注要以"m"为单位。

2）了解工程的性质和地形地貌，如从等高线的变化可以知道地势的走向高低。

3）可以了解建筑物周围的情况。

4）明确建筑物的位置和朝向。房屋的位置可以用定位尺寸或坐标来确定。定位尺寸应标出与原建筑物或道路中心线的距离。当采用坐标来表示建筑物位置时，宜标出房屋的 3 个角坐标。建筑物的朝向可以根据图中的风玫瑰图来确定。风玫瑰图中有箭头的方向为北向。

5）从底层地面和等高线的标高可知该区域内的地势高低、雨水排向，并可以计算挖填土方的具体数量。总平面图中的标高均为绝对标高。

4. 标高投影知识

总平面图中的等高线就是一种立体的标高投影。所谓标高投影，就是在形体的水平投影上，以数字标注出各处的高度来表示形体形状的一种图示方法。

众所周知，地形对建筑物的布置和施工都有很大影响，一般情况下要对地形进行人工

改造，如平整场地和修建道路等，所以要在总平面图中把建筑物周围的地形表示出来。在采用正投影、轴测投影等方法无法表示出地形的复杂形状时，可采用标高投影法来表示这种复杂的地形。

总平面图中的标高是绝对标高。所谓绝对标高就是以我国青岛市外的黄海海平面作为零点来测定的高度尺寸。在标高投影图中，通常都绘出立体上平面或曲面的等高线来表示该立体。山地表面一般都是不规则的曲面，以一系列整数标高的水平面与山地相截，把所截得的等高截交线正投影到水平面上，得到一系列不规则形状的等高线，在等高线上标注出相应的标高值，所得图形称为地形图，如图14-15所示就是地形图的一部分。

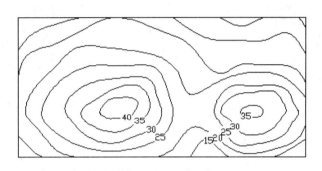

图 14-15   地形图的一部分

5. 绘制指北针和风玫瑰图

指北针和风玫瑰图是总平面图中两个重要的指示符号。指北针的作用是在图纸上标出正北方向，如图14-16所示。风玫瑰图不仅能表示正北方向，还能表示全年该地区的风向频率大小，如图14-17所示。

图 14-16   指北针

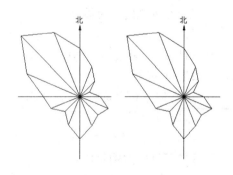

图 14-17   风玫瑰图

14.1.4   建筑平面图概述

建筑平面图简称平面图就是假想使用一水平的剖切面沿门窗洞的位置将房屋剖切后，对剖切面以下部分所绘制的水平剖面图。建筑平面图，主要反映房屋的平面形状、大小和房间的布置，墙柱的位置、厚度和材料，门窗类型和位置等。建筑平面图是建筑施工图中最为基本的图样之一。建筑平面图的示例如图14-18所示。

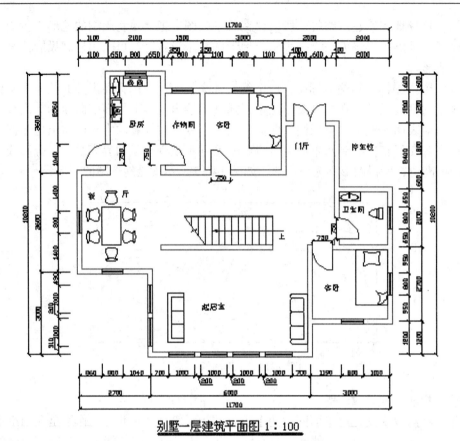

别墅一层建筑平面图 1：100

图 14-18　建筑平面图示例

1. 建筑平面图的图示要点

1）每个建筑平面图对应一个建筑物楼层，并注有相应的图名。

2）可以表示多层的平面图称为标准层平面图。标准层平面图各层的房间数量、大小和布置都必须一样。

3）建筑物左右对称时，可以将两层平面图绘制在同一张图纸上，左右分别绘制各层的一半，同时中间注上对称符号。

4）如果建筑平面较大，可以分段绘制。

2. 建筑平面图的图示内容

1）表示墙、柱、门、窗的位置和编号，房间名称或编号，轴线编号等。

2）注出室内外的有关尺寸及室内楼、地面的标高。建筑物的底层标高为 ±0.000。

3）表示电梯、楼梯的位置以及楼梯的上下方向和主要尺寸。

4）表示阳台、雨篷、踏步、斜坡、雨水管道、排水沟等的具体位置以及大小尺寸。

5）绘出卫生器具、水池、工作台以及其他重要的设备位置。

6）绘出剖面图的剖切符号以及编号。根据绘图习惯，一般只在底层平面图绘制。

7）标出有关部位上节点详图的索引符号。

8）绘制出指北针。根据绘图习惯，一般只在底层平面图绘出指北针。

14.1.5　建筑立面图概述

　　建筑立面图主要反映房屋的外貌和立面装修的做法，这是因为建筑物给人的外表美感主要来自其立面的造型和装修。建筑立面图是用来研究建筑立面造型和装修的。主要反映主要入口或建筑物外貌特征的一面立面图叫作正立面图，其余面的立面图相应地称为背立面图和侧立面图。如果按房屋的朝向来分，可以称为南立面图、东立面图、西立面图和北立面图。如果按轴线编号来分，也可以有①～⑥立面图、Ⓐ～Ⓜ立面图等。建筑立面图使用大量图例来表示很多细部，这些细部的构造和做法一般都另有详图。如果建筑物有一部分立面不平行于投影面，可以将这部分立面展开到与投影面平行的位置，再绘制其立面图，然后在其图名后注写"展开"字样。建筑立面图的示例如图 14-19 所示。

　　建筑立面图的图示内容主要包括以下几个方面：

　　1）室内外地面线、房屋的勒脚、台阶、门窗、阳台和雨篷，室外的楼梯、墙和柱，外墙的预留孔洞、檐口、屋顶、雨水管和墙面修饰构件等。

　　2）外墙各个主要部位的标高。

　　3）建筑物两端或分段的轴线和编号。

　　4）标出各部分构造、装饰节点详图的索引符号。使用图例和文字说明外墙面的装饰材料和做法。

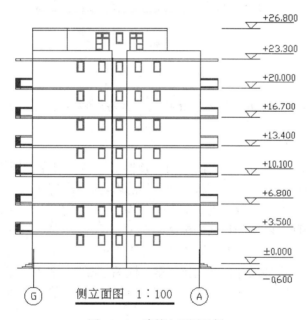

图 14-19　建筑立面图示例

14.1.6　建筑剖面图概述

　　建筑剖面图就是假想用一个或多个垂直于外墙轴线的铅垂剖切面，将建筑物剖开后所得到的投影图，简称剖面图。剖面图的剖切方向一般是横向（平行于侧面）的。剖切位置一般选择在能反映建筑物内部构造比较复杂和有典型部位的位置，并应通过门窗的位置。

多层建筑物应该选择在楼梯间或层高不同的位置。剖面图上的图名应与平面图上所标注的剖切符号编号一致。剖面图的断面处理和平面图的处理相同。建筑剖面图示例如图 14-20 所示。

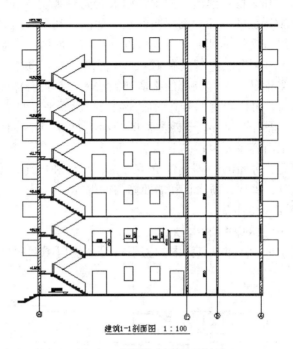

建筑1-1剖面图 1：100

图 14-20　建筑剖面图示例

剖面图的数量是根据建筑物具体情况和施工需要来确定的，其图示内容主要包括以下几个方面：

1）墙、柱及其定位轴线。

2）室内底层地面、地沟、各层的楼面、顶棚、屋顶、门窗、楼梯、阳台、雨篷、墙洞、防潮层、室外地面、散水、踢脚板等能看到的内容。习惯上可以不画基础的大放脚。

3）各个部位完成面的标高，包括室内外地面、各层楼面、各层楼梯平台、檐口或女儿墙顶面、楼梯间顶面、电梯间顶面的标高。

4）各部位的高度尺寸，包括外部尺寸和内部尺寸。外部尺寸包括门和窗洞口的高度、层间高度以及总高度。内部尺寸包括地坑深度、隔断、隔板、平台、室内门窗的高度。

5）楼面、地面的构造。一般采用引出线指向所说明的部位，按照构造的层次顺序，逐层加以文字说明。

6）详图的索引符号。

14.1.7　建筑详图概述

建筑详图就是对建筑物的细部或构件、配件采用较大的比例将其形状、大小、做法以及材料详细表示出来的图样。建筑详图简称详图。

详图的特点一是大比例，二是图示详尽清楚，三是尺寸标注全。一般说来，墙身剖面

图只需要一个剖面详图就能表示清楚，而楼梯间、卫生间就可能需要增加平面详图，门窗就可能需要增加立面详图。详图的数量与建筑物的复杂程度以及平面图、立面图、剖面图的内容及比例相关，需要根据具体情况来选择，其标准就是要达到能完全表达详图的特点。建筑详图示例如图 14-21 所示。

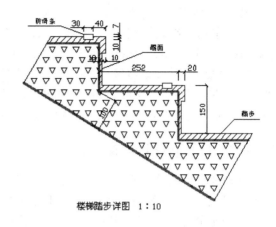

图 14-21　建筑详图示例

14.2　绘制别墅总平面图

☞　制作思路

在进行具体的施工图设计时，通常情况下总是先绘制总平面图，这样可以对整个建筑施工的总体情况进行全面的了解和把握，从而在绘制具体的局部施工图时做到有章可循。本节绘制的别墅总平面图如图 14-22 所示。

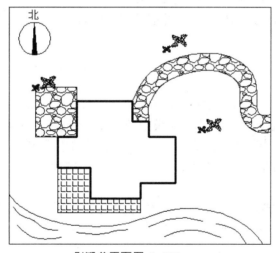

别墅总平面图　1:500

图 14-22　绘制别墅总平面图

14.2.1　绘制辅助线网

绘图之前，必须绘制相关的辅助线网，具体步骤如下：

1）打开 AutoCAD 程序，则系统自动建立新文件。单击"默认"选项卡"图层"面板中的"图层特性"按钮，系统打开"图层特性管理器"选项板。单击"新建图层"按钮，新建"辅助线"图层，采用默认设置。然后双击新建的图层，使得当前图层是"辅助线"图层。单击"关闭"按钮，退出"图层特性管理器"选项板。

2）单击"默认"选项卡"绘图"面板中的"构造线"按钮✐，在"正交"模式下绘制一根竖直构造线和水平构造线，组成"十"字构造线。

3）单击"默认"选项卡"修改"面板中的"偏移"按钮⊆，将竖直构造线往右依次偏移1200、1100、1600、500、4500、1000、1000、2000和1200，再重复"偏移"命令，将水平构造线依次往上偏移600、1200、1800、3600、1800、1800和600，完成主要轴线网的绘制，结果如图14-23所示。

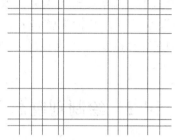

图14-23　绘制主要轴线网

14.2.2　绘制新建建筑物

1）单击"默认"选项卡"图层"面板中的"图层特性"按钮 ，系统打开"图层特性管理器"选项板。单击"新建图层"按钮，新建"别墅"图层，设置线宽为0.30mm，其他设置采用默认。然后双击新建的图层，使得当前图层是"别墅"图层。单击"关闭"按钮，退出"图层特性管理器"选项板。

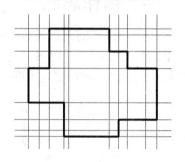

2）单击"默认"选项卡"绘图"面板中的"直线"按钮／，根据主要轴线网绘制出别墅的外部轮廓，结果如图14-24所示。

图14-24　绘制别墅轮廓

14.2.3　绘制辅助设施

辅助设施包括道路、广场、树木和流水等，具体绘制步骤如下：

1）单击"默认"选项卡"图层"面板中的"图层特性"按钮 ，系统打开"图层特性管理器"选项板。单击"新建图层"按钮，新建"其他"图层，采用默认设置。然后双击新建的图层，使得当前图层是"其他"图层。单击"关闭"按钮，退出"图层特性管理器"选项板。

2）单击"默认"选项卡"绘图"面板中的"矩形"按钮 ，绘制一个矩形来作为总的作图范围，结果如图14-25所示。注意：矩形的大小以能绘制出周围的重要建筑物和重要地形地貌为佳。

3）单击"默认"选项卡"绘图"面板中的"样条曲线拟合"按钮 ，使用样条曲线绘制道路，结果如图14-26所示。

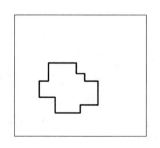

图14-25　绘制矩形

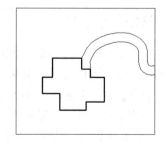

图14-26　绘制道路

4）单击"默认"选项卡"绘图"面板中的"矩形"按钮 □，绘制两个矩形来作为小广场范围，结果如图 14-27 所示。

5）单击"视图"选项卡"选项板"面板中的"工具选项板"按钮 ⊞，系统打开如图 14-28 所示的"工具选项板"，选择"Home"中的"植物"图例，把"植物"图例 ✖ 放在一个空白处。

6）单击"默认"选项卡"修改"面板中的"复制"按钮 ⅋，把"植物"图例 ✖ 复制到相应位置，完成小植物的绘制和布置，结果如图 14-29 所示。

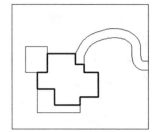

图 14-27　绘制矩形

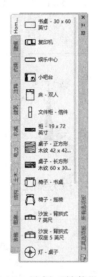

图 14-28　选择"植物"图例

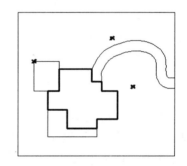

图 14-29　绘制小植物

7）单击"默认"选项卡"修改"面板中的"缩放"按钮 □，把"植物"图例 ✖ 放大两倍。单击"默认"选项卡"修改"面板中的"复制"按钮 ⅋，把大植物图例复制到相应位置，完成大植物的绘制和布置，结果如图 14-30 所示。

8）单击"默认"选项卡"绘图"面板中的"样条曲线拟合"按钮 N，使用样条曲线绘制小河，结果如图 14-31 所示。

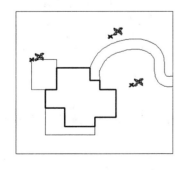

图 14-30　绘制大植物

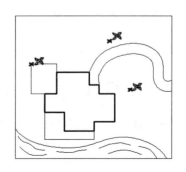

图 14-31　绘制小河

14.2.4 图案填充和文字说明

1）单击"默认"选项卡"图层"面板中的"图层特性"按钮，系统打开"图层特性管理器"选项板。单击"新建图层"按钮，新建"标注"图层，采用默认设置。然后双击新建的图层，使得当前图层是"标注"图层。单击"关闭"按钮，退出"图层特性管理器"选项板。单击"默认"选项卡"绘图"面板中的"圆"按钮⊙，绘制一个圆。单击"默认"选项卡"绘图"面板中的"直线"按钮／，绘制圆的竖直直径和一条弦，结果如图 14-32 所示。

2）单击"默认"选项卡"修改"面板中的"镜像"按钮⚠，把圆的弦镜像，形成圆内的指针。单击"默认"选项卡"绘图"面板中的"图案填充"按钮▨，把指针填充为黑色，完成指北针图例的绘制，结果如图 14-33 所示。

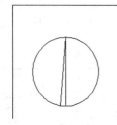

图 14-32 绘制圆和直线

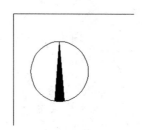

图 14-33 绘制指北针图例

3）单击"默认"选项卡"绘图"面板中的"图案填充"按钮▨，把道路和广场填充为鹅卵石图案。重复"图案填充"命令，把别墅前广场填充为方格。图案填充的结果如图 14-34 所示。

4）单击"默认"选项卡"注释"面板中的"多行文字"按钮**A**，在指北针图例上方标注"北"指明北方，然后在图形的正下方标注"别墅总平面图 1：500"。单击"默认"选项卡"绘图"面板中的"直线"按钮／，在文字下方绘制一根线宽为 0.3mm 的直线，完成别墅总平面图的绘制，结果如图 14-22 所示。

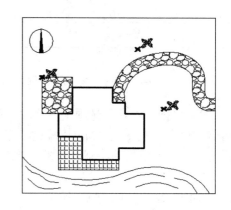

图 14-34 图案填充

提示与点拨

不同的填充图案可以表示不同的建筑单元或结构，如指北针、道路和广场等分别采用了不同的填充图案来表示。

14.3 绘制底层建筑平面图

👉 制作思路

平面图与立面图和剖面图相比，能够更大限度地表达建筑物的结构形状，所以总是在绘制总平面图后紧接着绘制平面图。本节绘制的底层建筑平面图如图14-35所示。

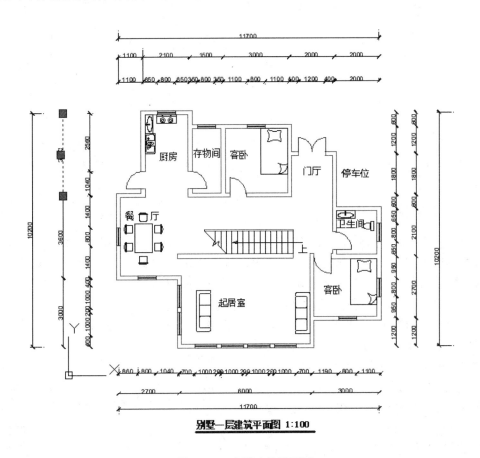

别墅一层建筑平面图 1:100

图 14-35 底层建筑平面图

14.3.1 绘制建筑辅助线网

1）单击"默认"选项卡"图层"面板中的"图层特性"按钮 ，系统打开"图层特性管理器"选项板。单击"新建图层"按钮，新建"辅助线"图层，设置颜色为洋红，其他选项采用默认设置。然后双击新建的图层，使得当前图层是"辅助线"图层。单击"关闭"按钮，退出"图层特性管理器"选项板。

2）按下F8键打开"正交"模式。单击"默认"选项卡"绘图"面板中的"构造线"按钮 ，绘制一条水平构造线和一条竖直构造线，组成"十"字构造线，如图14-36所示。

3）单击"默认"选项卡"修改"面板中的"偏移"按钮 ∈，将水平构造线依次往上偏移 1200、1800、900、2100、600、1800、1200 和 600，作为水平方向的辅助线。将竖直构造线依次往右偏移 1100、1600、500、1500、3000、1000、1000、2000，作为竖直方向的辅助线。竖直辅助线和水平辅助线一起构成正交的底层建筑辅助线网格，如图 14-37 所示。

图 14-36   绘制"十"字构造线

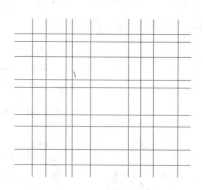

图 14-37   生成底层建筑辅助线网格

14.3.2   绘制墙体

1）单击"默认"选项卡"图层"面板中的"图层特性"按钮 ⛁，系统打开"图层特性管理器"选项板。单击"新建图层"按钮，新建"墙体"图层，设置颜色为红色，其他选项采用默认设置。然后双击新建的图层，使得当前图层是"墙体"图层。单击"关闭"按钮，退出"图层特性管理器"选项板。

2）选择菜单栏中的"格式"→"多线样式"命令，打开的"多线样式"对话框，如图 14-38 所示。单击"新建"按钮，在打开的"创建新的多线样式"对话框中输入样式名"180"。单击"继续"按钮，系统打开"新建多线样式：180"对话框，在"图元"选项组中设置偏移量为 90 和 −90，如图 14-39 所示。

3）单击"确定"按钮，返回"多线样式"对话框。如果当前的多线名称不是 180，可单击"置为当前"按钮。然后单击"确定"按钮，完成"180"墙体多线的设置。

4）选择菜单栏中的"绘图"→"多线"命令，根据命令行提示把对齐方式设为"无"，把多线比例设为 1（注意多线的样式为 180），完成多线样式的设置。

5）选择菜单栏中的"绘图"→"多线"命令，根据辅助线网格绘制如图 14-40 所示的外墙多线图。

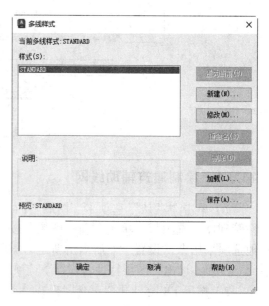

图 14-38   "多线样式"对话框

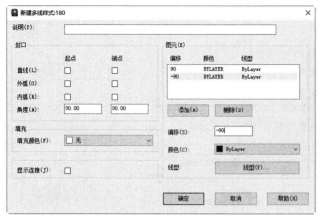

图 14-39 "新建多线样式：180"对话框

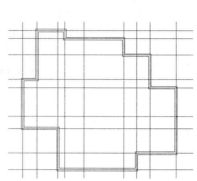

图 14-40 绘制外墙

6）选择菜单栏中的"绘图"→"多线"命令，根据辅助线网格绘制如图 14-41 所示的内墙多线图。

7）单击"默认"选项卡"修改"面板中的"分解"按钮，使墙体分解，然后单击"修剪"按钮，修剪墙体，使得全部墙体都光滑连贯，如图 14-42 所示。

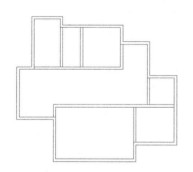

图 14-41 绘制内墙

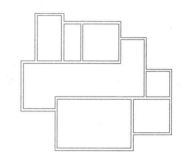

图 14-42 修剪墙体

14.3.3 绘制门窗

1）单击"默认"选项卡"图层"面板中的"图层特性"按钮，系统打开"图层特性管理器"选项板。单击"新建图层"按钮，新建"门窗"图层，设置颜色为蓝色，其他选项采用默认设置。然后双击新建的图层，使得当前图层是"门窗"图层。单击"关闭"按钮，退出"图层特性管理器"选项板。

2）选择菜单栏中的"格式"→"多线样式"命令，打开"多线样式"对话框，如图 14-43 所示。单击"新建"按钮，在打开的"创建新的多线样式"对话框中输入样式名"窗"，如图 14-44 所示。单击"继续"按钮，系统打开"新建多线样式：窗"对话框，在"图元"选项组中单击"添加"按钮，添加两个图元，把其中的图元偏移量设置为 90、20、-20 和 -90，然后设置"封口"选项组如图 14-45 所示。

图 14-43 "多线样式"对话框

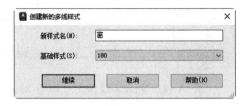

图 14-44 "创建新的多线样式"对话框

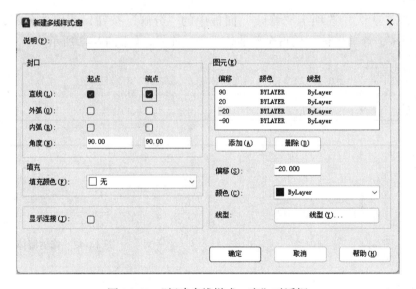

图 14-45 "新建多线样式:窗"对话框

3)单击"确定"按钮,返回"多线样式"对话框。如果当前的多线名称不是"窗",则选中"窗"多线样式,单击"置为当前"按钮即可。然后单击"确定"按钮,完成"窗"多线的设置。

4)选择菜单栏中的"绘图"→"多线"命令,在空白处绘制一段长为800的多线,作为窗的图例,如图14-46所示。

5)单击"默认"选项卡"修改"面板中的"复制"按钮 ⅹ,把窗图例复制到各个开间的墙体正中间,完成水平方向上窗户的绘制,结果如图14-47所示。

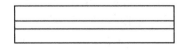

图 14-46 绘制窗图例

6)采用同样的办法,绘制竖直方向上的窗户,结

果如图 14-48 所示。

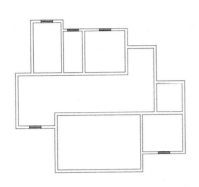

图 14-47　绘制水平方向上的窗户

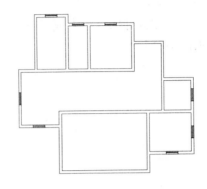

图 14-48　绘制竖直方向上的窗户

7）单击"默认"选项卡"绘图"面板中的"直线"按钮╱，过墙的中点绘制竖直直线，结果如图 14-49 所示。单击"默认"选项卡"绘图"面板中的"矩形"按钮 ▢，在空白处绘制一个 200×180 的矩形，作为窗户之间的墙体截面。

8）单击"默认"选项卡"修改"面板中的"复制"按钮 ㅁ，复制刚绘制的矩形到墙体中间。选择菜单栏中的"绘图"→"多线"命令，在矩形的两端各绘制一段长为 1000 的多线，作为特殊窗户的图例，如图 14-50 所示。

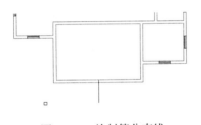

图 14-49　绘制等分直线

图 14-50　绘制特殊窗户图例

9）重复上述操作，完成 4 个特殊窗户的绘制，结果如图 14-51 所示。

10）采用同样的方法，绘制侧面的特殊窗户，结果如图 14-52 所示。

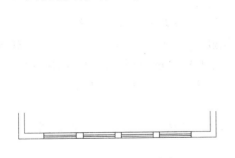

图 14-51　绘制特殊窗户

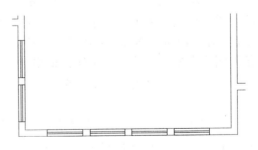

图 14-52　绘制侧面特殊窗户

11）单击"默认"选项卡"绘图"面板中的"直线"按钮╱，过大门的墙的中点绘制竖直直线。单击"默认"选项卡"修改"面板中的"偏移"按钮 ⊂，把绘制的直线往两边各偏移600。单击"默认"选项卡"修改"面板中的"修剪"按钮，在墙体上修剪出大门门洞，结果如图14-53所示。

12）使用同样的方法去掉多余的墙体，在墙上开出其余门洞（门洞的宽度都是750），结果如图14-54所示。

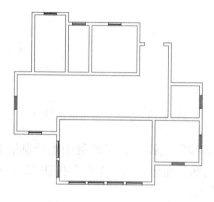

图14-53　绘制大门门洞

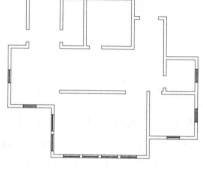

图14-54　绘制其余门洞

13）单击"默认"选项卡"绘图"面板中的"圆弧"按钮，在门洞上绘制一个圆弧表示门的开启方向，再单击"默认"选项卡"绘图"面板中的"直线"按钮，绘制一段直线表示门，结果如图14-55所示。

14.3.4　绘制建筑设备

在建筑平面图中往往需要布置大量的建筑设备，这些设备从外部文件或图形库中调用即可。具体步骤如下：

1）单击"默认"选项卡"图层"面板中

图14-55　绘制门

的"图层特性"按钮，系统打开"图层特性管理器"选项板。单击"新建图层"按钮，新建"建筑设备"图层，采用默认设置。然后双击新建的图层，使得当前图层是"建筑设备"图层。单击"关闭"按钮，退出"图层特性管理器"选项板。选择菜单栏中的"编辑"→"带基点复制"命令，根据系统提示选择基点，再选择餐桌图形作为带基点复制对象。

2）返回底层平面图，选择菜单栏中的"编辑"→"粘贴"命令，把餐桌图形粘贴到餐厅中相应的位置，结果如图14-56所示。

3）采用同样的方法，复制一个单人床，结果如图14-57所示。

4）采用同样的方法，复制一组沙发，结果如图14-58所示。

5）采用同样的方法，复制一套卫浴设备，结果如图14-59所示。

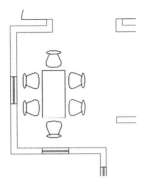

图 14-56　复制餐桌

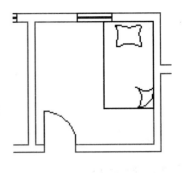

图 14-57　复制单人床

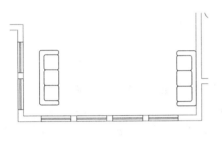

图 14-58　复制沙发

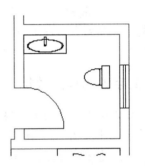

图 14-59　复制卫浴设备

6）采用同样的方法，复制一套厨房设备，结果如图 14-60 所示。

7）单击"默认"选项卡"修改"面板中的"偏移"按钮⊆，将墙线往上偏移 1000。单击"默认"选项卡"绘图"面板中的"直线"按钮／，在墙线的端部绘制直线作为台阶。单击"默认"选项卡"修改"面板中的"复制"按钮 ，每隔 252 复制一段台阶，结果如图 14-61 所示。

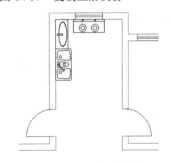

图 14-60　复制厨房设备

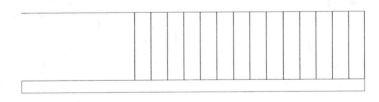

图 14-61　绘制台阶

8）单击"默认"选项卡"绘图"面板中的"直线"按钮／，在台阶的左端绘制隔断符号。单击"默认"选项卡"修改"面板中的"修剪"按钮 ，修剪隔断符号左边的台阶线。单击"默认"选项卡"绘图"面板中的"直线"按钮／，过台阶的中间绘制箭头符号。完成楼梯的绘制，结果如图 14-62 所示。

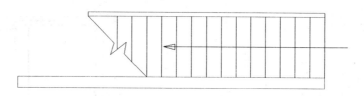

图 14-62　绘制楼梯

 提示与点拨

平时注意积累和搜集常用建筑单元，将这些建筑单元或已有建筑图库中需要的建筑单元复制粘贴到当前图形中，可以使得绘制图形方便快捷。

14.3.5　文字说明和尺寸标注

1）单击"默认"选项卡"图层"面板中的"图层特性"按钮，系统打开"图层特性管理器"选项板。单击"新建图层"按钮，新建"标注"图层，采用默认设置。然后双击新建的图层，使得当前图层是"标注"图层。单击"关闭"按钮，退出"图层特性管理器"选项板。单击"默认"选项卡"注释"面板中的"多行文字"按钮 A，添加文字说明，主要包括房间功能和用途等，结果如图 14-63 所示。

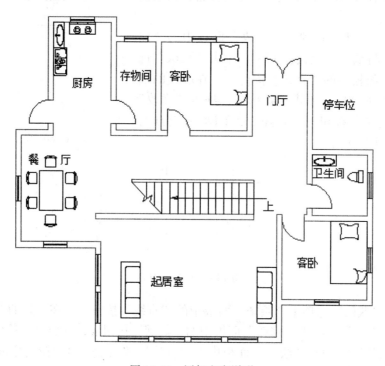

图 14-63　添加文字说明

2）单击"默认"选项卡"注释"面板中的"标注样式"按钮，系统打开"标注样式管理器"对话框。单击"标注样式管理器"对话框中的"修改"按钮，打开"修改标注样式：ISO-25"对话框，设置"线"选项卡和"符号和箭头"选项卡如图 14-64 所示。

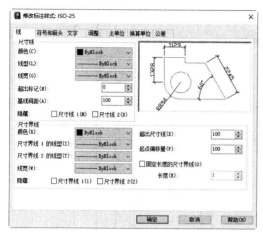

图 14-64　设置"线"选项卡和"符号和箭头"选项卡

3）选择"文字"选项卡，如图 14-65 所示对其进行设置，完成标注样式的设置。单击"确定"按钮，返回"标注样式管理器"对话框，然后单击"关闭"按钮，返回绘图主界面。

4）单击"默认"选项卡"注释"面板中的"对齐"按钮，进行尺寸标注。别墅一层外围尺寸标注如图 14-66 所示。

5）单击"默认"选项卡"注释"面板中的"多行文字"按钮 **A**，在图形的正下方选择文字区域，系统打开"文字编辑器"选项卡和多行文字编辑器，在其中输入"别墅一层建筑平面图 1∶100"，设置字高为 300。单击"默认"选项卡"绘图"面板中的"直线"按钮 ╱，在文字下方绘制一根线宽为 0.3mm 的直线，完成底层建筑平面图的绘制，结果如图 14-35 所示。

图 14-65　设置"文字"选项卡

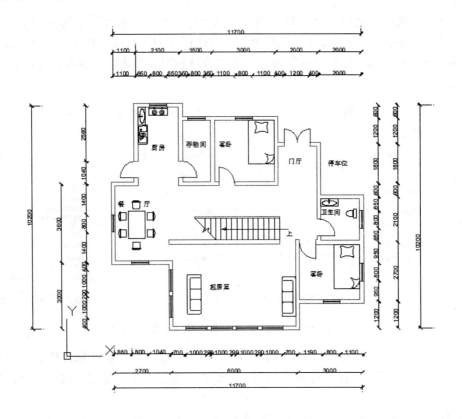

图 14-66   别墅一层外围尺寸标柱

14.4   绘制二层建筑平面图

👉 制作思路

第二层建筑平面图与第一层的类似，可以按照相同的思路绘制，结果如图 14-67 所示。

14.4.1   绘制建筑辅助线网

1）单击"默认"选项卡"图层"面板中的"图层特性"按钮，系统打开"图层特性管理器"选项板。单击"新建图层"按钮，新建"辅助线"图层，设置颜色为洋红，其他选项采用默认设置。然后双击新建的图层，使得当前图层是"辅助线"图层。单击"关闭"按钮，退出"图层特性管理器"选项板。

2）按下 F8 键打开"正交"模式。单击"默认"选项卡"绘图"面板中的"构造线"按钮，绘制一条水平构造线和一条竖直构造线，组成"十"字构造线，如图 14-68 所示。

3）单击"默认"选项卡"修改"面板中的"偏移"按钮，将水平构造线依次往上偏移 1800、900、2100、600、2400、600 和 600，作为水平方向的辅助线。将竖直构造线

依次往右偏移 2700、500、1500、1000、2000、1000、1000、2000，作为竖直方向的辅助线。竖直辅助线和水平辅助线一起构成正交的二层建筑辅助线网格，如图 14-69 所示。

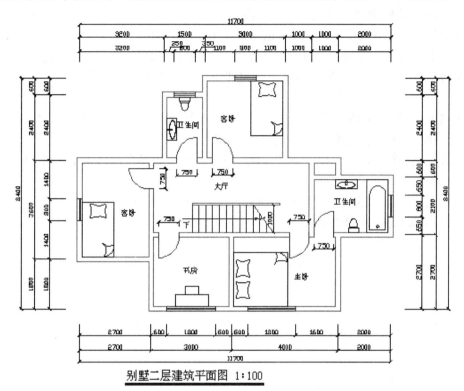

图 14-67　二层建筑平面图

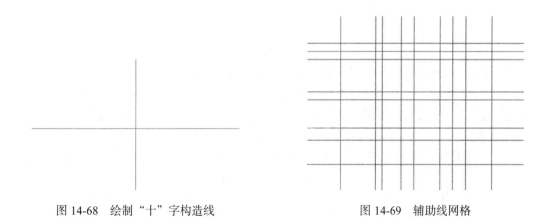

图 14-68　绘制"十"字构造线　　　　图 14-69　辅助线网格

14.4.2　绘制墙体

1）单击"默认"选项卡"图层"面板中的"图层特性"按钮，系统打开"图层特性管理器"选项板。单击"新建图层"按钮，新建"墙体"图层，设置颜色为红色，其他选项采用默认设置。然后双击新建的图层，使得当前图层是"墙体"图层。单击"关闭"按钮，退出"图层特性管理器"选项板。

2）选择菜单栏中的"格式"→"多线样式"命令，打开"多线样式"对话框，新建多线"180"作为180墙体，其中元素偏移量设为90和 -90。

3）单击"确定"按钮，返回"多线样式"对话框。如果当前的多线名称不是180，则选中180多线样式，单击"置为当前"按钮即可。然后单击"确定"按钮，完成180多线的设置。

4）选择菜单栏中的"绘图"→"多线"命令，根据命令行提示把对齐方式设为"无"，把多线比例设为1。注意多线的样式为180。

5）选择菜单栏中的"绘图"→"多线"命令，根据辅助线网格绘制如图 14-70 所示的墙体多线图。

6）单击"默认"选项卡"修改"面板中的"修剪"按钮，使得修剪后的全部墙体光滑连贯，结果如图 14-71 所示。

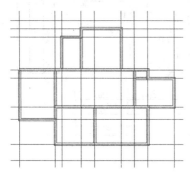

图 14-70　绘制墙体

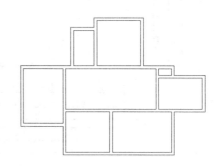

图 14-71　修剪墙体

14.4.3　绘制门窗

1）单击"默认"选项卡"图层"面板中的"图层特性"按钮，系统打开"图层特性管理器"选项板。单击"新建图层"按钮，新建"门窗"图层，采用默认设置。然后双击新建的图层，使得当前图层是"门窗"图层。单击"关闭"按钮，退出"图层特性管理器"选项板。

2）选择菜单栏中的"格式"→"多线样式"命令，打开"多线样式"对话框，新建多线"窗"。添加两个元素，把其中的元素偏移量设为90、20、-20 和 -90。

3）单击"确定"按钮，返回"多线样式"对话框。如果当前的多线名称不是"窗"，则选中"窗"多线样式，单击"置为当前"按钮即可。然后单击"确定"按钮，完成"窗"多线的设置。

4）选择菜单栏中的"绘图"→"多线"命令，在空白处绘制一段长为800的多线，作为窗的图例，如图 14-72 所示。

5）采用与绘制一层窗户同样的方法绘制二层的窗户，结果如图 14-73 所示。

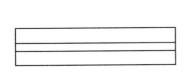

图 14-72　绘制窗图例

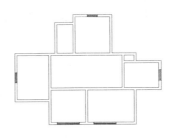

图 14-73　绘制二层窗户

6）采用与绘制一层门洞同样的方法去掉多余的墙体，在墙上开出门洞。单击"默认"选项卡"绘图"面板中的"圆弧"按钮，在门洞上绘制一个圆弧表示门的开启方向，再单击"默认"选项卡"绘图"面板中的"直线"按钮，绘制一段直线表示门，结果如图 14-74 所示。

14.4.4　绘制建筑设备

1）单击"默认"选项卡"图层"面板中的"图层特性"按钮，系统打开"图层特性管理器"选项板。单击"新建图层"按钮，新建"建筑设备"图层，设置颜色为蓝色，其他选项采用默认设置。然后双击新建的图层，使得当前图层是"建筑设备"图层。单击"关闭"按钮，退出"图层特性管理器"选项板。

2）打开底层平面图，选择菜单栏中的"编辑"→"带基点复制"命令，根据系统提示选择基点，再选择楼梯图形作为带基点复制对象。

3）返回二层平面图，选择菜单栏中的"编辑"→"粘贴"命令，把楼梯图形粘贴到相应位置，结果如图 14-75 所示。

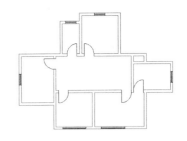

图 14-74　绘制门

4）该楼梯图形是一层的楼梯，需要进行一定的修改，使之成为二层的楼梯。单击"默认"选项卡"修改"面板中的"移动"按钮，把隔断符号移动到楼梯右边。单击"默认"选项卡"绘图"面板中的"直线"按钮，绘制一个箭头符号，如图 14-76 所示。

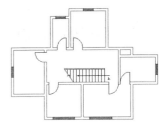

图 14-75　复制楼梯

5）单击"默认"选项卡"修改"面板中的"修剪"按钮，把隔断符号右边的台阶线条修剪掉，再单击"默认"选项卡"绘图"面板中的"直线"按钮，把缺少的线条补全。单击"默认"选项卡"注释"面板中的"多行文字"按钮，在箭头根部绘制"下"字，表明楼梯的走向。绘制完成的二层楼梯如图 14-77 所示。

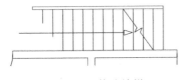

图 14-76　修改楼梯

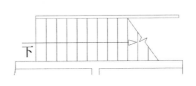

图 14-77　绘制二层楼梯

6）采用同一层一样的方法，复制其他建筑设备，结果如图 14-78 所示。

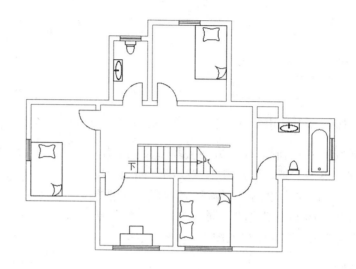

图 14-78　复制其他建筑设备

14.4.5　文字说明和尺寸标注

1）单击"默认"选项卡"图层"面板中的"图层特性"按钮，系统打开"图层特性管理器"选项板。单击"新建图层"按钮，新建"标注"图层，采用默认设置。然后双击新建的图层，使得当前图层是"标注"图层。单击"关闭"按钮，退出"图层特性管理器"选项板。单击"默认"选项卡"注释"面板中的"多行文字"按钮 A，添加文字说明，主要包括房间功能和用途等，结果如图 14-79 所示。

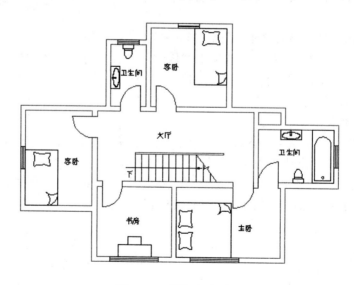

图 14-79　添加文字说明

2）单击"默认"选项卡"注释"面板中的"标注样式"按钮，系统打开"标注样式管理器"对话框。单击"标注样式管理器"对话框中的"修改"按钮，打开"修改标注样式：ISO-25"对话框，设置"线"选项卡和"符号和箭头"选项卡如图 14-80 所示。

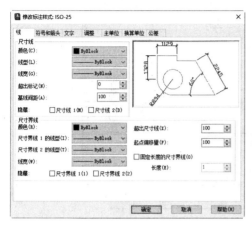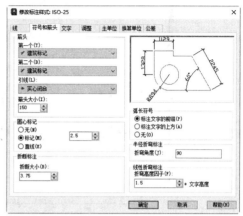

图 14-80　设置"线"选项卡和"符号和箭头"选项卡

3）选择"文字"选项卡，如图 14-81 所示对其进行设置，完成标注样式的设置。单击"确定"按钮，返回"标注样式管理器"对话框，然后单击"关闭"按钮，返回绘图主界面。

图 14-81　设置"文字"选项卡

4）单击"默认"选项卡"注释"面板中的"对齐"按钮，进行尺寸标注。别墅二层外围尺寸标注如图 14-82 所示。

5）进行尺寸标注。单击"默认"选项卡"注释"面板中的"多行文字"按钮 A，在图形的正下方选择文字区域，系统打开"文字编辑器"选项卡和多行文字编辑器，在其中输入"别墅二层建筑平面图 1∶100"，设置字高为 300。单击"默认"选项卡"绘图"面板中的"直线"按钮，在文字下方绘制一根线宽为 0.3mm 的直线，完成二层建筑平面图的绘制，结果如图 14-67 所示。

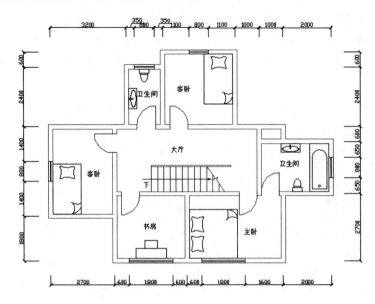

图 14-82　别墅二层外围尺寸标注

14.5　绘制南立面图

制作思路

　　立面图可以表达建筑物在高度方向上的特征，包括建筑物具体结构高度和具体高度上的结构特征等。本例绘制的南立面图如图 14-83 所示，可用来表达别墅南面门窗布局及其具体高度。

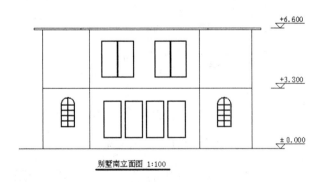

图 14-83　别墅南立面图

14.5.1　绘制底层立面图

　　1）打开 AutoCAD 程序，系统自动新建图形文件。

　　2）单击"默认"选项卡"图层"面板中的"图层特性"按钮，系统打开"图层特

性管理器"选项板。在对话框中单击"新建图层"按钮,新建"辅助线"图层,设置颜色为洋红,其他选项采用默认设置。然后双击新建的图层,使得当前图层是"辅助线"图层。单击"关闭"按钮,退出"图层特性管理器"选项板。

3)按下 F8 键打开"正交"模式。单击"默认"选项卡"绘图"面板中的"直线"按钮 ╱,绘制一条水平构造线和一条竖直构造线,组成"十"字构造线,如图 14-84 所示。

4)单击"默认"选项卡"修改"面板中的"偏移"按钮 ⊜,将水平构造线依次往上偏移 3300、3300,作为水平方向的辅助线。将竖直构造线依次往右偏移 2700、6000、3000,作为竖直方向的辅助线。竖直辅助线和水平辅助线一起构成正交的、主要的轴线网格,如图 14-85 所示。

图 14-84　绘制"十"字构造线　　　　　图 14-85　绘制主要轴线网格

5)单击"默认"选项卡"图层"面板中的"图层特性"按钮 ⊜,系统打开"图层特性管理器"选项板。单击"新建图层"按钮,新建"墙线"图层,采用默认设置。然后双击新建的图层,使得当前图层是"墙线"图层。单击"关闭"按钮,退出"图层特性管理器"选项板。单击"默认"选项卡"绘图"面板中的"直线"按钮 ╱,根据轴线网格绘制出第一层的大致轮廓,结果如图 14-86 所示。

6)单击"默认"选项卡"修改"面板中的"偏移"按钮 ⊜,将地边水平直线往上偏移 1200,再单击"修改"工具栏中的"修剪"按钮 ▸,修剪掉中间的部分,结果如图 14-87 所示。

图 14-86　绘制第一层的大致轮廓

7)单击"默认"选项卡"修改"面板中的"偏移"按钮 ⊜,将高为 1200 的直线往上偏移 1200。单击"默认"选项卡"绘图"面板中的"构造线"按钮 ✐,绘制连接偏移直线中点的直线,结果如图 14-88 所示。

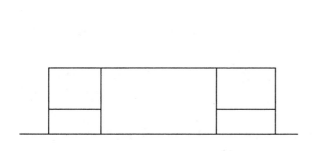

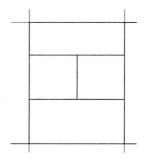

图 14-87　修剪直线　　　　　　　　　图 14-88　绘制连接中点的直线

8）单击"默认"选项卡"修改"面板中的"偏移"按钮⊆，将连接线分别往两边偏移400。单击"默认"选项卡"绘图"面板中的"圆弧"按钮 ⌒，绘制半径为400的半圆，结果如图14-89所示。

9）单击"默认"选项卡"修改"面板中的"修剪"按钮⤋，修剪掉多余的图线，形成一个窗户的框架，结果如图14-90所示。

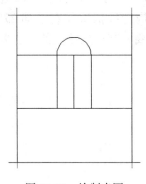

图14-89　绘制半圆

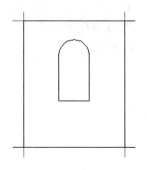

图14-90　绘制窗户框架

10）选择菜单栏中的"绘图"→"边界"命令，系统打开"边界创建"对话框，如图14-91所示。单击"拾取点"按钮 ，返回绘图区，在窗户框架内任意拾取一点，然后按Enter键确认，把窗户框架转换成一个多段线边界。

11）单击"默认"选项卡"修改"面板中的"偏移"按钮⊆，把所得的多段线边界往里偏移30，结果如图14-92所示。

图14-91　"边界创建"对话框

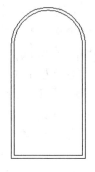

图14-92　偏移多段线边界

12）单击"默认"选项卡"绘图"面板中的"直线"按钮 ╱，绘制窗户的对称轴和矩形的上边界。单击"默认"选项卡"修改"面板中的"偏移"按钮⊆，将刚绘制的直线分别往直线两边偏移15，形成小窗的初步框架，如图14-93所示。

13）选择菜单栏中的"格式"→"点样式"命令，系统打开"点样式"对话框，选择如图14-94所示的点样式。单击"确定"按钮，退出"点样式"对话框。

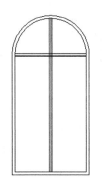

图 14-93　绘制小窗的初步框架

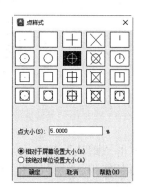

图 14-94　"点样式"对话框

14）单击"默认"选项卡"修改"面板中的"分解"按钮 ，把里边的矩形分解。选择菜单栏中的"绘图"→"点"→"定数等分"命令，把左边的直线定数等分为 4 部分，结果如图 14-95 所示。

15）单击"默认"选项卡"修改"面板中的"复制"按钮 ，复制水平直线到各个等分点，形成一个窗户，结果如图 14-96 所示。

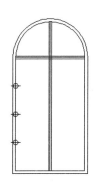

图 14-95　定数等分直线

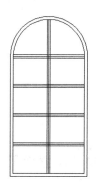

图 14-96　绘制窗户

16）单击"默认"选项卡"修改"面板中的"复制"按钮 ，复制一个窗户到右边开间的正中间，结果如图 14-97 所示。

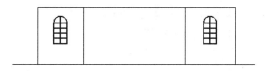

图 14-97　复制窗户

17）单击"默认"选项卡"修改"面板中的"偏移"按钮 ，将中间开间左边的竖直轴线往右依次偏移 700、1000、200、1000、200、1000、200、1000，再将中间开间底边的水平轴线往上依次偏移 600、2000，作为新的辅助线，结果如图 14-98 所示。

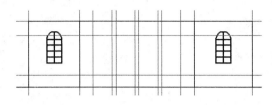

图 14-98   绘制新的辅助线

18）单击"默认"选项卡"绘图"面板中的"矩形"按钮 ⬚，根据辅助线绘制 4 个 1000×2000 的矩形，结果如图 14-99 所示。

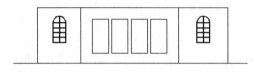

图 14-99   绘制矩形

19）单击"默认"选项卡"修改"面板中的"偏移"按钮 ⊆，将 4 个矩形都往里偏移 30，完成底层全部窗户的绘制，结果如图 9-100 所示。

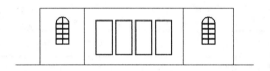

图 14-100   绘制完成底层全部窗户

14.5.2   绘制二层立面图

1）二层两边的开间都没有窗户，只需要绘制中间开间的窗户。单击"默认"选项卡"修改"面板中的"偏移"按钮 ⊆，将中间开间左边的竖直轴线往右依次偏移 600、1800、600、600，再将中间开间底边的水平轴线往上依次偏移 600、2000，作为新的辅助线，结果如图 14-101 所示。

2）单击"默认"选项卡"绘图"面板中的"矩形"按钮 ⬚，根据辅助线绘制一个 1800×2000 的矩形，再单击"默认"选项卡"修改"面板中的"偏移"按钮 ⊆，将矩形往里偏移 30。单击"默认"选项卡"绘图"面板中的"直线"按钮 ⟋，绘制连接偏移矩形上下两边中点的直线。重复"偏移"命令，将中点连接线往两边各偏移 15，完成中间大窗户的绘制，结果如图 14-102 所示。

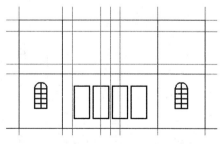

图 14-101   绘制新的辅助线

3）单击"默认"选项卡"修改"面板中的"复制"按钮 ⛶，复制一个大窗户到开间的右边，结果如图 14-103 所示。

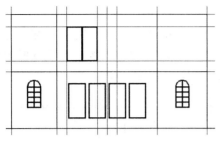

图 14-102　绘制大窗户

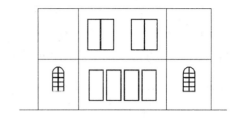

图 14-103　复制生成右边大窗户

14.5.3　整体修改

在绘制完初步轮廓后，还要进行整体修改。具体步骤如下：

1）单击"默认"选项卡"修改"面板中的"偏移"按钮⊆，将二层最外边的两条竖直线分别往外偏移 600，结果如图 14-104 所示。

2）单击"默认"选项卡"修改"面板中的"延伸"按钮→，将屋面线延伸到两条偏移线。单击"默认"选项卡"修改"面板中的"偏移"按钮⊆，将屋面线往下偏移 100，生成顶层的屋面板，结果如图 14-105 所示。

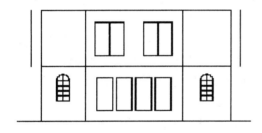

图 14-104　偏移竖直线

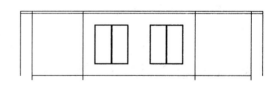

图 14-105　绘制屋面板

3）单击"默认"选项卡"修改"面板中的"修剪"按钮▼，修建掉多余的图线，结果如图 14-106 所示。

4）采用同样的方法，将中间开间屋面板的竖直线往外偏移 600，结果如图 14-107 所示。

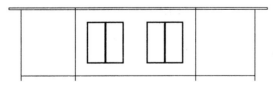

图 14-106　修剪图线

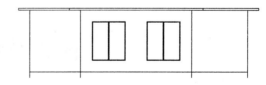

图 14-107　绘制中间的屋面板

5）前面绘制的墙线都是以轴线作为边界的，所以需要把墙线往外偏移 90。单击"默认"选项卡"修改"面板中的"偏移"按钮⊆，把全部竖直墙线往外偏移 90，结果如

图 14-108 所示。

6）单击“默认”选项卡“修改”面板中的“删除”按钮，把原来的竖直墙线删除掉。单击“默认”选项卡“修改”面板中的“延伸”按钮，将中间的楼板线延伸到两头的墙线。至此，别墅的南立面图绘制完成，结果如图 14-109 所示。

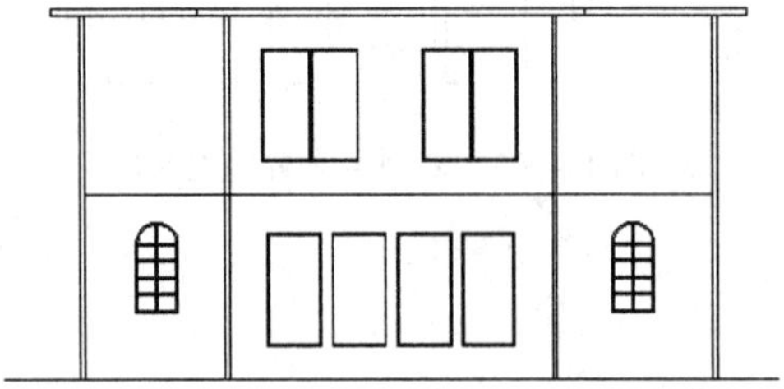

图 14-108　往外偏移墙线

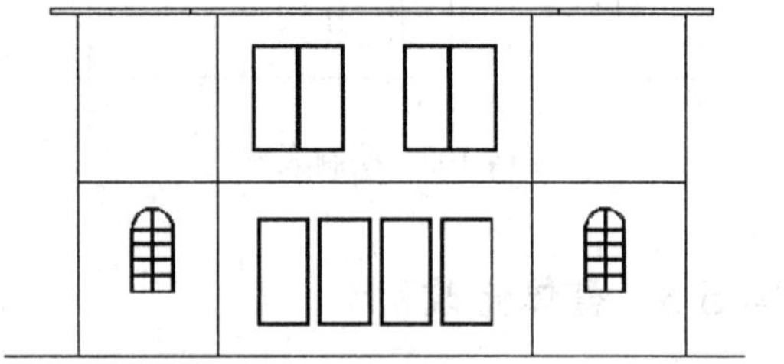

图 14-109　绘制完成的南立面图

14.5.4　立面图标注和说明

1）单击“默认”选项卡“绘图”面板中的“直线”按钮，绘制一个标高符号，如图 14-110 所示。

2）单击“默认”选项卡“修改”面板中的“复制”按钮，把标高符号复制到各个位置，如图 14-111 所示。

3）单击“默认”选项卡“注释”面板中的“多行文字”按钮A，在标高符号上标注出具体的标高数值。重复“多行文字”命令，在图形的正下方选择文字区域，系统打开“文字编辑器”选项卡和多行文字编辑器，在其中输入“别墅南立面图 1∶100”，设置字高为 300。单击“默认”选项卡“绘图”面板中的“直线”按钮，在文字下方绘制一根线宽为 0.3mm 的直线，完成标注的别墅南立面图如图 14-83 所示。

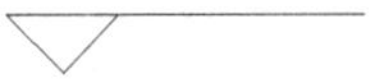

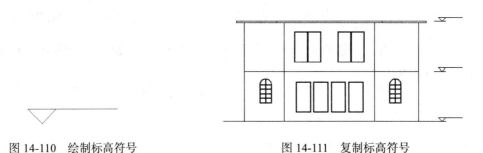

图 14-110　绘制标高符号

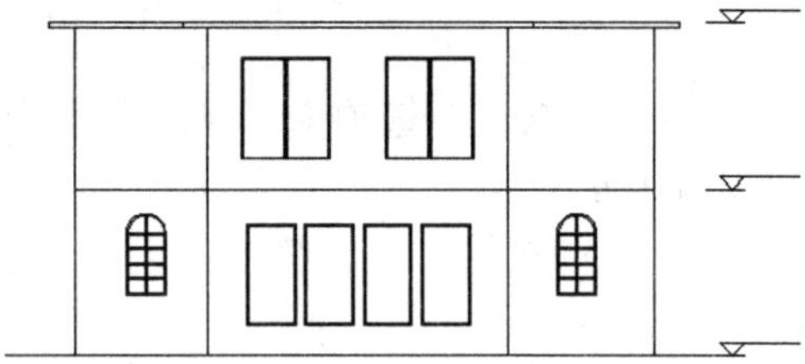

图 14-111　复制标高符号

14.6　绘制北立面图

制作思路

北立面图可表达别墅北面高度方向上的结构特征。其绘制方法与南立面图的绘制方法类似。别墅北立面图如图 14-112 所示。

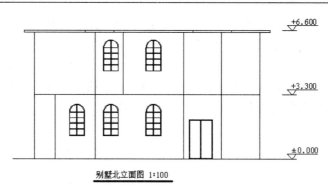

图 14-112　别墅北立面图

14.6.1　绘制底层立面图

1）打开 AutoCAD 程序，系统自动新建图形文件。

2）单击"默认"选项卡"图层"面板中的"图层特性"按钮，系统打开"图层特性管理器"选项板。单击"新建图层"按钮，新建"辅助线"图层，设置颜色为洋红，其他选项采用默认设置。然后双击新建的图层，使得当前图层是"辅助线"图层。单击"关闭"按钮，退出"图层特性管理器"选项板。

3）按下 F8 键打开"正交"模式。单击"默认"选项卡"绘图"面板中的"构造线"按钮，绘制一条水平构造线和一条竖直构造线，组成"十"字构造线，如图 14-113 所示。

4）单击"默认"选项卡"修改"面板中的"偏移"按钮，将水平构造线依次往上偏移 3300、3300，作为水平方向的辅助线。将竖直构造线依次往右偏移 1100、2100、4880、1000、1000、2000，作为竖直方向的辅助线。竖直辅助线和水平辅助线一起构成正交的、主要的轴线网格，如图 14-114 所示。

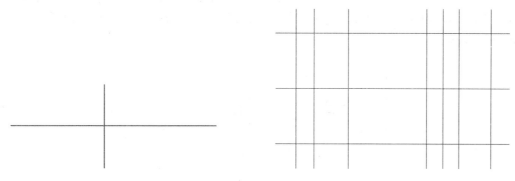

图 14-113　绘制"十"字构造线　　　　　图 14-114　绘制主要的轴线网格

5）单击"默认"选项卡"图层"面板中的"图层特性"按钮，系统打开"图层特性管理器"选项板。单击"新建图层"按钮，新建"墙线"图层，采用默认设置。然后双击新建的图层，使得当前图层是"墙线"图层。单击"关闭"按钮，退出"图层特性管理器"选项板。单击"默认"选项卡"绘图"面板中的"直线"按钮／，根据轴线网绘制出第一层的大致轮廓，结果如图 14-115 所示。

6）绘制窗户，首先绘制最左边的窗户。单击"默认"选项卡"修改"面板中的"偏移"按钮⊆，将地边水平直线往上偏移 1200。单击"默认"选项卡"修改"面板中的"修剪"按钮ễ，修剪掉多余的部分，结果如图 14-116 所示。

图 14-115　绘制第一层的大致轮廓　　　　　　图 14-116　修剪图线

7）打开别墅南立面图，选择菜单栏中的"编辑"→"带基点复制"命令，把宽 700 的窗户进行复制。然后返回到别墅北立面图中，选择菜单栏中的"编辑"→"粘贴"命令，把窗户粘贴到相应位置，结果如图 14-117 所示。单击"默认"选项卡"修改"面板中的"删除"按钮✐，删除掉窗户下边的定位直线。

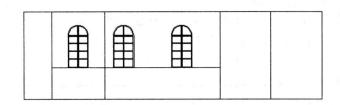

图 14-117　绘制底层窗户

8）单击"默认"选项卡"修改"面板中的"偏移"按钮⊆，把下边水平辅助线往上偏移 2000，再把窗户右边开间的中间竖直辅助线往两边各偏移 300，作为门辅助线，结果如图 14-118 所示。

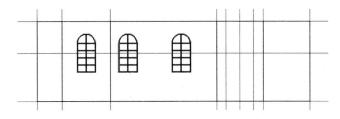

图 14-118　绘制门的辅助线

9）单击"默认"选项卡"绘图"面板中的"矩形"按钮 ⛶，根据辅助线绘制出门的两个门板。单击"默认"选项卡"修改"面板中的"偏移"按钮⊆，把门板矩形往里偏移 30，生成门的图例，结果如图 14-119 所示。

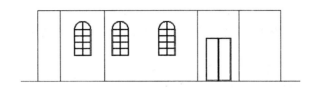

图 14-119 绘制门

14.6.2 绘制二层立面图

1）单击"默认"选项卡"绘图"面板中的"直线"按钮 ╱，根据轴线网绘制出第二层的大致轮廓，结果如图 14-120 所示。

2）采用复制的办法绘制第二层的窗户，结果如图 14-121 所示。

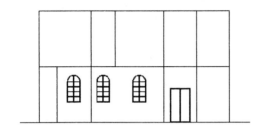

图 14-120 绘制第二层轮廓

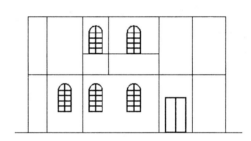

图 14-121 复制窗户

3）单击"默认"选项卡"修改"面板中的"删除"按钮 ╱，删除掉窗户下边的定位直线，完成第二层立面图的绘制，结果如图 14-122 所示。

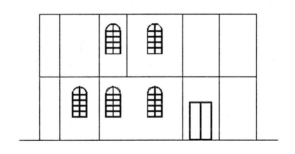

图 14-122 绘制别墅二层的立面图

14.6.3 整体修改

绘制完初步轮廓后还要进行整体性的修改，具体步骤如下：

1）绘制顶层的屋面板。单击"默认"选项卡"修改"面板中的"偏移"按钮 ⊆，将二层的最外边的两条竖直线往外偏移 600，结果如图 14-123 所示。

2）单击"默认"选项卡"修改"面板中的"延伸"按钮 ⟶，将屋面线延伸到两条偏移线。单击"默认"选项卡"修改"面板中的"偏移"按钮 ⊆，将屋面线往下偏移 100，然后修建掉多余的图线，生成顶层的屋面板，结果如图 14-124 所示。

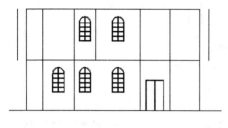

图 14-123　偏移竖直线

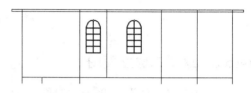

图 14-124　绘制顶层的屋面板

3）采用同样的方法，将中间开间的屋面板往外偏移 600，结果如图 14-125 所示。

4）前面绘制的墙线都以轴线作为边界，所以需要把墙线往外偏移 90。单击"默认"选项卡"修改"面板中的"偏移"按钮 ⊆，把全部竖直墙线往外偏移 90，结果如图 14-126 所示。

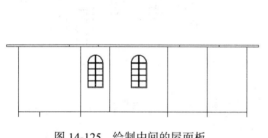

图 14-125　绘制中间的屋面板

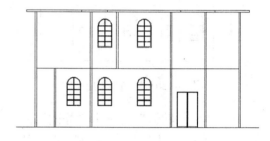

图 14-126　往外偏移竖直墙线

5）单击"默认"选项卡"修改"面板中的"删除"按钮 ✎，把原来的竖直墙线删除掉。单击"默认"选项卡"修改"面板中的"延伸"按钮 →，将中间的楼板线延伸到两头的墙线。至此，别墅的北立面图绘制完成，结果如图 14-127 所示。

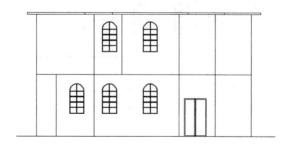

图 14-127　绘制完成的北立面图

14.6.4　立面图标注和说明

1）单击"默认"选项卡"绘图"面板中的"直线"按钮 ╱，绘制一个标高符号，如

图 14-128 所示。

2）单击"默认"选项卡"修改"面板中的"复制"按钮
，把标高符号复制到各个位置。

图 14-128　标高符号

3）单击"默认"选项卡"注释"面板中的"多行文字"
按钮**A**，在标高符号上标注出具体的标高数值。重复"多行文字"命令，在图形的正下方
选择文字区域，系统打开"文字编辑器"选项卡和多行文字编辑器，在其中输入"别墅北
立面图 1∶100"，设置字高为 300。单击"默认"选项卡"绘图"面板中的"直线"按钮，
在文字下方绘制一根线宽为 0.3mm 的直线，完成标注的别墅北立面图如图 14-112 所示。

14.7　绘制别墅楼梯踏步详图

制作思路

楼梯作为楼层之间的连接结构，是层式建筑物必备的结构之一。楼梯踏步详图如
图 14-129 所示。

1）单击"默认"选项卡"图层"面板中的"图层特性"按钮，系统打开"图层特
性管理器"选项板。单击"新建图层"按钮，新建"辅助线"图层，采用默认设置。然后
双击新建的图层，使得当前图层是"辅助线"图层。单击"关闭"按钮，退出"图层特性
管理器"选项板。按 F8 键打开正交模式。单击"默认"选项卡"绘图"面板中的"构造
线"按钮，在绘图区绘制一条竖直构造线和一条水平构造线，组成"十"字构造线。

2）单击"默认"选项卡"修改"面板中的"偏移"按钮，将水平构造线依次向下
偏移 150 两次，将竖直构造线依次向右偏移 252 三次，生成辅助线网格。

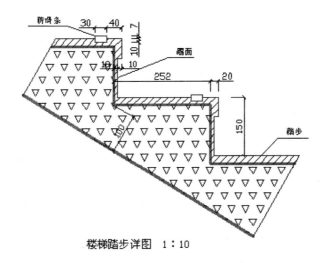

图 14-129　别墅楼梯踏步详图

3）单击"默认"选项卡"图层"面板中的"图层特性"按钮，系统打开"图层特

性管理器"选项板。单击"新建图层"按钮，新建"楼梯踏步"图层，采用默认设置。然后双击新建的图层，使得当前图层是"楼梯踏步"图层。单击"关闭"按钮，退出"图层特性管理器"选项板。

4）单击"默认"选项卡"绘图"面板中的"直线"按钮 ╱，将线宽设置为 0.3，绘制出楼梯踏步线。单击"默认"选项卡"绘图"面板中的"构造线"按钮 ╱，将线宽设置为0.3，绘制一根通过两个踏步头的构造线，结果如图 14-130 所示。

5）单击"默认"选项卡"修改"面板中的"偏移"按钮 ⊆，把构造线往下偏移 100，结果如图 14-131 所示。

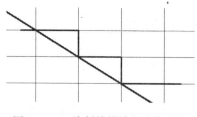

图 14-130　绘制楼梯踏步和构造线

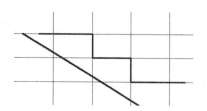

图 14-131　偏移构造线

6）单击"默认"选项卡"绘图"面板中的"多段线"按钮 ⌒，用多段线描出楼梯踏步，即使楼梯踏步线成为多段线。单击"默认"选项卡"修改"面板中的"偏移"按钮 ⊆，将楼梯踏步线依次往外偏移 10 两次，并将偏移后的线宽设置为默认，结果如图 14-132所示。

7）单击"默认"选项卡"绘图"面板中的"直线"按钮 ╱，绘制如图 14-133 的楼梯踏步细部。主要是绘制防滑条。

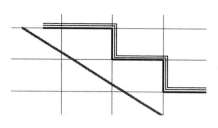

图 14-132　偏移楼梯踏步线

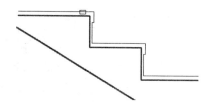

图 14-133　绘制楼梯踏步细部

8）单击"默认"选项卡"修改"面板中的"复制"按钮 ❀，把防滑条复制到下一个踏步。单击"默认"选项卡"绘图"面板中的"直线"按钮 ╱，绘制两条垂直于台阶底部的直线。单击"默认"选项卡"修改"面板中的"修剪"按钮 ↖，修剪多余的圆线。进一步细化楼梯踏步的结果如图 14-134 所示。

9）单击"默认"选项卡"绘图"面板中的"图案填充"按钮 ▨，分别对各个部分进行不同图案的填充，结果如图 14-135 所示。

10）参照前面介绍的方法，完成尺寸标注和文字说明。绘制完成的别墅楼梯踏步详图如图 14-129 所示。

提示与点拨

　　这种利用局部视图或局部剖视图来表达某个结构的详细特征的方法往往可以起到事半功倍的作用，既避免了绘制大量重复的图线，又可将总图中没表达清楚的结构简洁明了地表达清楚。

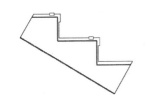

图 14-134　进一步细化楼梯踏步

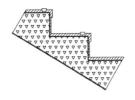

图 14-135　图案填充